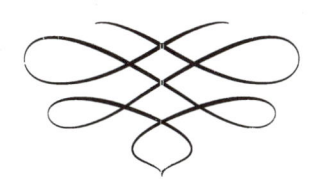

卓越的调酒师

经典鸡尾酒的
调制技巧与完美配方

[英] 特里斯坦·斯蒂芬森 / 著

何涛 / 译

中国纺织出版社有限公司

卓越的调酒师
经典鸡尾酒的调制技巧与完美配方

THE CURIOUS BARTENDER
COCKTAILS AT HOME

图书在版编目（CIP）数据

卓越的调酒师：经典鸡尾酒的调制技巧与完美配方 / (英) 特里斯坦·斯蒂芬森著；何涛译. -- 北京：中国纺织出版社有限公司, 2025.5. -- (饮品通识课).
ISBN 978-7-5229-2515-8

Ⅰ. TS972.19

中国国家版本馆CIP数据核字第2025L05H13号

原文书名：THE CURIOUS BARTENDER: COCKTAILS AT HOME
原作者名：TRISTAN STEPHENSON
@First published in the United Kingdom in 2021
under the title The Curious Bartender: Cocktails at Home by Ryland Peters & Small, 20-21 Jockey's Fields, London WC1R 4BW
Simplified Chinese copyright arranged through CA-LINK INTERNATIONAL LLC
All rights reserved
著作权合同登记号：图字：01-2025-1246

策划编辑：舒文慧　　责任编辑：张小敏
责任校对：王蕙莹　　责任印制：王艳丽

中国纺织出版社有限公司出版发行
地址：北京市朝阳区百子湾东里 A407 号楼　邮政编码：100124
销售电话：010—67004422　传真：010—87155801
http://www.c-textilep.com
中国纺织出版社天猫旗舰店
官方微博 http://weibo.com/2119887771
北京华联印刷有限公司印刷　各地新华书店经销
2025 年 5 月第 1 版第 1 次印刷
开本：787×1092　1/16　印张：13
字数：252 千字　定价：128.00 元

凡购本书，如有缺页、倒页、脱页，由本社图书营销中心调换

序 言
INTRODUCTION

我喜欢邀请朋友到家里吃饭，但必须承认，我很少给他们调制鸡尾酒。这本书对我的某些朋友来说会是一个惊喜，因为这些朋友整天期待着有专业的调酒师能每晚在家中调制马提尼酒。但我很少在家喝酒，原因有二：首先，我在酒吧里已经喝够了鸡尾酒，因此有时候打开一瓶葡萄酒坐下来喝一喝感觉也挺好；其次，这个原因更令人担忧，因为我发现，如果在家里调制鸡尾酒，一不小心它就会变成你的"例行家务"。有了这个小小自白，你或许会好奇，这本书如何能教会你成为厨房里的鸡尾酒大师，尤其是当写书的人——在过去二十年里调制了成千上万杯鸡尾酒的人——都觉得为妻子摇一杯鸡尾酒是一项过于繁重的任务。

难题在于，和世界上的所有人几乎一样，没有人教我怎样在家调出一杯好喝的鸡尾酒。我所学的是在酒吧调酒。但是，专业酒吧和家庭厨房，二者之间几乎没有什么共同之处。请一个顶级调酒师在家里调制世界级的饮品，难度不低于请一个米其林星级厨师在你家厨房从头到尾制作一套菜品。但这不是说在家调酒是不可能的任务，而是确实需要将你的技能应用到不同的环境中去，包括如何使用调酒器具，有时候甚至需要使用替代器具，并且通常要在更加密闭的空间中完成所有这些工作。但对于专业调酒师来说，改变一些策略可能比较艰难。你不能依赖多年来通过培训所学的知识和已经积累的经验，你需要重新开始，适应厨房的环境，比如操作台面太低，没有冰柜，以及厨房里的垃圾桶、水槽、冰箱等——它们的效率根本无法和酒吧相比。但对于那些从未在酒吧工作过，也从未在周六晚上11点还在"烟雾缭绕"的环境中品酒的人来说，学习如何在厨房调酒就不存在太大的挑战。从某些方面来看，你的厨房其实已经具备了调制鸡尾酒的一些条件：自来水，冰箱，大量配料，以及各种餐具。因此，你需要的秘诀是：加强练习，做好准备工作。你要知道你需要些什么，何时需要，以及如何把准备工作做得更好。在厨房烹饪，你可能会做出一顿美食，也可能会把厨房弄得一团糟。但是，你可以关上厨房门，不让客人看到里面的一片狼藉。然而，如果你在家里的厨房调酒，你的客人却不会仅仅满足于看见你举着一个装满漂亮鸡尾酒的托盘飘到他们面前。鸡尾酒一个伟大而神奇的特点是，你的朋友和家人总是希望见证你的制作过程，然后评头品足。调制鸡尾酒时，大家希望看到调酒师的动作，见证配料的挑选、酒水的倾倒以及搅拌至完美状态等整个过程。

总之，各位读者，在你看完这本书之后，我希望你能做到三件事。首先，明白你需要使用什么样的调酒器具，需要准备好哪些配料。其次，能够掌握基本技术。只有这样，才能让原材料发挥出最佳效果，同时让你看起来更像专业人士。最后，我希望你能像我一样，更多地了解每一种饮品的历史，运用你学到的新知识，在任何场合都能熟练地选择理想的鸡尾酒。

特里斯坦·斯蒂芬森

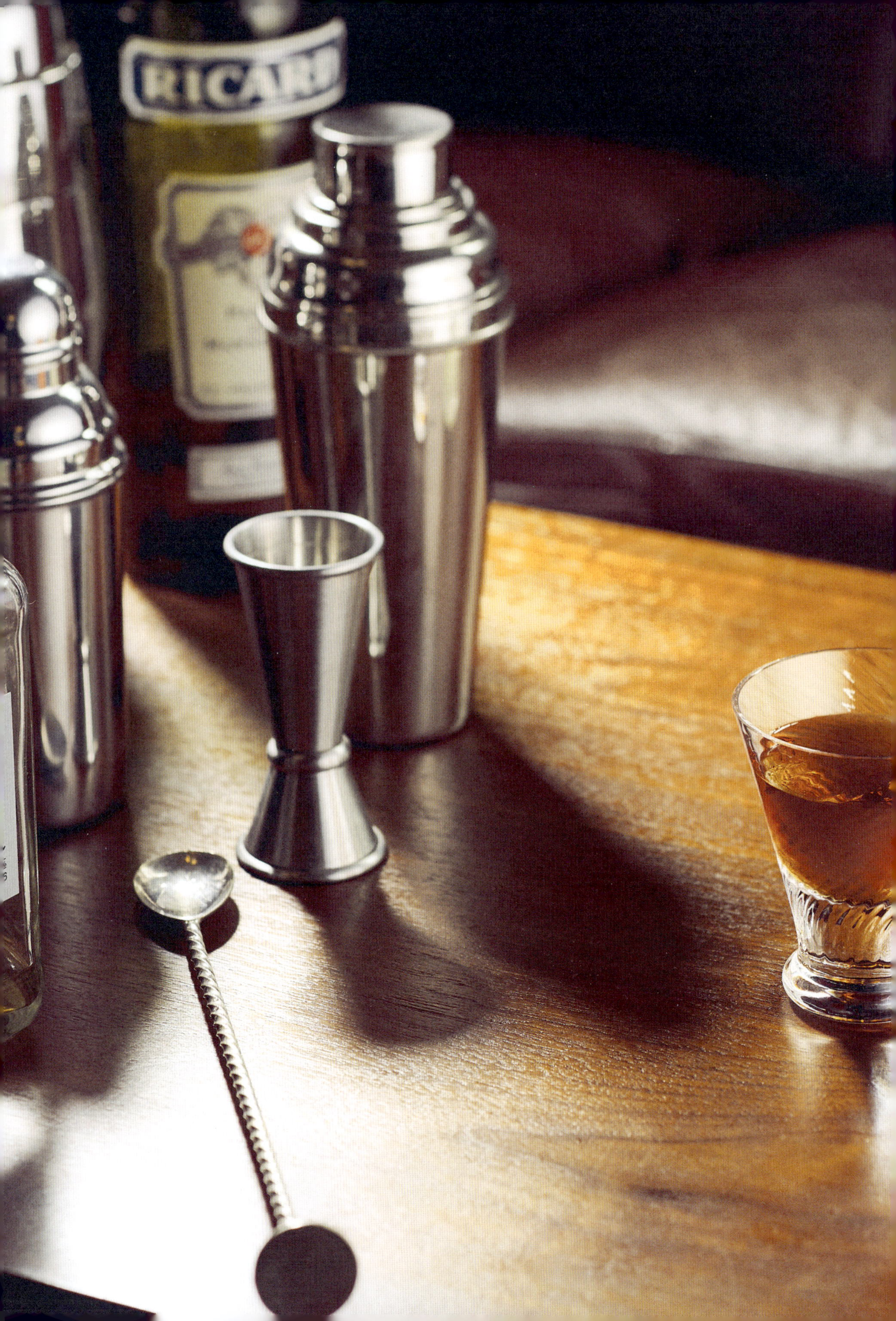

目 录
CONTENTS

调酒器具与玻璃杯 / 8

玻璃杯指南 / 14

家庭酒吧必备配料 / 17

了解风味 / 21

十三种酒 / 26

动手调配吧 / 31

金酒 / 35

伏特加 / 77

威士忌与波旁威士忌 / 97

朗姆酒 / 127

特基拉 / 165

白兰地、雪利酒、葡萄酒和苦酒 / 179

作者简介 / 205

调酒器具与玻璃杯

如今，无论是对于调酒师还是家庭调酒爱好者，可选的调酒器具各式各样，琳琅满目，几乎无所顾虑。相比之下，世界一流的鸡尾酒吧则有所不同，他们经常需要采用昂贵的调酒器具来制作饮品，期望为顾客提供绝佳的体验感，为夜晚增光添彩，让顾客感到物有所值。然而，要是在家里制作鸡尾酒，则无须购买老式镀金调酒壶这样的奢侈品，这既超出了我们大多数人的负担能力，也实在大可不必。

因此我首先要强调的一点是，你不需要很多花里胡哨的调酒器具便能在家制作美味的鸡尾酒。本书中介绍的大多数鸡尾酒都只需要一个量酒器、一个鸡尾酒调酒壶、一个吧勺和大量冰块便能制作完成。甚至，如果没有鸡尾酒调酒壶，也可以用带盖的塑料容器或者果酱瓶来代替，吧勺可以换成甜点勺，调酒师用的霍桑滤冰器也可以换成普通的滤网或过滤器。鸡尾酒令人沉醉、值得尊重，我认为这一点毋庸置疑，但往往无人在意在紧闭的厨房门后鸡尾酒的制作过程是否足够优雅。实际上，即便我是一名专业调酒师，在周游世界时也只带了量酒器、烧杯、吧勺和玻璃杯这几样而已。迫不得已时，光凭这几样器具也能调制出一些适口的鸡尾酒。

挤压青柠不一定要用花哨的杠杆式柑橘榨汁器（通常称为"墨西哥弯头式"），用银质冰夹或者类似的钳夹状厨房工具也可。当班调酒时，我当然会用到各种趁手工具为顾客制作饮品，但如果只是自己想睡前小酌一杯，我往往会使用一些非常规的器具来调制。甚至于，打开冰箱门，借助冰箱的灯光调制也不足为奇。但是我在这里仍列出了最常见的调酒器具及其用途供你参考。

量酒器

量酒器堪称宅家调酒师最重要的法宝，用它可以对配料进行准确测量。听上去可能有些死板无趣，但如果测量不准确，会导致配料比例失衡，犯了鸡尾酒的大忌。你需要习惯考虑测量值（以毫升为单位，必要时以液量盎司为单位），但更重要的是，需要习惯考虑各种配料之间的比例问题。如果你想调制的鸡尾酒有五种以上配料，逐一考虑测量值可能会有些棘手。如果一时忘记量酒器放在哪儿了，或者配料需要双倍、三倍或四倍的量时，用配料的比例而非配料的总数来记录每种饮品会更加得心应手。一旦比例掌握得当，你会发现蛋托或短饮杯也能很好地充当量酒器。

吧勺

吧勺可能是调酒套件中第二重要的部分，大多比茶匙重，带有一个扭曲状的长柄。吧勺的用途广泛，最主要的是用于调和。调和式鸡尾酒的制作需要加入大量冰块，传统的茶匙太短，无法触及玻璃杯底部。甜品勺或汤匙太过笨重，不便精细操作，一个吧勺最合适不过了。当然，不可否认，一双筷子也能很好地调和高烧杯或玻璃杯中的冰块。

不过吧勺也有缺陷，那就是无法进行准确测量。不同品牌的吧勺容量各异，通常在5~10毫升，相当于1~2个茶匙的量。更大的问题在于，在用吧勺舀东西的时候，不同的人舀"满"一勺的量不同，甚至同一个人每次舀的量也不同。有时候只是薄薄的一层，有时满满当当，差点就要溢出来。因此，如果只是小

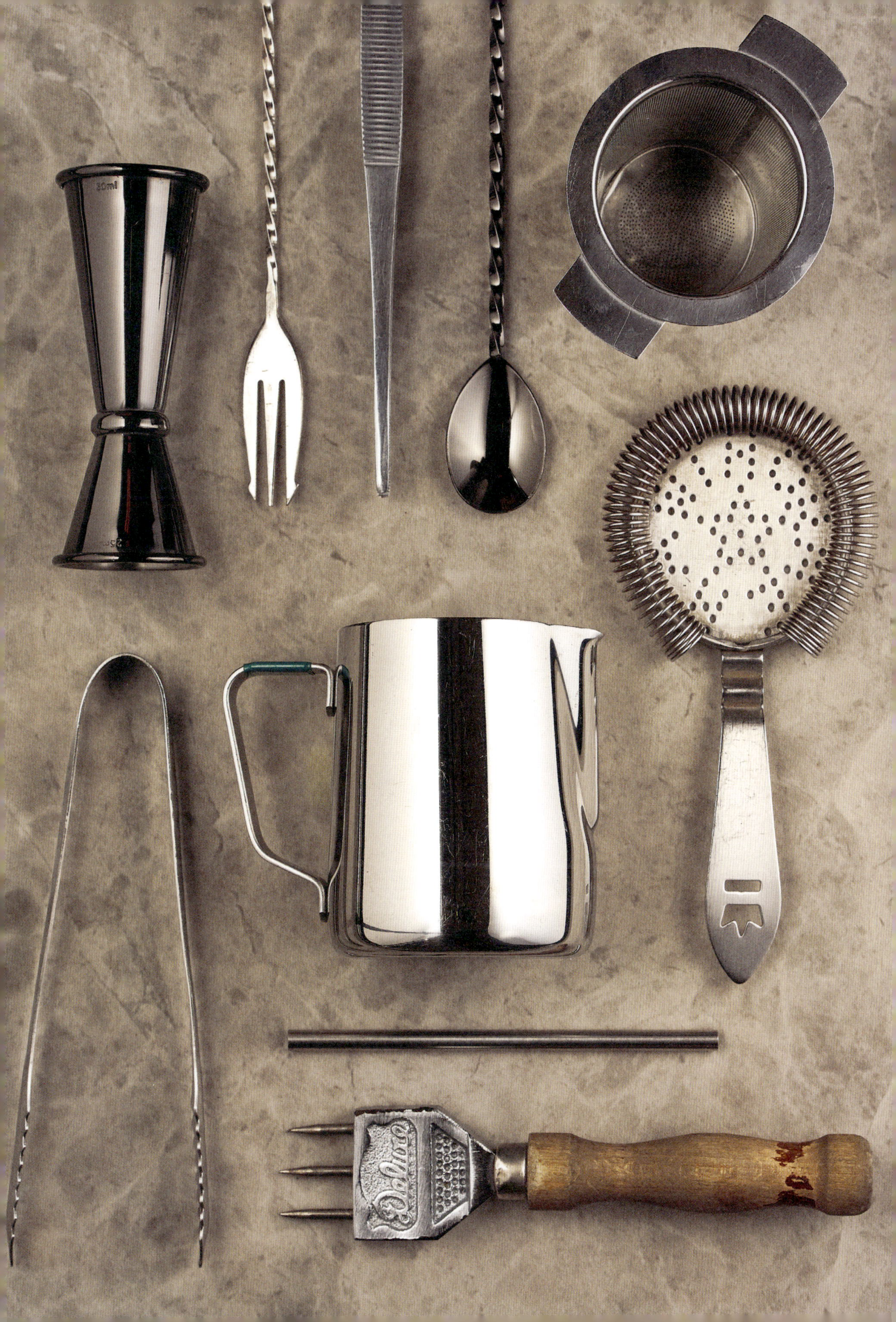

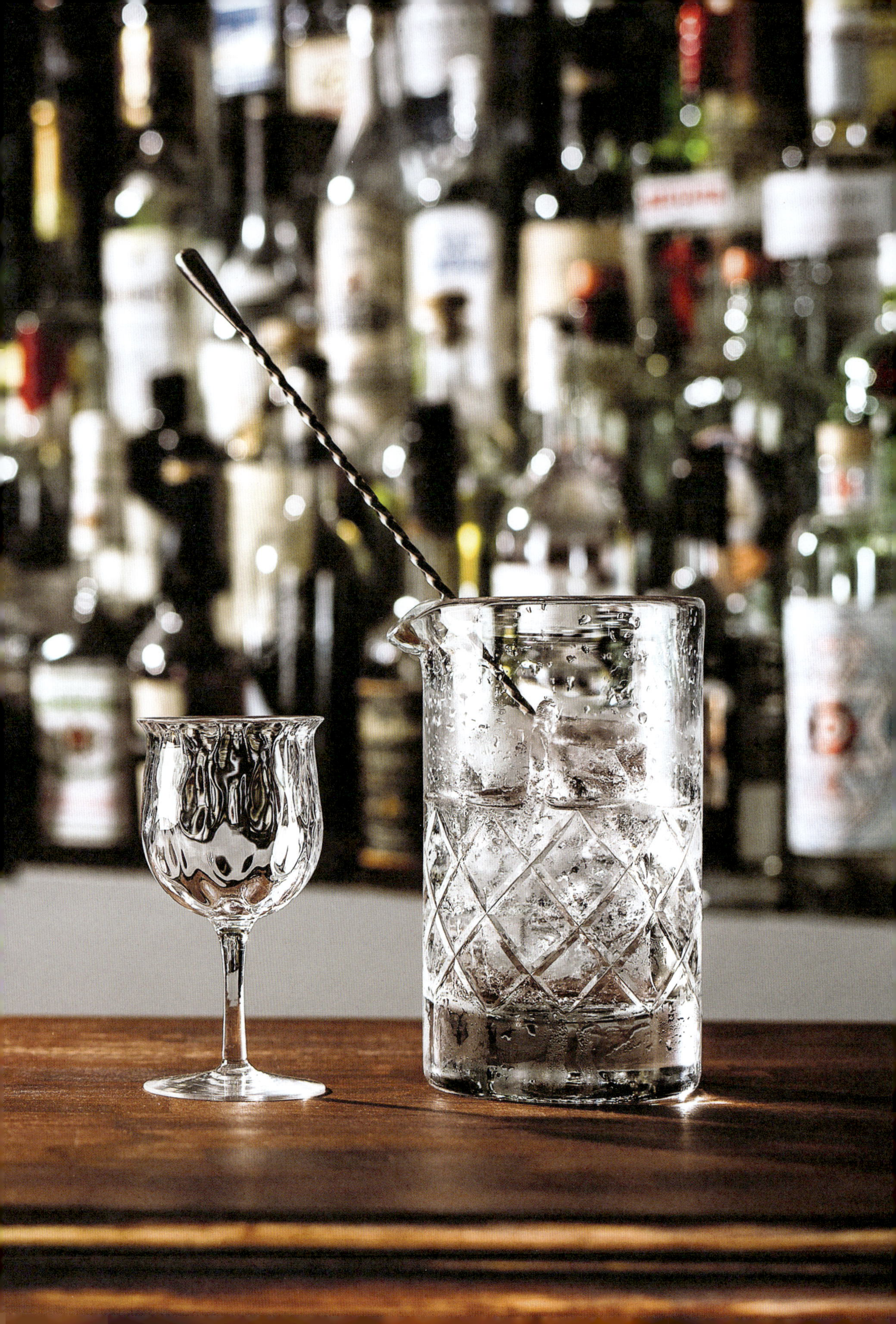

量的测量，我建议最好使用量酒器，吧勺还是用来调和最合适。

当然，吧勺还有其他一些用途。有的吧勺末端带有扁平的硬币状设计，可在"爱尔兰咖啡"（见第125页）等鸡尾酒制作过程中用于配料漂浮或分层处理。具体方法是，将吧勺底部放在饮品表面，然后顺着吧勺的螺旋长柄倒入需要漂浮的配料。经过旋转后，配料的下降速度会减缓，便可用吧勺底部使其更加均匀地铺在饮品表面。然而，这样的技法并不常用，所以我不会仅仅因为这个原因就去买一个吧勺。吧勺的扁平状底部还可以代替捣棒，用来压碎软果或捣碎香草。但请务必注意操作安全，我曾见过有人因此打碎玻璃杯、双手伤痕累累。实在没有其他选择余地的时候再用它吧。

调酒壶

大多数调酒壶都是不锈钢材质，大致有两种设计。一种是"两段式"，上段是一个钢"听"，下段是一个"波士顿"玻璃杯。另一种是"三段式"，由壶身、内置过滤器的中盖和可拆卸的顶盖组成。这两种设计各有优劣。波士顿式的容量更大，且兼具玻璃杯的优点，可以清楚地看到杯中的状况。但玻璃材质易碎，且需要额外的过滤器来防止冰块在倒饮料时溢出。三段式属于整装设计，虽然内置过滤器，但容量往往较小，至少不足以让我畅饮。

幸运的是，我们可以用一个大容量的塑料款三段式来解决这个问题。虽然质感和外观可能比不锈钢款式逊色一些，但几乎不易破损，方便清洁，且隔温性能好，饮品可以更快冷却，避免风味流失。

调酒烧杯

调酒烧杯是一种大容量的敞口容器，用于饮品调和。你完全可以用调酒壶来代替，但我有时也用调酒烧杯来调酒。把饮品倒入带嘴的玻璃杯中搅拌，看着冰块慢慢磨平棱角，也颇为有趣。如果你觉得调酒烧杯听起来很像一个壶或罐，你想得一点都没错，它们唯一的区别是烧杯往往没有手柄。

过滤器

霍桑滤冰器由一块穿孔金属板组成，边缘有一圈金属丝。可以将其放置在调酒壶的听口上方，在倒酒时过滤掉所有冰块。如果你用波士顿调酒壶摇和鸡尾酒，那过滤器必不可少，但如果选三段式调酒壶，则过滤器就显得多余了。

还有一种叫茱莉普滤冰器。外观像大号穿孔勺子，设计初衷是为防止在啜饮薄荷茱莉普酒时冰块掉到脸上（见第106页）。茱莉普滤冰器不适合过滤已经摇和的饮品，会将滤孔堵塞，或者滤冰效果不佳，但一些调酒师喜欢用来过滤调和后的鸡尾酒，防止细冰碎片被倒入玻璃杯。

最后一种过滤器你很可能已经拥有，那就是滤茶器，也就是小型滤网/过滤器。滤茶器的滤孔越细越好。在倾倒一些已经摇和的饮品时，滤茶器可用来进行二次过滤，滤掉激烈摇和过程中产生的微小冰渣。许多专业调酒师认为双重过滤是必不可少的步骤，而且在家里的一些场合，可能也会需要鸡尾酒看起来晶莹剔透。

捣棒

我们有时候需要亲自上手对配料进行一番改头换面。比如说，将覆盆子压碎、让薄荷叶尖起皱，在此过程中，有时就会用到捣棒，以便从新鲜配料中提取风味。虽然可能名字不好听，但捣棒的用途非常实在。

捣棒的外观像一个小型警棍，通常由塑料或木材制成。如果你家里已经有擀面杖，那就没必要买捣棒了，可以把钱省下来买一瓶波旁威士忌或金酒。面包师珍爱的擀面杖可以完全代替捣棒。不过要注意的是，擀面杖可以代替捣棒，但捣棒不能代替擀面杖去压平糕点面团。

柑橘榨汁器

正如我前面提到的，如果要在家里调制鸡尾酒，柑橘榨汁器"可用"，但绝非"不得不用"。话虽如此，但柠檬和青柠并未因此而廉价，所以不能浪费它们的任何一滴汁液，需要充分进行榨取。

杠杆式榨汁器（许多人称为"墨西哥弯头式"）便是最好的榨取工具，而且能让柑橘类水果的表皮释放出油脂。标准的厨房用柑橘铰刀也是一个不错的选择。

刀具和削皮器

如果你的厨房抽屉里还没有刀具和蔬菜削皮器，那么你制作的食物和饮品的新鲜度可能要大打折扣。

一把小蔬菜刀或者一把锋利的锯齿状"番茄"刀就可以切大多数水果，一把"Y"形蔬菜削皮器可以削剥合适长度的柑橘皮。

凿冰器

我说的凿冰器不是登山用的那种，而是末端带一个或三个尖刺的手持式凿冰器，用于凿开冰块。凿冰器无法轻易用其他厨房用具代替，因此，如果你打算冷冻大块冰（如果条件允许的话，确实也应该这样做），那么值得入手一个。

玻璃杯

你最喜欢的鸡尾酒吧可能备有各式各样的玻璃杯，以满足不同鸡尾酒的装杯需求，但说实话，90%的鸡尾酒都可以用以下三种玻璃杯来盛装：碟形香槟杯、高球杯和古典杯（也称为"低球杯"）。

尺寸合适的碟形香槟杯既可以装一小杯"干马提尼"（见第40页），也可以装一杯已经摇和的大容量鸡尾酒，例如"白色佳人"（见第71页）。150毫升/5盎司尺寸的碟形香槟杯通常比较合适。在盛装"马提尼"时，这种杯子不会看起来像没有装满的桶，在搅拌"大都会"时也不会满到边缘（见第81页）。高球杯和古典杯（低球杯）的容量往往差不多，只是一个更高、更窄，一个更矮、更重、更宽。你需要先考虑一下自己最喜欢制作哪几款鸡尾酒，然后再考虑与之匹配的杯子。当然，你也无须局限于这三款玻璃杯，你可以查阅第14页和15页的玻璃杯指南，了解你可能喜欢收集和使用的杯具。但请记住，杯具不会改善鸡尾酒的口感，大多只能改善饮酒体验感和增加氛围感。我记得我曾用茶杯和蛋托喝过鸡尾酒，甚至在需要时直接用酒瓶调制，然后开怀畅饮一番。

如果要盛装"纯饮"（即不加冰）的冰镇鸡尾酒，那么玻璃杯也必须提前冰镇。如果直接用室温玻璃杯盛装冷藏鸡尾酒，那就像在用冰冷的盘子盛装烤肉晚餐。冷热碰撞，热食会更快冷却，冰镇饮品也会更快升温。我在喝大多数鸡尾酒的时候，都喜欢用冰箱里冰镇过的玻璃杯。冷藏过的玻璃杯温度约为1℃，高于大多数鸡尾酒的常见温度范围（-5℃~0℃），但尚可接受。从冰柜拿出来的玻璃杯也能用，而且看起来很酷！但需做好心理准备，第一口喝下去时，可能有点冻嘴唇。

在倒入鸡尾酒之前，还有一个快速冷却玻璃杯的办法，那就是往杯子里添加几块冰和一些水，快速调和一分钟左右后再倒掉。花时间确保玻璃杯温度合适不过是件小事，但效果却大为不同。正所谓，工欲善其事，必先利其器。

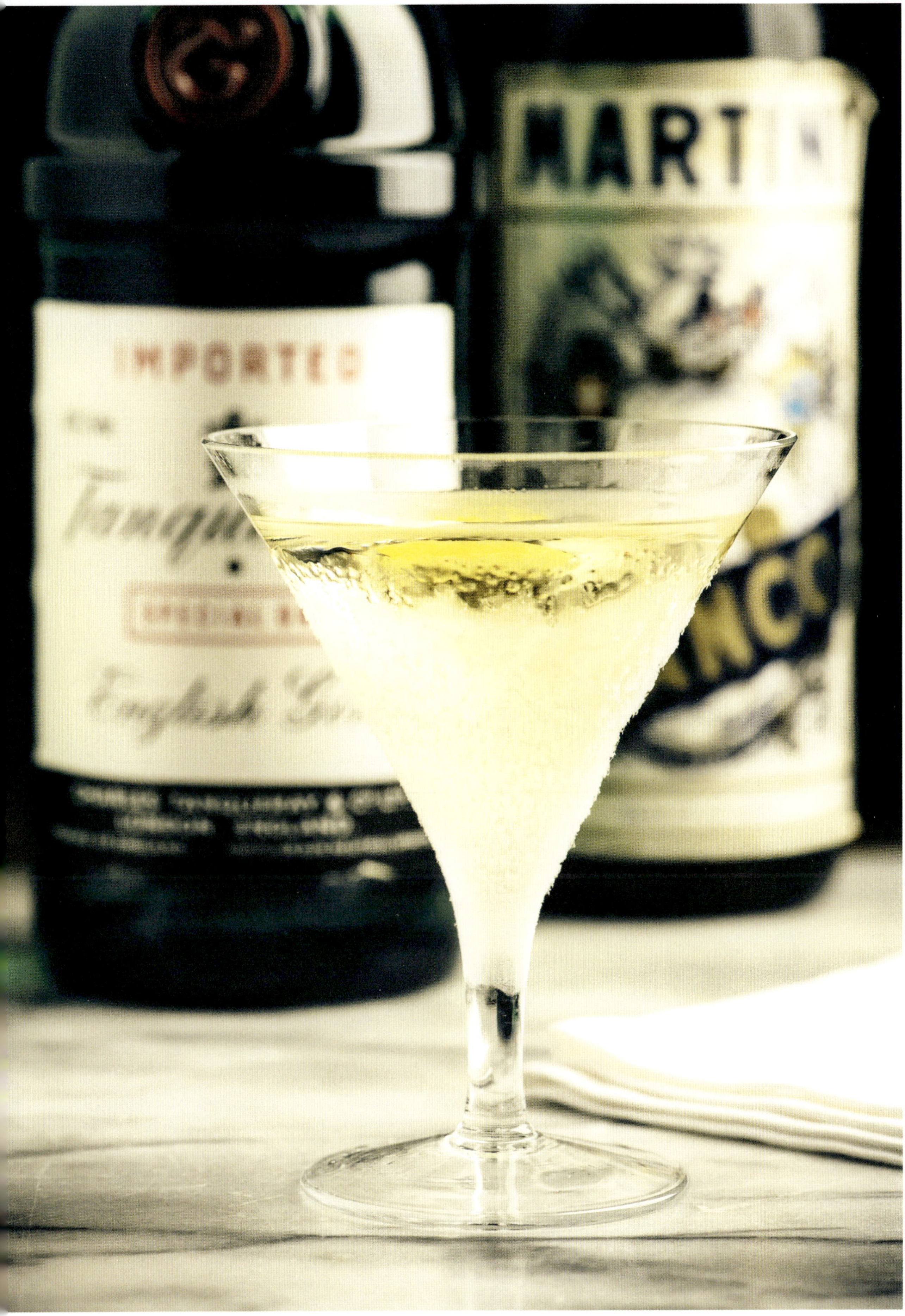
IMPORTED

玻璃杯指南

短饮杯

这是一款小型的直边玻璃杯,带实心底座,用于盛装短饮和子弹酒,容量只有一两口。如果没有鸡尾酒调酒壶可用,短饮杯也可用作量酒器(即使对于专业调酒师来说,这种情况也是家常便饭)。

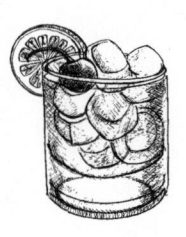

古典杯(或低球杯)

这是一款经典玻璃杯,用于盛装加冰饮品。容量约为 300 毫升 /10 液量盎司。也可用来盛装威士忌和苏打水等。

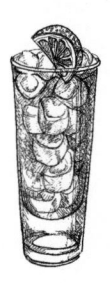

高球杯

这是一款又高又窄的直边玻璃杯,用于盛装加冰的长饮鸡尾酒,也可盛装加了调料的烈酒。如果饮品超过 350 毫升 /12 液量盎司,那么这款是上上之选。

热饮杯(或拿铁杯)

这款热饮杯款式丰富,既有优雅葡萄酒杯形的爱尔兰咖啡杯,也有高脚的拿铁咖啡杯。

红酒杯

经典的小红酒杯用途广泛,可以用来盛装多种纯饮或潘趣风格的饮品。气球形的大红酒杯可以代替备受追捧的西班牙式金酒气球杯。

笛型香槟杯

笛型香槟杯的形制并无实际限制,可以古朴,可以华丽,全凭个人喜好选择。如果用于节庆,那么不妨闪耀一点。

马提尼杯（或鸡尾酒杯）

这是一款倒锥碗形的高脚杯，主要用于盛装经典鸡尾酒。马提尼杯一词通常与鸡尾酒杯互换使用。杯脚越长，越华丽。这款杯子适用于150毫升/5液体盎司到200毫升/6液体盎司的纯饮。

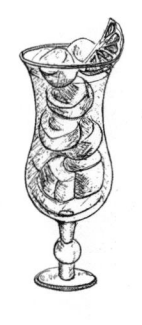

飓风杯（或郁金香杯）

飓风杯用途广泛，有多种不同的形状和尺寸可选。这款玻璃杯通常用于盛装潘趣酒和冷冻饮品（例如加冰的"黛绮莉"）。

碟形香槟杯（或尼克诺拉杯）

迷你碟形香槟杯（有时称为"尼克诺拉杯"）也用于盛装经典纯饮鸡尾酒。杯身较浅，状如圆碗，具有爵士乐时代地下酒吧的优雅气质。经典碟形香槟杯的杯身大而浅，杯脚较高。可代替笛型香槟杯盛装香槟，并且非常适合盛装起泡鸡尾酒。

提基马克杯

这款陶瓷饮具造型新颖，起源于提基酒吧，用于盛装提基风格的饮品，这些饮品通常以朗姆酒为基酒调制。波利尼西亚或热带风情浓郁，最常见的纹样是复活节岛摩艾石像。虽然被称为马克杯，但这款杯子并无把手。

玛格丽特杯

这款玻璃杯有时也叫玛丽·安托瓦内特杯（之所以如此命名，是因为传言这款玻璃杯是照着她的乳房曲线设计的）。注意：马提尼杯也可用来装经典纯饮"玛格丽特"鸡尾酒。

金属耳杯

这款杯子通常由锤打铜制成，带把手，经常用于盛装"莫斯科骡子"鸡尾酒。此外，传统的"Purl"系列金属耳杯（由锡镴或不锈钢制成）用于盛装已知最早的热酒精饮料，例如"菲利普"。传统的做法是将热拨火棍放入液体中加热。

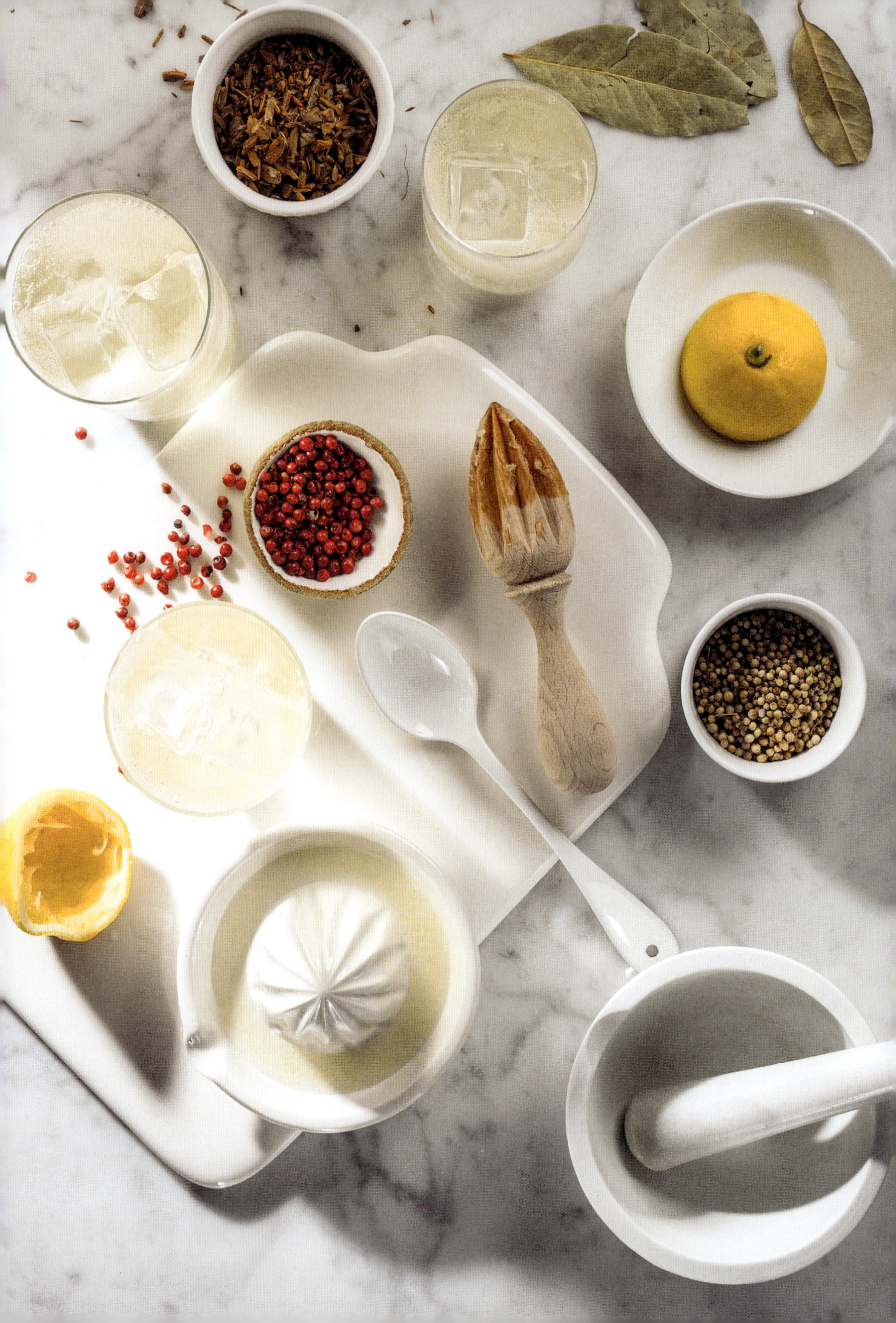

家庭酒吧必备配料

如果想在家里调制鸡尾酒，除非你钟爱只含酒而不含其他配料的鸡尾酒（虽然有些时候可能也会非常可口），否则你将需要一份基本的配料表。你家里可能已经有现成的配料，但在开始调制之前，还是需要再核对一下。

盐

盐不是鸡尾酒的常用配料，但盐能提升调制饮料的口味，淡化苦味、甜味和酸度，并不逊色于其对食物的点睛之笔。咸味很少在鸡尾酒中喧宾夺主，但一小撮盐可以改善大多数鸡尾酒饮品的味道。因此，我在本书的"莱姆瑞奇"和"椰林飘香"这两个配方中都加入了盐。你可以用食盐制作糖浆和冲饮，用片状海盐给鸡尾酒玻璃杯进行镶边（如"玛格丽特"）和装饰。

糖

细砂糖/超细糖是制作鸡尾酒单糖浆的主要原料，也可用作调味糖浆的基料。你可能还想尝试使用深色糖，例如德梅拉拉糖和黑糖。这些糖在需要加入陈年朗姆酒的鸡尾酒中效果尤为突出。因此不妨提前制作一些糖浆，以备不时之需。下面我将介绍白糖糖浆的制作方法，如果想制作红糖糖浆，只需要把里面的白糖换成红糖即可。

要制作1升（1夸脱）的单糖浆，需先将600克（3杯）的糖与400毫升（2杯）的冷水混合在一起，然后倒入平底锅，用小火慢慢加热，直至锅中的糖全部溶解，液体变得清透晶莹。糖浆制成后，需装入带螺旋顶盖的干净罐子里（大容量果酱/果冻罐都是不错的选择），放入冰箱保存。

蜂蜜

鸡尾酒中用到的糖浆几乎都可以用蜂蜜来代替，能起到很好的调味作用。当然，前提是你喜欢蜂蜜的味道。蜂蜜与金酒、伏特加和威士忌等谷物酿造的烈酒尤其合拍。

枫糖浆

枫糖浆的作用与蜂蜜异曲同工，可以为调制饮料增添黄油和蜜饯的风味，搭配美国威士忌风味甚妙。

龙舌兰糖浆

有人驳斥龙舌兰糖浆或许算不上健康食品，但那又如何呢？你喝"玛格丽特"又岂会是因为它健康？龙舌兰糖浆非常适合搭配龙舌兰烈酒（特基拉酒和梅斯卡酒）、卡夏莎酒和农业朗姆酒。

柑橘

柑橘类水果利于存放，将新鲜榨取的汁液兑入鸡尾酒饮品后，清香四溢。青柠是柑橘家族中最酸的品种，酸度可达1.8。青柠含有柠檬酸和抗坏血酸，而柠檬含有大量柠檬酸，酸度约为2.3。橙子和柚子的酸度相似，均为3.7左右（橙子的糖分较多，因此不太酸）。

香草

新鲜香草芳香宜人，既可用作点缀，又可用作鸡尾酒配料。然而，新鲜香草不便存放。如果水分过多，叶子会发黏；水分过少，叶子又会干枯；如果光照过多，叶子还会发黄。因此，建议你将薄荷、罗勒和芫荽等质地柔软的香草像花束一样放在底部装水的玻璃罐中，然后放入冰箱保鲜。迷迭香、百里香和鼠尾草这类木本香草也应冷藏保存。如果用潮湿的厨房毛巾包裹起来放入可密封的容器中，也可以延长保存时间。

香料

如果想在寒冷冬季享用温热的鸡尾酒，加入一些香料可以起到锦上添花的作用。如果你打算调制热棕榈酒或节日饮品，你可能需要查看一下橱柜里面是否备有以下任何一种香料：肉豆蔻（最好是新鲜现磨）、肉桂（肉桂粉和肉桂棒）、丁香和八角。黑色和粉色的胡椒也能派上用场。

鸡蛋

在鸡尾酒中加入全蛋、蛋黄或蛋清的传统由来已久。"菲利普""牛奶甜酒"和"乳酒冻"等许多古典鸡尾酒饮品都需要加入全蛋来增加风味和口感。在调制饮料黄金时代（1860—1930年）问世的许多鸡尾酒（例如"白色佳人"和"三叶草俱乐部"）也都需要加入蛋清。注意：应选用自由放养的鸡产的新鲜鸡蛋，且在打完鸡蛋后一定要先洗手，再接触其他配料或器具。

腌菜和蜜饯

如果你经常调制鸡尾酒，那么不妨备上一罐优质马拉斯奇诺鸡尾酒樱桃（不是用于烘焙的糖渍樱桃）。这些樱桃是"曼哈顿"鸡尾酒必不可少的装饰。你可以留意一下路萨朵（Luxardo）这个品牌的樱桃。此外，你还可以备上一罐盐腌绿橄榄（带馅或其他形式），用于调制"马提尼"，再额外准备一罐腌黄瓜搭配食用，风味更佳。这些材料都可以存放在冰箱里。如果你对本书第44页的"早餐马提尼"感兴趣，那可别忘了准备果酱。

苏打水和混合饮料

准备充足的苏打水和碳酸混合饮料听起来好像并非难事，但实际上有些挑战，因为它们一旦打开，就会很快失去气泡。要是"金汤力"没有气泡，会索然无味，就像不加雪碧的"莫吉托"一样平平无奇。苏打水、汤力水、姜汁啤酒和可乐是全球四大主要碳酸饮料，需要充分冰镇，现喝现开。

冰块漫谈

最后我想谈一谈冰块的使用问题。当然，放在最后，绝非其最不重要。

要想打造家庭酒吧，最易犯的错误往往就是没有备足冰块。一般来说，你需要的冰块大约是你想象的两倍。在调制或提供鸡尾酒时需要消耗大量冰块，如果冰块用量过少，会导致其外观和口感都大打折扣。建议你在冰柜中预留一个抽屉，专门存放冰粒、较大的冰块，甚至在需要时可以凿碎的冰砖。

调制鸡尾酒时，主要用到的是冰块，所以可以入手一些大的冰块托盘，并且保持良好习惯，有空的时候就冷冻一些冰块，如果存放时间长了，就倒掉后重新注水冰冻。你可能想买一台手动碎冰机，毕竟价格便宜，而且能制作优质冰块，在调制各种以朗姆酒为基酒的鸡尾酒时，通常会派上用场。如果没有碎冰机，也可以借助洗碗巾和木槌，但用这种方法制作的冰块质量可能参差不齐。搅拌器不适合用来碎冰，因为打出来的冰太过细碎，状如雪花。

在调制鸡尾酒时，所用冰块的形状和大小对饮品的最终温度和稀释度影响不大。相同重量的碎冰、方块冰，甚至是需要手工凿碎的大冰砖，最终都会达到大约相同的稀释度和温度。但是，由于不同形状和大小的冰的表面积不同，其影响饮品温度和稀释度所需的时间会有差异。如果用碎冰机制作的碎冰调和一杯"马提尼"，那么十秒内便可使其降至-5℃，但用相同重量的手工碎冰调和同一种"马提尼"，则可能需要两分多钟的时间才能达到相同的温度和稀释度。

请谨记，无论使用哪种类型的冰，都需要从冰柜现取现用。相较于已经部分融化的湿冰，从冰柜现取的冰的温度显然更低，可以避免对饮品进行不必要的过度稀释。

卓越的调酒师：经典鸡尾酒的调制技巧与完美配方

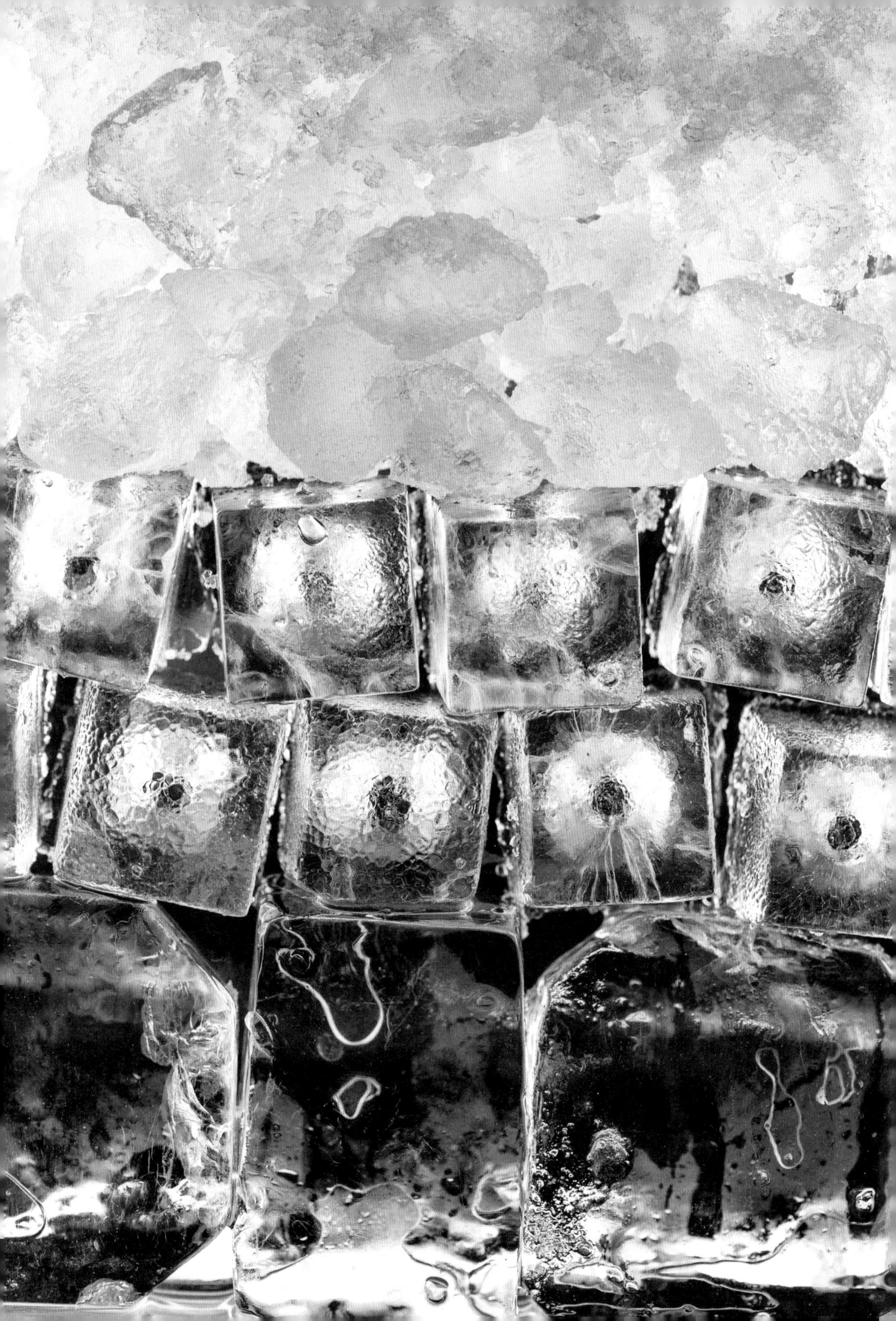

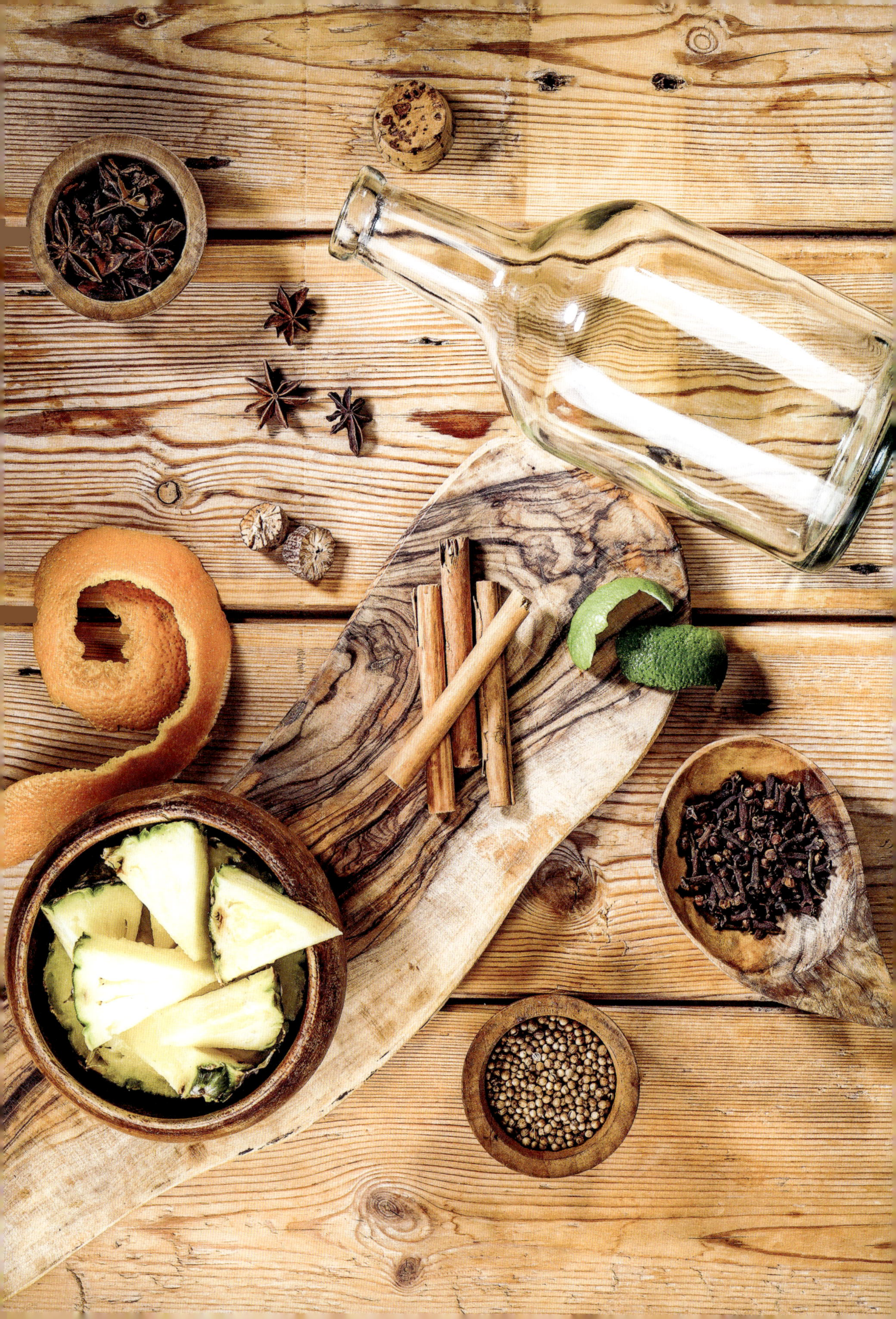

了解风味

呷一口鸡尾酒，你的多种感官会因此调动起来。舌头、嘴巴、鼻子、眼睛甚至耳朵都会纷纷活跃起来，收集你正在品尝的饮品的所有相关信息。事实上，味道是人类大脑创造的最复杂的感知之一。

我们先来看看风味心理学家让·安泰尔姆·布里亚-萨瓦兰（Jean Anthelme Brillat-Savarin）在1825年对风味产生过程的描述：

> 人类的味觉器官已经达到了罕见的完美状态。仔细观察其工作状态，便会对这一点深信不疑。
>
> 一旦可食用的物体被放入口中，味觉器官就会立马被调动起来，感知和摄取物体的气味、水分等，而且这个过程一旦开始，便不可逆。嘴唇会阻止食物从口中掉落，牙齿会咬断食物；唾液会浸湿食物；舌头会捣碎和搅动食物；呼吸般的吸吮会将食物推向食道；舌头抬起，让食物滑向食道；通过鼻腔通道时，嗅觉会对其进行识别，然后将其拉入胃中。味觉不会漏掉任何一滴或一粒食物及其任何一个原子。

布里亚-萨瓦兰，《味觉生理学》
（*Physiologie du Goût*），1825年

众所周知，多达80%的风味都是通过鼻子而不是嘴巴来识别的。这一点基本正确，但是由于大脑调用了多种感官或采用了多种模式来进行感知，因此很难准确量化鼻子的工作量具体有多大。大脑将味觉、触觉和嗅觉结合成统一风味图像的能力称为"联觉"。

嗅觉

这种"风味映射"主要是通过鼻后嗅觉进行的，即通过鼻子后部的"后向"嗅觉。

当我们漱口、咀嚼、咕嘟和吞咽东西时，微小的芳香分子会通过喉咙从鼻腔呼出，而这些分子只能在原子层面看到。当这些分子通过鼻腔时，会与嗅觉上皮接触。嗅觉上皮是鼻子与大脑直接联系的鼻组织，它会向嗅球发送微小信号，嗅球又将信号转换成气味图像，形成风味的主要组成部分。你或许听说过一些有关人类嗅觉的负面宣传，然而事实正好相反，人类嗅觉真的非常神奇，事实上，甚至比我们大脑能够设计的最先进的分子检测设备还要好用。

味觉

味觉和品尝力也在风味感知中发挥着重要作用。味觉始于味蕾，即一组感觉细胞，每个细胞都附带对刺激做出反应的纤毛。味蕾位于舌头表面微小的可见褶皱内，称为乳突。味觉细胞中的不同感受器会分别检测五种主要味道：咸、甜、酸、苦、鲜（一种类似咸味的味道，在西红柿、大豆和帕尔马干酪中尤为常见）。整个舌头都可以检测到这些味道，但是一些区域的特定感受器分布更为集中。舌头收集的信号会与其他感官输入一起发送到大脑进行处理。

舌头和嘴巴也起着识别口感的重要作用。提及口感，人们可能更多地联想到饮食，而非饮酒，但口感对鸡尾酒的品鉴有着深远影响。关于口感的科学，人类还需要继续探寻。已知的是，它包括触觉、压力、

温度和痛觉等感觉子模态。每个子模态都以不同的方式影响风味图像。你是否注意到跑气可乐与起泡可乐的味道有何不同?当可乐气泡中的二氧化碳气体产生刺痒感时,你嘴里的疼痛感受器会改变风味图像。

视觉

我们的眼睛会起到最基本的作用,那就是辨别东西是否可食用,以及是否可能会对我们的身体产生伤害。但更深入地说,饮品的外观在帮我们判断其风味的过程中也发挥着重要作用。我说的不仅是漂亮的饮品装饰(尽管它们的确可以起到锦上添花的作用),而是一些基本的东西,例如颜色、尺寸、玻璃杯和温度指示(加霜、带蒸汽)。

我特别喜欢给人调制蓝色番茄汁(由琼脂澄清剂和蓝色食用色素制成),我已经做过好几次这样的实验了。尽管我并未改变其味道和香气,但大多数拿到这杯番茄汁的人都还是认不出来,原因很简单,它的颜色看起来不像水果。有一次,一位女士尝过我调的蓝色番茄汁后跟我说,它尝起来像洗衣液。很显然,番茄汁的鲜蓝色对她的认知产生了很大的影响。

听觉

听觉在风味发掘的过程中也发挥着重要作用。法国剧作家莫里哀(Molière)将酒的声音描述为"咕噜声":

> 甜蜜如你
> 美瓶载之;
> 甜蜜如你
> 咕噜饮之。
>
> 1666年,《屈打成医》
> (*The Doctor in Spite of Himself*)
> 第一幕第五场

诚然,与其他液体相比,红葡萄酒的声音别具一格。红葡萄酒的质地独特,当我们吞咽葡萄酒时,喉咙中的肌肉活动,从而发出咕噜咕噜的声音。

其他因素

人们认为,还有其他很多因素也会影响饮品"风味图像"的形成,甚至我们的幸福感、舒适感和周围环境等也会影响风味。天冷时,喝一碗热汤更好,而天热时,来一杯冰镇"长相思"葡萄酒则味道更佳。同样,在内陆喝啤酒也永远赶不上在其原产国的炎热沙滩上品尝出来的口感。童年时吃到的菜肴,比如你母亲做的肉馅土豆饼或烘肉卷,味道总是比其他菜肴更好(或更差),因为他们会唤醒你内心深处的记忆。

人类对风味的鉴赏是一件了不起的事情,因此我们应该尽可能地锻炼这种能力,享受其带来的乐趣,检验和维持这种能力。处理人类感官输入数据的复杂神经通路全部汇聚在我们大脑中名为"灵长类新皮质"的部分。在这里,我们会体验到一种有意识的风味感知,这在我们脑海中是实实在在有形的东西。也许大脑最聪明的把戏是将数据反射回舌头,让我们误以为整个体验都是在嘴里发生的!

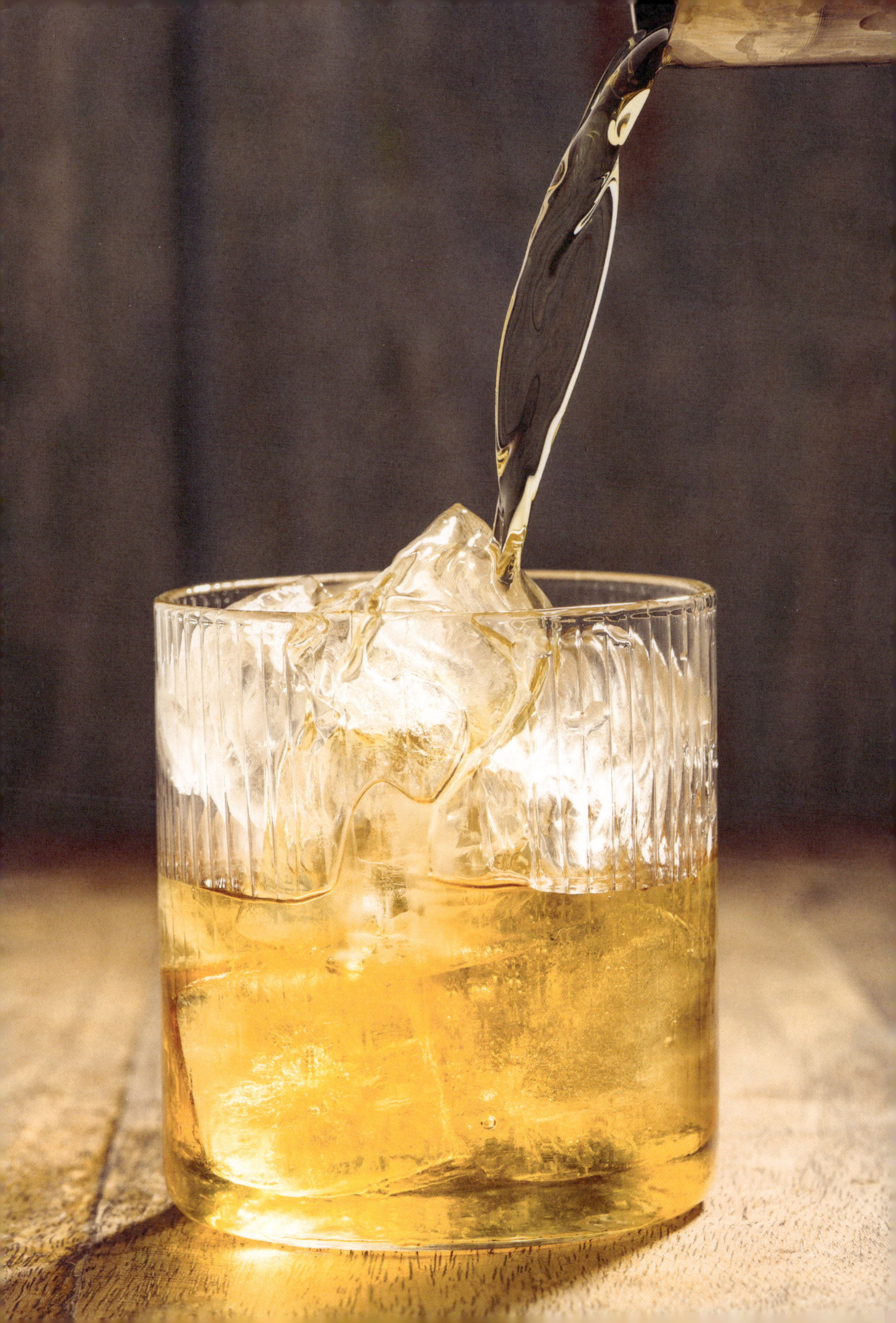

鸡尾酒的风味之道

回顾近200年的鸡尾酒演变史，不难发现一些端倪，可以解释我们为何会钟爱这样一种兼收并蓄、不拘一格的饮品。这些年来，鸡尾酒的调制技艺不断进步，揭示了我们对各种不同鸡尾酒饮品的偏爱和厌弃历程。正是基于对人们口感偏好的不断了解，鸡尾酒新品种才得以层出不穷。

现在，我们可以更进一步研究鸡尾酒的配料口味，看看它们如何影响我们的感知，以及这种感知和鸡尾酒口味之间如何相互影响。我们对咸味或甜味这两种主要味觉了如指掌，但尚不完全了解这些味道之间的复杂关系以及它们如何在中和饮品口感的过程中发挥作用。

糖 糖是一种纯能量食物，深受人类的青睐。它几乎可以添加到任何食品和饮品之中，提升其口感，使其更受欢迎。我们每个人从出生起就对糖有一种原始的渴望。糖确实有轻微降低饮品酒精感的作用。产生这种作用的确切原因尚不清楚，部分原因可能是糖降低了酒精的挥发性，即酒精挥发的容易程度。也有可能是大脑"奖励"系统的功劳。在我们尝到甜味之后，大脑便在甜味激发之下让酒精的影响减弱。我们的奖励系统会识别糖中存在的能量，并选择忽略酒精的负面化学作用（见下文的"酒精"章节）。利口酒便完美印证了这一点。相比之下，40%酒精度的利口酒就要比同等酒精度的纯伏特加更容易入口。

测试表明，糖还能抑制苦味、酸味和咸味的强度。但它的作用还不止于此。实际上，其他单独的味道加入糖之后会比原来更加可口。比如说，一杯又苦又甜的麦芽酒、一颗清爽酸刺的猕猴桃、一块咸味焦糖，会更让人产生满足感和沉醉感。

苦味 苦味要远比其他味觉复杂。据悉，我们的舌头可以识别100多种不同类型的苦味，而咸味就只是咸味。

与糖不同，我们天生厌恶苦味。人们认为，这是因为大多数苦味物质在达到一定量之后都是有毒的。另外，少量的苦味配料通常具有药用价值。举例来说，咀嚼丁香会产生麻醉作用，而奎宁具有抗疟疾的特性。你还记得你喝的第一杯黑咖啡吗？或者你的第一瓶窖藏啤酒？第一次喝的时候，你很可能并不觉得他们有多美味。苦味本身并不鲜美，我们需要大量的感官训练才能说服大脑接受它。但我们也不会轻易屈服！苦味会让舌头产生一种奇怪的干燥之感，让你忍不住想要改变味蕾。当我们喝一些非常苦的东西时，会立马感到口渴，这意味着需要再喝一口，然后一口接一口。因此，当芳香和甜味（及咸味）中伴有苦味时，我们就会特别容易上瘾。最好的例子就是经典的"金汤力"鸡尾酒。它堪称世界上最美味的饮品之一。

在混合饮料中添加苦味有助于我们将浓烈的苦味与其他味道和芳香刺激融合在一起，调制出更有趣、口感更丰富的鸡尾酒。

酸味 当吃到或者喝到很酸的东西时，我们会皱起眉头，不敢再继续来第二口。强烈的酸味口感不佳，食酸通常也没有营养价值，那么我们为什么还要浪费能量去吃它呢？

这是因为，从好的方面来说，酸味能够很好地中和其他味道。成熟的果实没有酸味，吃起来会感觉甜甜的。然而，即使是新鲜桃子中伴随的芳香也无法带来那种令人陶醉的完美味觉，因为没有酸来中和甜味或抓住味蕾。

在鸡尾酒中，我们经常将酸味和甜味进行中和，用来模仿成熟水果的味道。酸味的来源主要选用青柠和柠檬，因为它们的风味相对中性，几乎完全是酸味。

咸味　根据艾维·蒂斯（Hervé This）2006年出版的《分子美食学》一书：

> "咸味有时可以抑制苦味（可能还有其他令人不快的味道），同时让令人愉悦的味道更上一层楼。"

根据我的经验，添加少量的盐几乎总能改善鸡尾酒、甜酒、利口酒或糖浆的口感。当然，也有例外，如果饮品已经有明显的咸味（也许是使用了咸味配料），那么就不适合再加盐。虽然咸味大有用处，但奇怪的是，它在鸡尾酒中却未被充分利用。"金利克"鸡尾酒就是一个很好的例子。这款鸡尾酒与"金菲士"或"汤姆柯林斯"鸡尾酒大体差不多，只是用青柠汁代替了柠檬汁而已。然而，在某些文化中，尤其是印度，糖被省去，取而代之的是加入少量的盐。如果不加糖，这款饮品喝起来会感觉很酸，但实际上却变得更加柔和，而且非常美味。如果气候炎热，人们往往更偏向于在饮料中加入一些盐，因为适量的盐被认为有助于我们的身体保持足够的水分。盐会明显降低我们对酸味的感觉，但只会轻微影响苦味或甜味的强度。

鲜味　第五种味道——"鲜味"的发现似乎还不太久远，但实际上早在100多年前，即1908年，当时的东京帝国大学教授池田菊苗便确立了鲜味的存在。鲜味不咸、不甜、不酸、不苦，而会产生一种奇怪的感觉，可能用"咸香开胃"来形容最为贴切。鲜味并不是鸡尾酒中经常出现的味道。当然，像"血腥玛丽"这样的番茄汁鸡尾酒也有鲜味的一席之地，但也仅限于此了。鲜味所含的咸香味浓郁，因此调酒师很少使用鲜味便也不足为奇，因为鸡尾酒的主要功能之一是激发食欲，而不是抑制食欲……

酒味　几乎所有烈酒都有一定的味道，即使伏特加也不例外。这种味道可能来自蒸馏过程中残留的杂醇油或高级醇，或是酿造烈酒的原料留下的痕迹。就伏特加而言，这种味道可能是轻微的谷物味，或黄油土豆味。

如果用水将乙醇稀释到特定浓度，它便会散发出一种既微苦又微甜的味道。除此之外，乙醇和丙酮（一种有味道的酮）也会对味觉产生脱水作用，从而产生涩味。"化学物理觉"这个术语的意思是化学物质（比如本例中的乙醇）在皮肤、味蕾、黏膜、喉咙和胃上的感受性或敏感性。酒精会破坏某些神经通道，从而产生灼烧感。碰巧的是，酒精触发的神经和辣椒素（使辣椒变辣的物质）触发的神经相同。虽然疼痛本身并不是一种味道，但它确实会引发连锁反应，影响我们对味道和香气的感知。

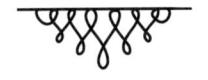

十三种酒

所有鸡尾酒配料原本都一样重要，但有些配料在特定饮品中更加重要。虽然某些鸡尾酒品种确实需要选用特定几个品牌或风格的配料，但大多数时候，你选用的确切产品并不是至关重要的。人们普遍认为，鸡尾酒的质量优劣取决于其最薄弱的环节，但实际上，并非所有环节的重要性都一样。

如果你想制作"马提尼"鸡尾酒，那么金酒是一个重要的考虑因素，因为它是整杯酒中最突出的风味，因此金酒的挑选需要更为精心一些。在"尼格罗尼"这样的鸡尾酒中，干型味美思的味道会更为明显，金酒在其中的味道远不如在"马提尼"中那般浓烈，因此在调制"尼格罗尼"时，显然无须对金酒的品牌过于挑剔。事实上，除非你使用的金酒添加了极端的植物成分，或者味道很差，否则你在调制"尼格罗尼"时大多数金酒品牌都可以选用，且味道依然不错。

我喜欢把很多事情比作烹饪。如果你要做意大利番茄肉酱面（spaghetti alla bolognese），那么牛肉末的精确切割就不如西红柿的选用、烹饪时间、意大利面的质量等因素那么重要。然而，如果你要煎牛排，那么牛肉的切割方式就变成非常重要的因素。对于"血腥玛丽"鸡尾酒来说，伏特加的品牌和番茄汁的质量哪个更重要呢？

我在这里想说的是，在大多数情况下，可以从每个主要烈酒类别（金酒、伏特加、威士忌、朗姆酒、特基拉、干邑白兰地）中选择一个品牌，并在调制大部分鸡尾酒时都坚持用这个品牌。这种做法会为你节省很多空间和费用，还能避免买来的一大堆酒被你束之高阁，积满灰尘。

我的主要建议是，选择一款普适性强、品质优良、直接饮用也很可口的酒。对于大多数鸡尾酒饮品来说，选用指定类别的通用烈酒即可，但在某些情况下，特定鸡尾酒需要使用特定烈酒（例如，不能在"莫吉托"中加入海军朗姆酒）。因此，如果某个鸡尾酒饮品中需要加入特定风格、年份或品牌的酒，我会尽量予以说明。

金酒

与其他烈酒相比，以金酒为基酒调制的鸡尾酒往往更经典。事实上，如果你是一名在20世纪20年代的调酒师，顾客让你调的绝大多数鸡尾酒都含有金酒。对我来说，喝金酒主要就是品尝杜松子的味道，所以我会选择经典风格的金酒，如必富达（Beefeater）或添加利（Tanqueray）。当然，还有许多新品牌也符合要求。

朗姆酒

朗姆酒是一种以甘蔗为原料提取的烈酒，是许多经典潘趣酒的关键配料，尤其是古巴的潘趣酒和提基酒。市场上很难买到一瓶通用的朗姆酒，因为有些鸡尾酒需要较轻的朗姆酒（即未陈酿或轻度陈酿），这种朗姆酒是西班牙语言区岛屿的典型风格，而有些鸡尾酒则需要较重的朗姆酒，如牙买加或圭亚那产的朗姆酒。一个不错的折衷方案是，选用巴巴多斯或圣卢西亚生产的清淡朗姆酒，例如多莉（Doorly's）朗姆酒或哲尔曼（Chairman's Reserve）朗姆酒。

Tanqueray No TEN
EXPORT QUALITY

X.O
DOORLY'S
Fine Old
BARBADOS RUM
70 cl 40% Alc/Vol.

EST^D 1870
GEORGE
Dickel
ORIGINAL
TENNESSEE
Finest Quality Sippin'
WHISKY
SUPERIOR No12 BRAND
CASCADE HOLLOW
TULLAHOMA-TENNESSEE USA

FABRICA
110
55% Alc.Vol
BLANCO
100% DE AGAVE
TAPAT
110
TEQUILA
Don Julio
ANEJO
033215

波旁威士忌

在禁酒令颁布以前,美国威士忌是许多鸡尾酒饮品的主要配料。那个时代的鸡尾酒还是以黑麦威士忌为基酒,味道更为辛辣,相比之下,波旁威士忌的玉米含量较高,口感更为顺滑清甜。一个很好的折衷方案是选用活福珍藏(Woodford Reserve)威士忌或布莱特(Bulleit)威士忌,这两种波旁威士忌的麦芽浆中都含有适量的黑麦。

苏格兰威士忌

在此,我想说明的是,我们追求的是一款像样的调和苏格兰威士忌,而且无须过于破费。但请注意,避免选用任何烟熏味太浓的苏格兰威士忌,以免打破鸡尾酒的平衡性,建议选用含有水果和麦芽成分的苏格兰威士忌。尊尼获加金牌珍藏(Johnnie Walker Gold Label Reserve)、帝王12年(Dewars 12)或芝华士12年(Chivas Regal 12)这几款苏格兰调和威士忌都可以满足要求。

干邑白兰地

法国白兰地是19世纪中叶诞生的调配型烈酒,至今仍是广泛使用的鸡尾酒配料(也是一种不被认可的鸡尾酒基酒)。任何一家大型干邑酒厂生产的VSOP级干邑白兰地都非常适合调制鸡尾酒,不过如果你想听我的推荐,那么我建议选择皮埃尔·费朗(Pierre Ferrand)这个品牌。

特基拉

购买特基拉酒的黄金法则是,只选标签上注明100%龙舌兰的产品。如果标签上并无此说明,则意味着这款龙舌兰酒在蒸馏过程中添加了玉米或小麦等原料,以便提高酒精含量并稀释酿造所用原料的天然植物风味。陈酿特基拉酒与未陈酿龙舌兰酒相比,风味大相径庭,因此,为了同时涵盖这两种风味,我建议选用仅陈酿2~12个月微陈特基拉酒。

伏特加

如实地说,伏特加一旦混入鸡尾酒之后,十有八九难辨差异。不过，举例来说，如果你想调制"伏特加马提尼"，那还是需要一款像样的伏特加。我推荐雪树（Belvedere）或维斯塔（Vestal）这样的黑麦伏特加，或者像骑士（Chase）这样的马铃薯伏特加。

橙味利口酒

橙味利口酒（法语中的意思是"特干"）与库拉索酒相似，起源于荷兰同名岛屿。这两款酒都是由苦橙皮制成的橙子利口酒，但库拉索酒往往更甜。我更推荐橙味利口酒，例如君度（Cointreau）这个品牌，我提供的酒谱便是基于这种甜味的烈酒。

马拉斯奇诺

在鸡尾酒改良领域，这种樱桃味利口酒可以说与橙味利口酒一样重要。它与橙味利口酒几乎是在同一时间流行起来的。马拉斯奇诺酒具有神奇的调和能力，能够让一款口感很差的酒脱胎换骨，涅槃重生。这里推荐首选路萨朵（Luxardo）这个品牌的马拉斯奇诺酒。

苦酒

像金巴利（Campari）或阿佩罗（Aperol）这样的苦味开胃酒是值得入手的优质鸡尾酒配料，因为它们可以用来调制出像"美国佬"这样美味的长饮鸡尾酒，并且还是传奇鸡尾酒"尼格罗尼"的主要配料。

味美思

如果你打算选购一瓶味美思，那么我建议你选择甜白风格。这种风格的味美思颜色浅淡，但味道依然很甜。

如果你的预算够买两瓶，那么建议买一瓶特干型味美思（法国风格）和一瓶甜型红味美思（意大利风格）。味美思酒一定要放入冰箱冷藏，而且尽量在30天内喝完（小贴士：你可以在味美思中加入苏打水和冰，充当白葡萄汽酒，味道甘美可口，值得一试）。

干型阿蒙提亚多雪利酒

没错，我是一个雪利酒迷。我还相信，只需一小滴雪利酒，便几乎可以改善任何与之接触的鸡尾酒。雪利酒通常还可以很好地代替味美思。一些备受追捧的经典鸡尾酒（例如"雪利酷伯乐"）便是以雪利酒为基酒调制而成。

苦艾酒

与你可能听说过（或经历过）的情况相反，苦艾酒与人们有时的描述不符，它并非一种令人产生幻觉的毒药。苦艾酒的酒精含量通常相当高，以免让酒液看起来浑浊，因为如果酒精含量较低，则酒液中会含有稀释出来的油。酿造苦艾酒的初衷并非直接饮用，最好是加入大量冰水后再饮用，或者用作调制"萨泽拉克"和"亡者复生2号"等经典鸡尾酒的配料。最顶级的苦艾酒品牌是贾德（Jade）、蝶舞（Butterfly）和柯蓝（La Clandestine）。

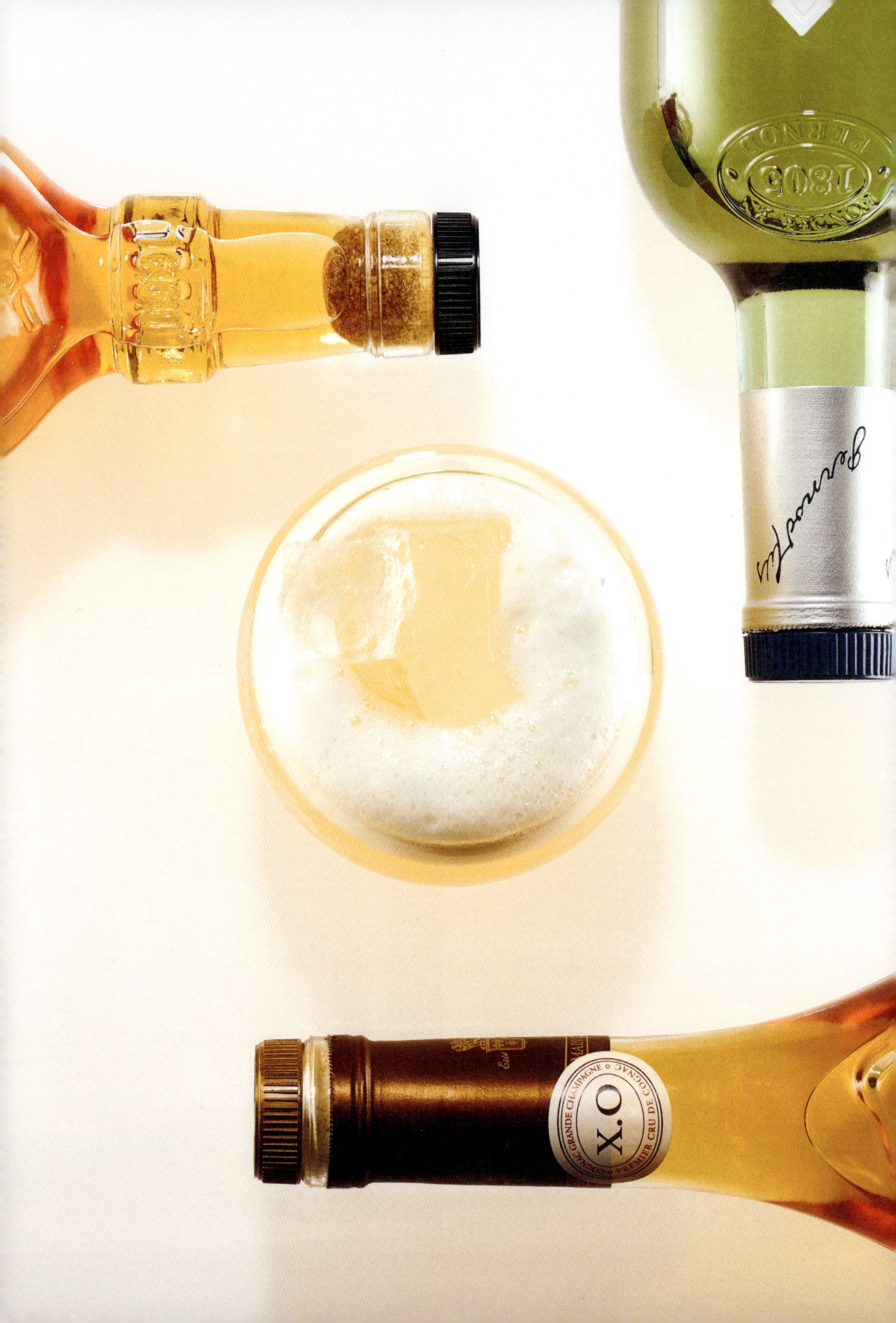
X.O
1805

动手调配吧

冰块摇和、调和和使用方法的重要性似乎不言而喻（见第18页）。但人们很容易小看这些技法的复杂性，并且在操作过程中忽略一些关键变量，而这些变量原本可以为我们所用。温度和稀释度都是享用鸡尾酒的关键因素，因此确保正确管理这两个因素是酒吧工艺中非常重要的一部分。

人们普遍认为，较冷的饮料味道更好。随着温度的降低，饮料变得更黏稠，口感更加浓烈，更为可口。由于酒精蒸发受到抑制，酒液的初始感觉会更加柔和，然后随着酒液在舌头上升温，冲击力再缓慢增强。低温的饮品喝起来可以更清爽和更提神，香气也不那么浓郁。蒸气压是描述液体蒸发容易程度的术语，当把鼻子凑近一杯酒时，我们闻到的其实是酒液的蒸气。

蒸气压会随着温度降低而降低，这意味着饮品越冷，香气越淡。这会使我们在喝鸡尾酒时产生一个有趣的效果。当酒液在我们嘴里迅速升温时，它的香气会开始变得愈发浓郁，然后传到喉咙，并在我们呼吸时传到鼻子，让我们闻到香气。

冰的融化与良好的钻冰手法息息相关。许多调酒师都会用精心设计的手法来减少冰块在饮品中的稀释，但事实是，冰块少量稀释其实有一定好处。但在什么情况下充分稀释才不算稀释过头呢？观察不同瓶子的金酒可以发现，瓶身上显示的酒精度多种多样，生产商会按照正确的酒精度谨慎地包装产品，以最大程度展示其风味。鸡尾酒也是如此。成品酒的酒精度会影响饮品的味道和香气，因此额外兑入一些水可以促使更多的芳香分子逸出玻璃杯，这就是威士忌经常需要加水的原因。

大多数时候，饮品的稀释问题都比较主观，但我发现有时鸡尾酒中的水量至关重要，如果不小心，整杯鸡尾酒都会毁于一旦。关键在于掌握冷却和稀释的发生过程和原因，然后调整我们的技法，以达到我们想要的结果，就像厨师调整烹饪时间以满足每道菜的需求一样。

摇和

摇和鸡尾酒会使其快速变冷。部分原因在于，冰块和酒液的搅动会加速两者之间的平衡过程；还有一个原因在于，冰块破裂会增加其表面积。如果摇和饮料10秒以上，对温度或稀释度的进一步影响较小。因为当鸡尾酒接近其冰点时，温度会趋于稳定。此时，稀释度也将达到稳定水平，因为加冰的作用只在于抵御调酒壶外部的热空气，使鸡尾酒的温度达到稳定，而不是对其进行冷却。

已摇和的鸡尾酒饮品还会在一定程度上"充气"，因为用冰搅打鸡尾酒的动作会导致气泡暂时滞留在酒液之中。我们的味觉能够感知到这些微小的气泡，而且这些气泡可以深刻地影响鸡尾酒的触觉体验和风味感知方式。

日本酒吧氛围热烈，活力四射，在过去几年里为欧美调酒业做出了许多伟大的贡献。在日本酒吧的深刻影响之下，许多欧美调酒师开始重新考虑自己的鸡尾酒摇和方式。当我第一次听说"日式硬摇法"时，还以为这是一种剧烈摇和饮品的方法，然而，它却指的是这种摇法很难掌握。这种摇法会严格采用特定的模式来摇晃调酒壶，从而让冰块弹跳起来接触到摇酒壶内壁的每一处。很显然，这样做无非就是为了让饮品更好喝。这个技法的创始人是来自东京银座酒吧（Tender Bar）的上田和男（Uyeda San），他坚信采用这个技法会全方位地改善饮品的口感。然而，经过我的多番测试，发现摇和方式（只要不是太慢）并不会对鸡尾酒的温度或稀释度产生影响。那么就只剩下充气度这个因素了。遗憾的是，测量充气度和黏度要困难得多，需要进行深入的定性测试才能真正确定这种硬摇法是否能改善饮品的口感。

请注意，一定要在调酒壶中加入足够的冰块。一杯饮品需要加满2/3的冰块，如果摇和量很大，则还需要添加额外的冰块。还需将盖子或听夹到调酒壶上，然后快速用力摇晃5~10秒。

调和

在鸡尾酒中添加冰块并用力摇和，会产生洪亮的叮当响声，并在10秒内将鸡尾酒冷却至-3℃。但是，如果添加冰块后采用调和的方式调制鸡尾酒，则需30秒以上才能达到相同的效果。这是因为，从某种意义上说，调和也是一种摇和方式，就是非常慢而已。如果你认为采用调和法调制的鸡尾酒稀释时间更长一些，因此稀释度会更高，那么也无可厚非。然而，无论是采用摇和法还是调和法，其物理原理都是相同的。如果鸡尾酒的调和时间足够长，那么其温度和稀释度会与摇和法产生的温度和稀释度几乎完全相同。之所以说"几乎"，是因为长时间暴露在烧杯周围的暖空气中，会导致鸡尾酒产生额外的稀释。

关于调和，你需要了解的最重要的一点是，如果你想调制温度特别低的鸡尾酒，那么调和所需的时间会较长，在很多情况下至少1分钟。请记住，如果采用调和法，鸡尾酒的冷却和稀释也会趋于稳定，这一点与摇和法一样。也就是说，大约120秒后（具体时间取决于冰块的大小），经调和的鸡尾酒不会变得更冷，也不会继续稀释。你可以用肉眼判断鸡尾酒是否已经充分调和，这是一个几乎无声的过程。判断标准在于，冰块不"叮当作响"（这会产生气泡和碎冰），而是围绕烧杯或听的四周流畅地旋转。与摇和法一样，调和法也需要添加大量的冰块，并且烧杯/听中的液体高度应低于冰的高度。一般来说，调和1分钟即可，但是如果你足够耐心的话，延长到2分钟也不是不行。

兑和

有很多鸡尾酒只要在玻璃杯中兑入冰块就可以调制出来，而且也相当美味。如果采用兑和法调制鸡尾酒，所需的器具会更少，事后需要收拾的东西也较少，用调配鸡尾酒的玻璃杯直接享用也相当有满足感。你可以将兑和法的流程与制作调和鸡尾酒的流程视为是相同的。

搅和

在现代鸡尾酒酒吧中，搅拌器已经越来越少见了，但仍有一些古典鸡尾酒只能在搅拌器中调制，其他一些鸡尾酒饮品也可以从搅和过程中受益。

在大多数情况下，搅和式鸡尾酒饮品中所需的冰的重量或体积与所需的配料相同。搅和式饮品必须立即饮用，很容易产生"分层"现象，即冰沙会漂浮在酒液表层。

PICCADILLY
Dry
LONDON GIN
Gradi 43°
PICCADILLY
PICCADILLY CIRCUS · 1900
Fine Dry
LONDON GIN
PRODUCE OF ENGLAND
CENTRAL GIN CO. · LONDON W.C.2.
IMPORTATO DALLA DITTA GIAROLA ABELE,
MONTICELLI D'ONGINA, UTIF PARMA
Lic. No. 20

金酒

金酒最初流行于街头巷尾的小酒吧，后来逐渐广为流传，备受追捧，并在世界上高档酒店的鸡尾酒单上占有了一席之地。在 1900 年至 1930 年，有数百种以金酒为基酒的鸡尾酒诞生，尤其是传世佳品"干马提尼"。

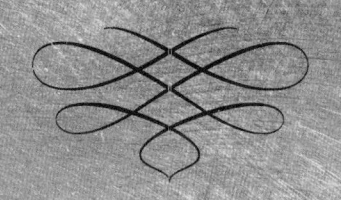

飞 行

50毫升 / 1⅔液量盎司添加利金酒
25毫升 / ⅚液量盎司新鲜柠檬汁
5毫升 / 1茶匙马拉斯奇诺利口酒
5毫升 / 1茶匙紫罗兰酒

将鸡尾酒调酒壶中的所有配料与冰块一起摇和，然后滤入经过冰镇的碟形香槟杯中。
不加任何酒饰，但你也可以选择因地制宜，呈现本国特色。

我能找到的第一个关于"飞行"鸡尾酒的参考资料是雨果·R. 恩斯林（Hugo R. Ensslin）于1916年出版的《调制饮料配方》(*Recipes for Mixed Drinks*)一书。这本书认为，"飞行"鸡尾酒很可能诞生于航空业黄金时代的中期。当今航空旅行已经商业化，成为一件稀松平常的事，因此人们很容易忘记，以前的一些飞行员曾经是风靡全球的摇滚明星。19世纪早期，飞行员们实际上只配备了一副飞行护目镜而已，他们点上一支香烟，毅然决然地飞上高空，对抗地心引力。彼时，传奇飞行员霍华德·休斯（Howard Hughes）还不过是个稚童。

自鸡尾酒诞生以来，其配料和名称一直反映着当时的潮流、时尚和偶像（"边车""玛丽·毕克馥"和"火焰林宝坚尼"都是个中典范）。因此，以飞行员的崇高事业命名鸡尾酒也就不足为奇了。这款鸡尾酒自有它的独特之处，它含有金酒，这通常是飞行员的首选饮品，甚至其颜色也如同清晨的蓝天。除此之外，我认为它的味道也非常可口，是酸味鸡尾酒中最棒的改良版之一。

在我刚成为调酒师的年代，人们普遍认为"飞行"鸡尾酒是用马拉斯奇诺利口酒代替糖的金酸酒。听起来很简单，对吧？这个特别的配方源自哈里·克拉多克（Hany Craddock）的经典著作《萨沃伊鸡尾酒手册》(*The Savoy Cocktail Book*，1930年)。毫无疑问，用这本书中提供的配方配制的飞行鸡尾酒是美味的，但并非其原始版本，更不是最佳版本……

原始版本要追溯到1916年，以及前面提到的恩斯林的《调制饮料配方》。在这本书中，我们找到了原始配方。相较之下，这个版本的马拉斯奇诺含量比萨沃伊版本少，并且包含额外的配料——紫罗兰酒。顾名思义，这款利口酒是用紫罗兰花调味的。它的味道就像小时候吸过的蓝色小糖果一样，带有花香、味道甜美，别具一格。如今这种味道已经不适合作为鸡尾酒的主导风味。在任何饮品中加入太多的紫罗兰酒，都容易产生过于浓烈的花香，令人倒胃口。不过，我们可以像调味料一样甩入一点，形成淡淡的清香，与饮品中的其他口味相互映衬。这也正是"飞行"鸡尾酒的美妙之处。

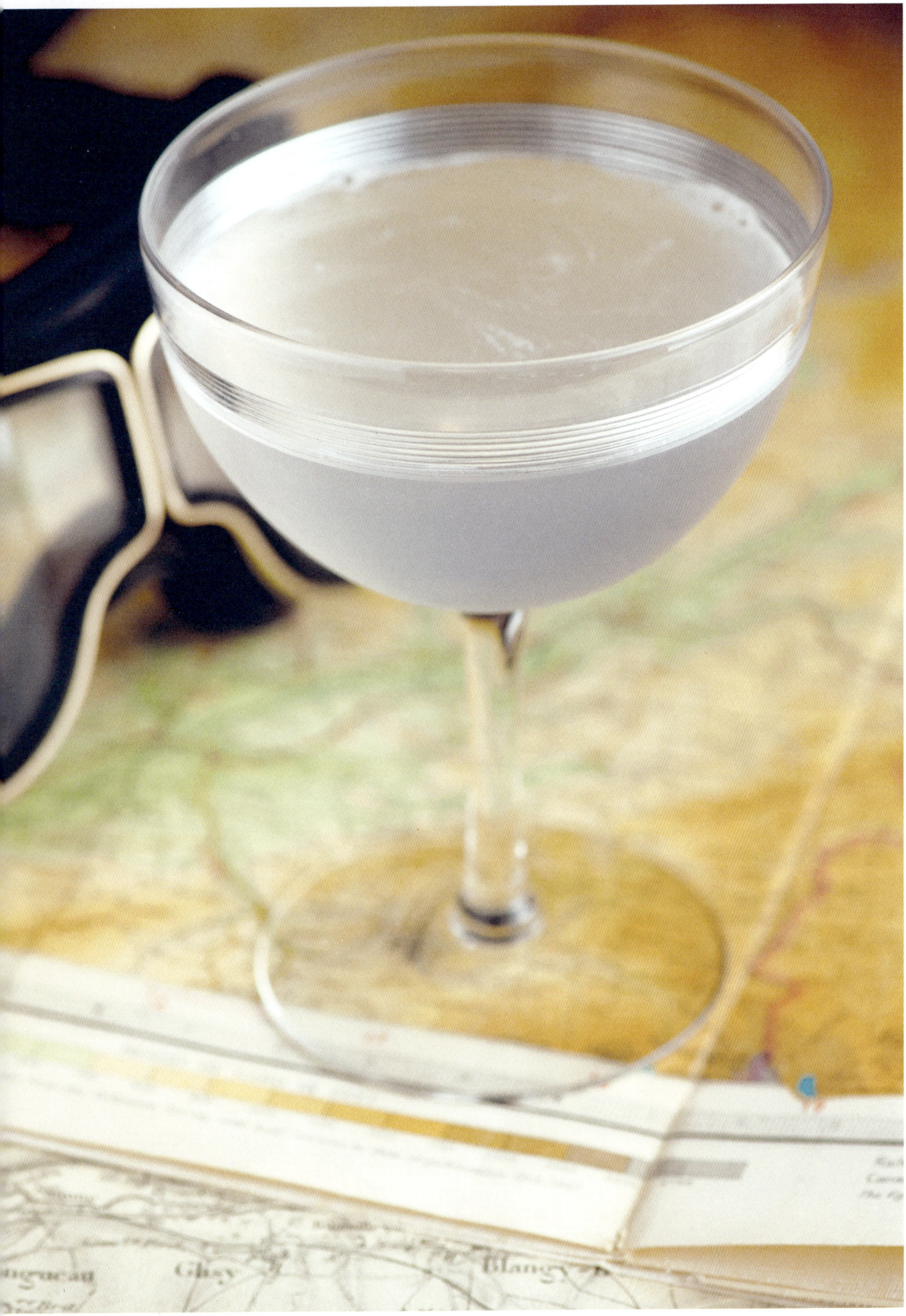
Blangy

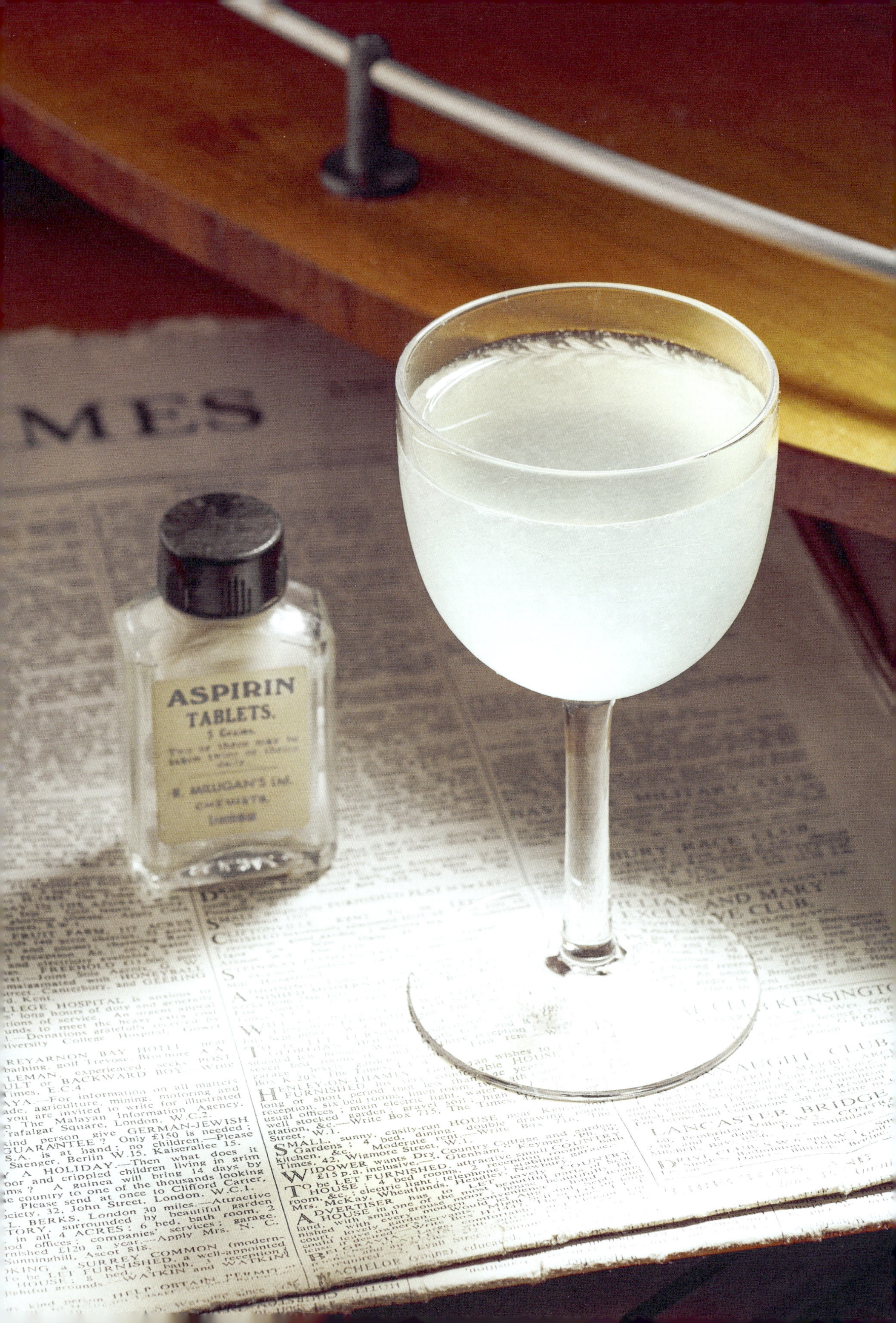
MES
ASPIRIN
TABLETS.

亡者复生2号

20毫升 / ⅔液量盎司普利茅斯金酒
20毫升 / ⅔液量盎司橙味利口酒
20毫升 / ⅔液量盎司利莱白利口酒
20毫升 / ⅔液量盎司柠檬汁
2甩苦艾酒
用柠檬皮装饰（可选）

•

将鸡尾酒调酒壶中的所有配料与大量冰块一起摇和，然后滤入经过冰镇的鸡尾酒杯中。
你可以用一条柠檬皮作为装饰，但并不是必须的，因为这杯酒1分钟不到就能见底。不是吗？

亡者复生曾经是一个系列的鸡尾酒，有上午饮用，缓解宿醉的，也有下午和傍晚饮用，帮助提神的。在20世纪初，每个酒吧通常会提供自己的专有配方，供顾客上午饮用，帮助他们从前一晚的酗酒中恢复过来。这些配方通常被称为"亡者复生"。可惜的是，这些配方鲜有记录留存，也许是因为传言的"复生"效果存疑，或者是因为这些配方特别匪夷所思，直到1930年，哈里·克拉多克才在《萨沃伊鸡尾酒手册》中列出了两种"亡者复生"配方。

但只要稍加深入研究，我们就会发现，至少从1860年代初开始，缓解宿醉的鸡尾酒饮品就已被称为"亡者复生"，即在哈里·克拉多克出生前大约15年。为了印证这一点，我能找到的最早的例子之一出现在1862年一篇名为《我如何阻止布朗一家请我共进晚餐》（*How I Stopped The Brownes From Asking Me To Come To Dinner*）的短篇小说中。在这篇小说中，叙述者来到伦敦皮卡迪利大街的一家美利坚酒吧（别误会，不是伦敦萨沃伊酒店里鼎鼎大名的那一家），点了一杯"亡者复生"，里面含有牛奶和其他一些不知名的酒精成分。这杯"亡者复生"被倒在两个水晶容器之间，喝下后，叙述者感觉"自己的勇气和决心爆棚"。

克拉多克在《萨沃伊鸡尾酒手册》中撰写了两种"亡者复生"。其中"亡者复生2号"最负盛名，而且坦率地说，也是品质最好的（"亡者复生1号"与之截然不同，是以白兰地为基酒调制而成）。"亡者复生2号"则是用金酒、橙味利口酒、柠檬汁调制。因此，如果不是额外添加了利莱白利口酒和一小口苦艾酒，那么它与"白色佳人"别无二致（见第71页）。正是得益于这两样简单配料的加入才让"亡者复生2号"得以脱胎换骨。利莱白利口酒淡化了柠檬和橙子的酸涩，苦艾酒则带来了草本的活力，并增添了一种幽灵般的青灰色调。

克拉多克评论说，"一口气连饮四杯之后，这款鸡尾酒可以让人再次满血复活"。但他也表示，这款酒如果饮用过量，会导致饮酒者再次陷入半死不活的状态。

如果你的鸡尾酒有五种配料，而其中四种是酒精，而且有三种都是烈酒，请务必慎之又慎。考虑到这一点，我喜欢调制小杯的"亡者复生"。小小一杯，浅尝几口就可以喝完，还能起到它原本的解酒作用。

干马提尼

45毫升 / 1½液量盎司添加利10号金酒
10毫升 / ⅓液量盎司杜凌干味美思
用柠檬皮或绿橄榄装饰（可选）

•

将配料加入从冰柜取出的冰镇调酒烧杯中，然后加入大量冰块，用吧勺调和至少90秒。最后滤入冰镇马提尼杯或碟形香槟杯中，添加装饰。此番流程下来，这杯酒的量并不会大。在我看来，在喝"马提尼"的时候，保持优雅精致且清凉更好一些。这样一杯酒，不用5分钟就能喝完，你有充足的时间再喝再一轮。

无论是食物、饮料还是别的东西，两种配料能够做到完美契合是一件值得庆祝的事情。"马提尼"似乎已经做到了这一点。大多数人都知道这款鸡尾酒的文化意义，但调制这款酒的真正奥义仅仅掌握在少数幸运儿手中。一杯好的"马提尼"既浓烈又微妙，既复杂又清新，既冰爽又辛辣。也许最重要的是，它散发着一种简约之美。要想恰到好处地享用"马提尼"，就不能（也不应该）慢慢啜饮，而是应该快速喝完。快速喝完的体验最佳，否则它的绝妙口感稍纵即逝，因为杯中的寒凉能软化酒精，使柑橘变得爽脆，并使酒的口感更为浓烈，如果放置时间太长，寒意全无，会失了风味。

这款鸡尾酒的历史令人困惑，而且经常自相矛盾。本质上讲，"干马提尼"是对"马提尼"的翻版，后者于19世纪90年代问世。"马提尼"本身与"马丁内斯"鸡尾酒相差无几，之所以改名，可能是为了突显当时用于调制这款鸡尾酒的马提尼牌味美思。19世纪末的鸡尾酒书籍很少同时列出"马提尼"和"马丁内斯"，这让我们许多人以为这两款鸡尾酒如同一对双胞胎，配制方法和配料如出一辙，只是名字不同罢了。1884年的"马丁内斯"实际上是一种以金酒为基酒的"曼哈顿"，具体配料为两份意大利"味美思"和一份"老汤姆"金酒、苦精和少量糖浆。19世纪90年代问世的"马提尼"配方与"马丁内斯"大同小异，大部分都是用甜味美思和"老汤姆"金酒调制而成。

当时的其他鸡尾酒饮品则使用的是干金酒和法式（干型）味美思。1904年诞生的"玛格丽特"需要专门使用普利茅斯金酒。这款鸡尾酒还加入了等量的法国味美思、橙味库拉索酒和橙味苦精。19世纪80年代首次出现的"赛马俱乐部"鸡尾酒则是选用了甜味美思，而哈里·约翰逊（Harry Johnson）的"Martine"鸡尾酒很可能是"马提尼"（Martini）或"马丁内斯"（Martinez）的错误拼写！直到20世纪初，按照今天的标准可以识别出来的"干马提尼"才最终横空出世。在其著作《世界饮品大赏及其调配方法》（The World's The Drinks and How to Mix them，1908年）中，比尔·布思比（Bill Boothby）要求使用等量的法国味美思和"干英国金酒"、橙味苦精来调制"干马提尼"，并用一点柠檬皮和一颗橄榄进行装饰。在布思比的书出版之前，其他一些参考资料也提及过这款鸡尾酒，但他这个配方的"干马提尼"是我能找到的，第一个使用法国味美思和干金酒的时尚鸡尾酒。布思比还提供了"吉布森"鸡尾酒的配方，它与"干马提尼"大体相同，只是未添加苦精而已。有趣的是，我们现在将饰有银皮洋葱的"干马提尼"称为"吉布森"，但布思比选择了用橄榄进行装饰。

与后世的"干马提尼"相比，即使是布思比的"干马提尼"也没有那么"干"。随着时间的推移，金酒和味美思之间的比例逐渐变化，使这款鸡尾酒的口感变得更为浓烈，甜度也更低。20世纪50年代，"马提尼"的干度达到顶峰，也就是说，当时用到的味美思的量最少，或者像丘吉尔喜欢说的那样，"给法国打个电话"，知道味美思还存在就可以。这款酒有种强硬严肃之感，是对精明商人决心的完美考验。三杯马提尼午

餐，有人要吃吗？当然有。

　　随着伏特加大行其道，金酒没落，保守的口味继续盛行。然而，"马提尼"非但没有被人遗忘，反而在20世纪80年代重新崛起（带有抵制和抗议的意味）。当时，任何装在马提尼杯中的饮料都被称为某某风味的"马提尼"。讽刺的是，这些马提尼杯中往往并未添加金酒和味美思！

　　随着鸡尾酒文化的大举复兴，调酒师们重新审视了"马提尼"的故事，并向这款最神圣的鸡尾酒致敬。我花了很多时间思考调制一杯鸡尾酒涉及的众多变量。正是因为这些变量的存在，这种看似简单的饮品实际上却如此难以调配，这有些令人沮丧。事实上，每个人总有一款完美契合自己的"马提尼"，困难在于如何找到它。也许正是因为这个原因，"马提尼"才经受住了时间的考验。与其说它是一款饮品，不如说它本身就是一种概念。它可以根据每位饮者的要求定制一款"马提尼"。如果让调酒师为你调制一杯"马提尼"，那么你至少会被问到五个问题。如果你不回答，那就只能放弃这杯酒了。以下是我个人的一些见解，我认为值得分享。这些见解你可以听也可以不听，因为其并非教条，只是我多年来饮用和斟酌"马提尼"的一些心得罢了。

　　不要以为"马提尼"越干越好。对我来说，金酒与味美思的最佳比例是3∶1到6∶1之间。建议使用干冰块（即最好直接从冰柜中取出），否则这款酒会变得太稀并且过于松弛。一定要把这款酒稀释到足够的程度；一杯"马提尼"不应该是一件"苦差事"。"马提尼"通常需要调和90秒才能达到最佳温度，稀释是该过程的一部分。如果通过调和的方式稀释这款酒，不用担心因调和时间过长而导致其过度稀释，很难出现这样的情况，所以别着急，慢慢来。如果你喜欢的话，也可以通过摇和的方式进行，速度肯定会快很多。不要在装饰上花太多心思。在我看来，"马提尼"是否需要装饰还有待商榷，一小块柠檬皮或一颗橄榄就可以了。然而，我曾说过，一块柠檬皮要比鸡尾酒调酒壶更容易毁掉一杯"马提尼"。

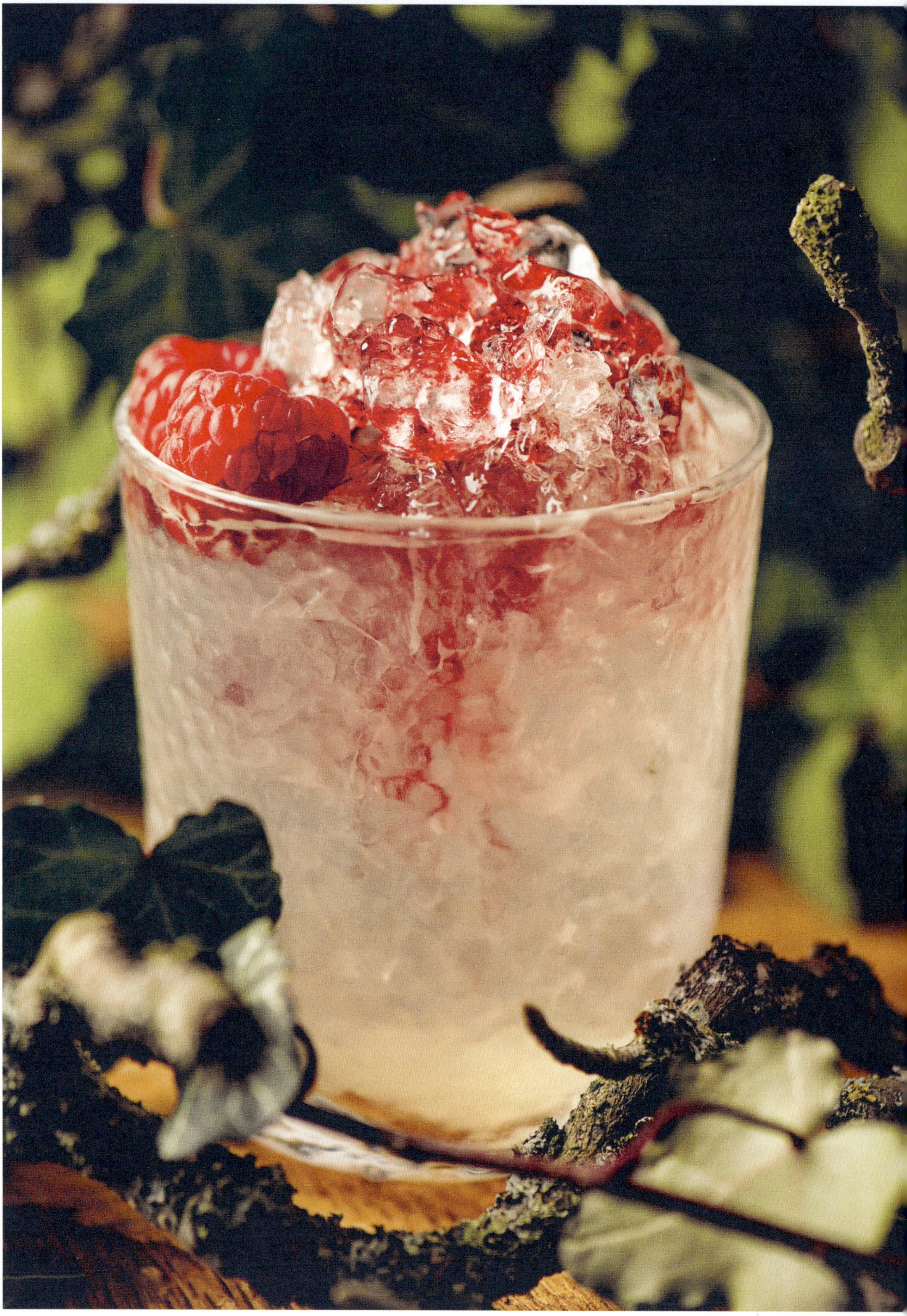

荆棘

40毫升 / 1⅓液量盎司添加利金酒
20毫升 / ⅔液量盎司新鲜柠檬汁
10毫升 / ⅓液量盎司糖浆（见第17页）
15毫升 / ½液量盎司奶油
用黑莓和柠檬片装饰

•

将前三种配料加入碎冰中，倒入冰镇的低球杯，然后将奶油倒在顶部，使其顺着冰"流淌"下去。用一些黑莓（或覆盆子）和一片柠檬进行装饰。

•

就我个人的口味而言，这个配方有点偏甜，但它出自我本人，所以我有什么资格争论呢？如果想让它更干一点，可以试着去掉5毫升（1茶匙）糖浆，再额外加入5毫升（1茶匙）柠檬汁。

20世纪80年代，鸡尾酒层出不穷但良莠不齐，"荆棘"是当时最出色的创新饮品之一。这款鸡尾酒是由伦敦传奇调酒大师迪克·布拉德塞尔（Dick Bradsell）发明的。当时，迪克在苏活区的弗雷德俱乐部（Fred's Club）工作，这里培养了伦敦酒吧界的许多未来之星。迪克根据"新加坡司令"的配方制作了这款"荆棘"，用奶油取代了由黄瓜和奶油奶酪制成的调味品以及樱桃白兰地。

当然，肯定不止于此。一款如此知名但又依赖于如此简单配方的鸡尾酒一定有它的特别之处，那便是：金酸酒加一甩黑莓利口酒。为什么不是草莓利口酒，或者咖啡利口酒呢？我个人认为，一款特别的鸡尾酒往往归功于配料的巧妙组合和一个巧妙描述它的名字。

仔细想想，也不难理解。荆棘是一种典型的英国多刺灌木，就像金酒是一种传统的英国酒一样。黑莓是奶油的基料，但野生黑莓闻起来不仅有黑莓的味道，还有乡村各种自然环境的味道——干树皮的泥土味、掉落松果的香料味或野生金银花的甜美清新味。许多金酒中都散发着这些奇妙的怀旧香气：杜松子带来泥土的气息和松树般的味道，香菜带来柑橘香味，当归则带来深沉的树脂木香。

金酒和奶油堪称天作之合，再加上英语中没有其他词可以更好地描述这款酒的名字，于是"荆棘"鸡尾酒就此成功诞生了。

早餐马提尼

50毫升 / 1⅔液量盎司必富达24金酒
15毫升 / ½液量盎司君度酒
15毫升 / ½液量盎司新鲜柠檬汁
2茶匙橙子果酱
用橙皮装饰（可选）

•

将鸡尾酒调酒壶中的所有配料进行干摇（即不加冰），然后用吧勺充分搅拌，将果酱打散。
接下来加入冰块，充分摇和10秒。
进行双重过滤，然后倒入冰镇的马提尼杯中，并用一点橙皮进行装饰。

对我来说，早餐喝普通的"干马提尼"并无不妥，但我也知道这可能不适合每个人的晨间习惯。这也许便能解释"调酒大师"萨尔瓦托·卡拉布雷斯（Salvatore Calabrese）为何在1996年开发了一种更容易被接受的早餐鸡尾酒，用来搭配玉米片饮用。萨尔瓦托当时在伦敦兰斯伯勒酒店经营图书馆酒吧（Library Bar），在豪华酒店的酒吧供应早餐鸡尾酒无疑是最合适不过的地方了。这款酒很受欢迎，因此当萨尔瓦托第二年前往纽约宣传他的《经典鸡尾酒》一书时，他说服了传奇调酒师戴尔·德格罗夫（Dale DeGroff）同意他在纽约的彩虹餐厅（Rainbow Room）酒吧提供这款鸡尾酒。据萨尔瓦托说，"戴尔认为他在鸡尾酒中放果酱的做法有些疯狂。"

这款鸡尾酒与本书中介绍的至少两种经典萨沃伊鸡尾酒非常相似。首先便是"亡者复生2号"（见第39页）。"早餐马提尼"拥有与"亡者复生2号"相似的凉爽酸甜味道，因此也特别适合在清晨饮用，提神醒脑，缓解前一晚的宿醉。第二个是"白色佳人"（见第71页）。"早餐马提尼"与"白色佳人"的区别在于，未添加蛋清但添加了果酱，配料比例也进行了轻微调整。在哈里·克拉多克调制的鸡尾酒中，与"早餐马提尼"相关的不止于此，还有"果酱"鸡尾酒。这款鸡尾酒配方最早出现于克拉多克在1930年出版的著作《萨沃伊鸡尾酒手册》中，计划供六人饮用。克拉多克评论道："这款鸡尾酒又苦又甜，特别适合作为午餐开胃酒。"这款鸡尾酒需要"2甜品勺（原文如此）橙子果酱、1大杯或2小杯柠檬汁、4杯金酒"，摇匀并用橙子装饰。就我个人而言，"果酱"鸡尾酒太酸了。幸运的是，一大口糖浆或者泼一点橙味利口酒可以轻松解决这个问题。当然，在那时你正在喝"早餐马提尼"……

萨尔瓦托表示，这款鸡尾酒的灵感并非来自旧的饮品书籍，而是来自他的妻子。作为意大利人，萨尔瓦托没有吃早餐的习惯——通常喝一杯浓缩咖啡就足够了。然而，熬夜工作会伤害他的身体。有一次，他刚起床，看上去特别憔悴，一片涂着果酱的吐司被强行塞进他嘴里。他说："甜苦参半的味道让我想起了一杯上好鸡尾酒所需的酸甜平衡。"于是，调制流程便是手到擒来了：他加入金酒，获取杜松子的新鲜口感，加入橙味利口酒，增加甜味并增强橙子的芳香，然后加入柠檬，起到中和平衡的作用。

有些人会认为"早餐马提尼"是对"白色佳人"的简单变体，或者是"果酱"鸡尾酒的翻版。对我来说，萨尔瓦托的这款鸡尾酒究竟是改造的还是独立发明的，并不那么重要，因为我们可以肯定的是，1997年的时候，很少有调酒师会用果酱来调制鸡尾酒。萨尔瓦托改变了这一点，发明了一种美味的创新饮品，他所用的不过是每个家庭都常见的配料，而且从那时起，果酱也成为每个酒吧的必备配料。

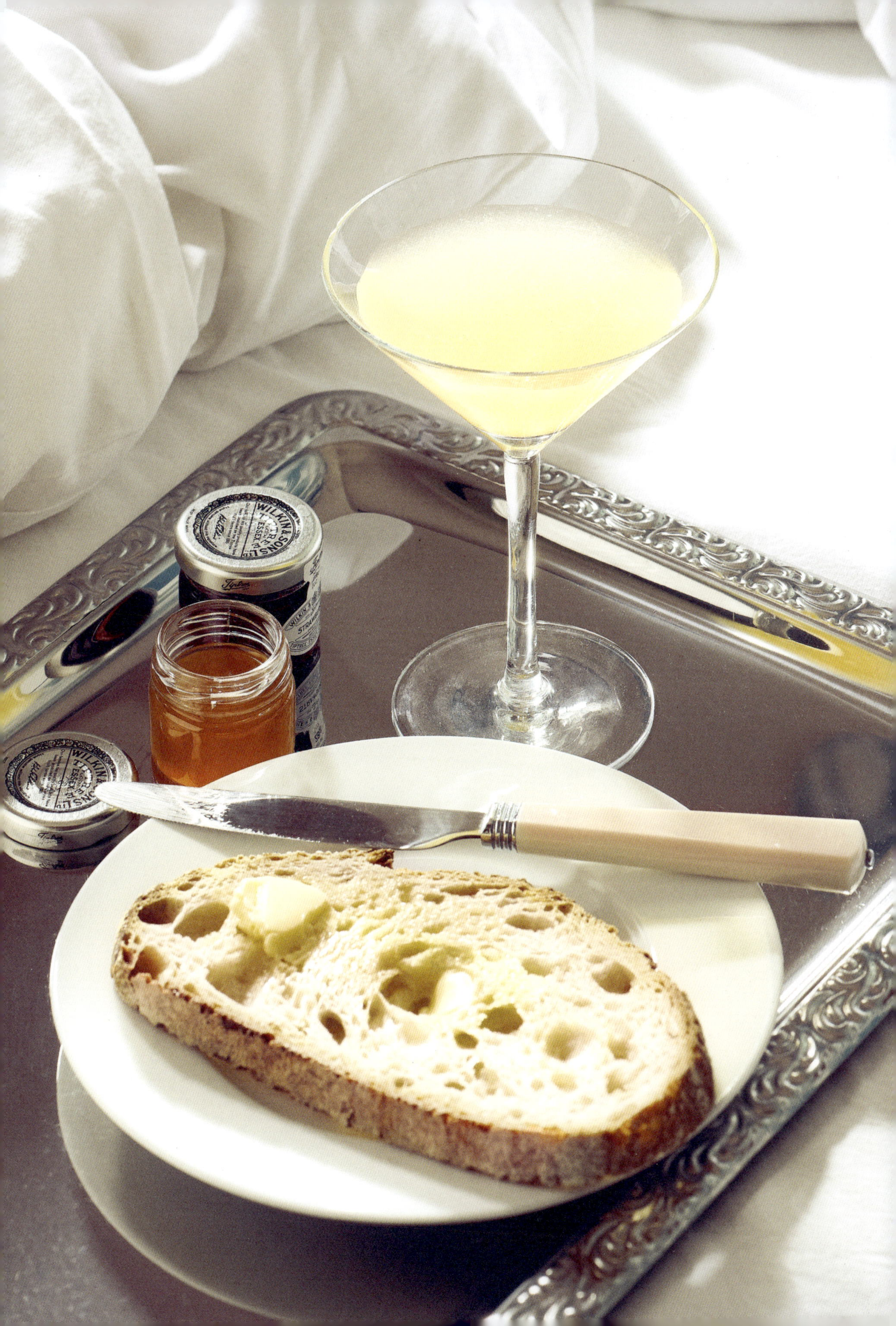
WILKIN & SONS
WILKIN & SONS

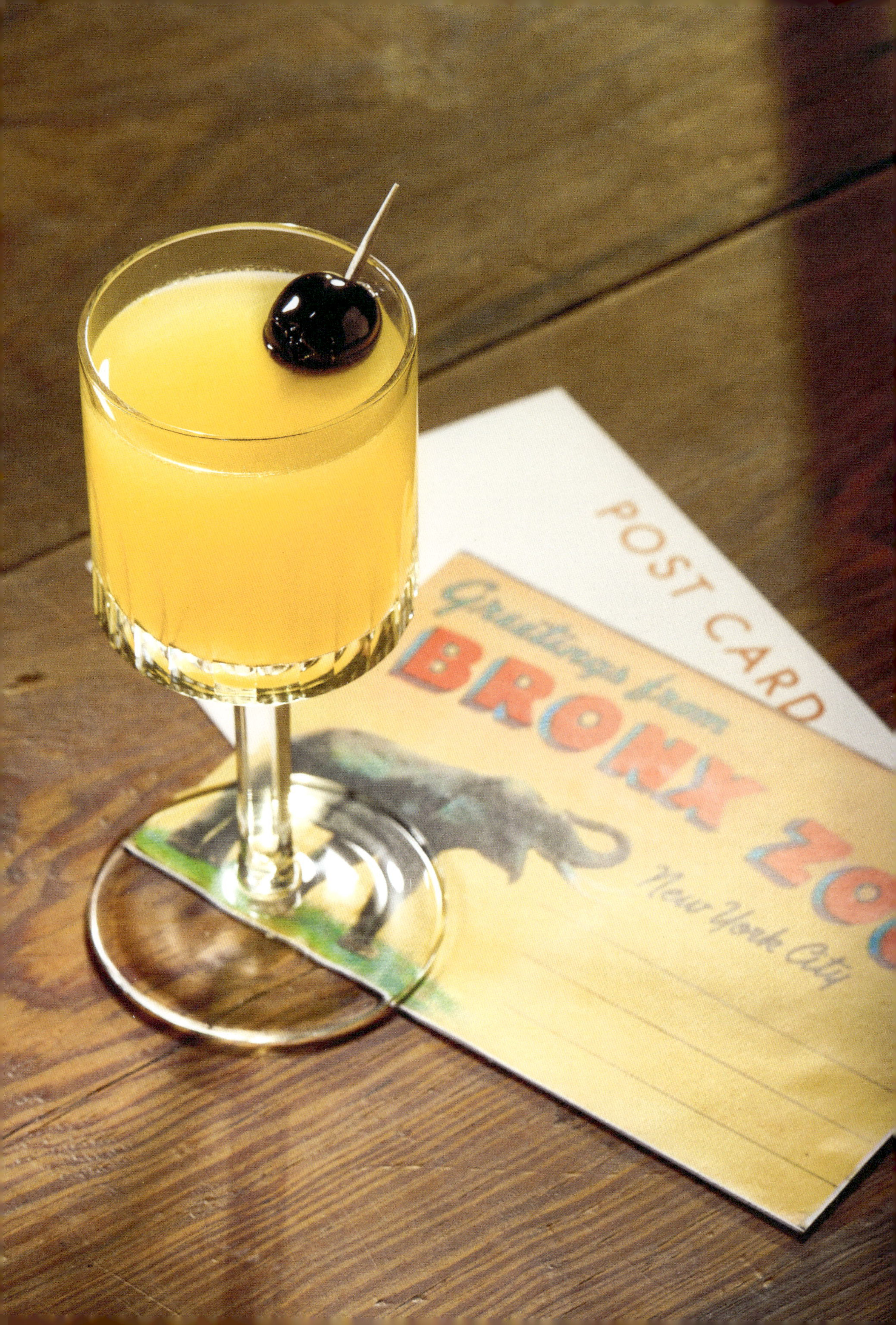
POST CARD
Greetings from
BRONX ZOO
New York City

布朗克斯

45毫升 / 1½液量盎司哥顿金酒
10毫升 / ⅓液量盎司马提尼罗索
10毫升 / ⅓液量盎司特干马提尼
25毫升 / ¾液量盎司经过滤的橙汁
用1颗马拉斯奇诺鸡尾酒樱桃装饰（可选）

•

将鸡尾酒调酒壶中的所有配料与冰块一起摇和，然后滤入经过冰镇的碟形香槟杯中。（我认为这款鸡尾酒可能是通过使用血橙汁或者混合葡萄柚汁和橙汁进行改良的。）

如果让一群调酒师告诉你哪一款古典鸡尾酒最好，那他们肯定会激烈地争论不休，会推荐"马提尼""曼哈顿""尼格罗尼""黛绮莉"之类的鸡尾酒。相反，如果让他们告诉你哪一款古典鸡尾酒最糟糕，那他们很快就会达成一致：布朗克斯。

金酒和味美思这两种配料的结合非常奇妙。无论他们之间的调配比例如何，味道都不会差。但如果在这两种配料中加入一份橙汁，一切突然就毁于一旦了，所有东西的味道都不对劲了。既然如此，我为何还要将这款"布朗克斯"鸡尾酒纳入本书中呢？好吧，每个人都喜欢黑马，我也喜欢挑战自己，想探寻一下这款曾经风靡一时的鸡尾酒到底出了什么问题，看看是否还有挽救之法。

和"鲍比伯恩斯"鸡尾酒一样，"布朗克斯"是华尔道夫-阿斯托里亚酒店推出的饮品，该酒店位于曼哈顿岛上，早已被拆除。大约在20世纪之交的某个时候，调酒师约翰尼·索隆（Johnnie Solon）在酒店的帝国厅（主餐厅）首次调制了这款鸡尾酒。这位西班牙裔美国退伍军人声称，这款鸡尾酒的名字不是以纽约行政区命名，而是以新开张的布朗克斯动物园命名。

当一位午餐客人要求索隆调制一杯没人喝过的"新"鸡尾酒时，索隆便在"迪普莱"鸡尾酒（配方：等量的干味美思和甜味美思，加橙味苦精）的基础上进行了创新。他将两个量酒器的哥顿金酒和一瓶橙汁混入"迪普莱"鸡尾酒，一款新的鸡尾酒也因此诞生。

当服务员把这款黄色饮品从吧台端走时，他转身向索隆询问了它的名字。索隆记起来，华尔道夫-阿斯托里亚酒店的顾客有时会在喝了好几杯调制饮料后声称看到了"奇怪的动物"，于是他想到了两天前刚刚参观过的动物园，便回答道，"哦，你可以告诉他这是一杯'布朗克斯'"。

毫无疑问，这款鸡尾酒在当时非常受欢迎，尤其是在天气较暖和的日子里，在白天喝上一杯，特别清爽怡人。以纽约各区的名称作为鸡尾酒名称显然是一种成功的策略，"曼哈顿"和"布朗克斯"等鸡尾酒的流行便是一种印证。在此背景下，"布鲁克林"鸡尾酒的创作灵感也可能来源于此。

正如我之前所说，"布朗克斯"这款鸡尾酒如今已经过时了。我觉得，人们之所以对布朗克斯嗤之以鼻，不是它本身的错，而是因为对它的调制目的有误解。在其诞生之时，这款鸡尾酒是为了给"马提尼"和"曼哈顿"等酒精浓度较高的鸡尾酒解酒。"布朗克斯"是酸酒和纯饮烈酒及味美思开胃酒的结合品。因此，它既带有植物的浓郁风味、酒香的前调，又带有一点果酸味，清新提神。"布朗克斯"也跟"皮姆酒"和柠檬水一样适合午后饮用，或者跟白葡萄酒一样用作开胃酒，因此有潜力大放异彩（在前面两种情况下，我建议你可以调配一杯）。

三叶草俱乐部

40毫升 / 1⅓液量盎司金酒（达恩利或任何带辣味的金酒）

15毫升 / ½液量盎司新鲜柠檬汁

15毫升 / ½液量盎司覆盆子糖浆（见下面的配方）

15毫升 / ½液量盎司马提尼特干味美思

15克 / ½盎司蛋清

•

将鸡尾酒调酒壶中的所有配料与冰块一起摇和，然后滤入单独的调酒烧杯中，盖上盖子，再次摇和，但无须加冰。这种"干摇法"是为了将空气摇入鸡尾酒中。摇和之后将酒液滤入冰镇碟形香槟杯并快速饮用。

注意：你也可以选择不加蛋清，但是加入蛋清会增添美妙的果子露口感。

覆盆子糖浆（约250毫升 / 1杯）制作配方

250克 / 2杯新鲜覆盆子

一小撮盐

250克 / 1¼杯细砂糖 / 超细砂糖

•

做法：将覆盆子放入盐和糖中，然后放入1升（35液量盎司）的玻璃密封罐中，放入冰箱冷藏一夜，次日早上将250毫升/1杯水添加到罐中。将一锅水加热至50℃（122℉），然后将温度调低，使其保持在该温度。将玻璃密封罐放入水中静置2小时，只偶尔晃动一下。2小时后小心取出罐子，然后用筛子/过滤器进行过滤。为了延长糖浆的保质期，可以添加一点金酒或伏特加。可在冰箱中保存1个月之久。

"三叶草俱乐部"这款鸡尾酒添加了一部分金酸酒、一部分"马提尼"、一部分覆盆子利口酒，果香浓郁、干爽、口感细腻，令人着迷。如果给它一点机会，它很有可能一手将20世纪80年代的人们从酗酒的深渊中拯救出来。这款鸡尾酒以费城一家同名的律师和作家俱乐部命名，并受到该俱乐部的青睐。该俱乐部成立于1882年。与当时的许多其他绅士俱乐部一样，这款招牌饮品非常适合聚会饮用。正如1897年出版的《费城三叶草俱乐部》(The Clover Club of Philadelphia)一书中所述，"三叶草俱乐部"鸡尾酒的历史可以追溯到1896年。

在我首次担任调酒师时，"三叶草俱乐部"鸡尾酒已经沉寂了70年，苦无出头之日。以前我们用金酒、红石榴糖浆、柠檬和蛋清来制作"三叶草俱乐部"。它基本上就是一款粉红色金酸酒，虽然味道足够好，但属实算不上创新。最早的配方需要加入覆盆子糖浆，而不是红石榴糖浆，还需要添加味美思。慢慢地，调酒师开始接受古典版本，就像粉红色花瓣绽放一样，真正的"三叶草俱乐部"也绽放出自己的光芒。

在我看来，"三叶草俱乐部"之所以能脱颖而出，得益于味美思的添加。加了味美思之后，才不至于让覆盆子的果味盖过百里香的芳香和艾草的苦味。也就是说，覆盆子糖浆可能是最重要的配料。市面上出售的大多数现成糖浆尝起来有种添加剂的味道，而不是浓缩的新鲜水果的味道。幸运的是，覆盆子糖浆很容易在家制作，你只需要这款酒的配方即可调制出来，这个我在上面已经列了出来。对于"三叶草俱乐部"而言，覆盆子糖浆是一个不折不扣的点睛之笔。

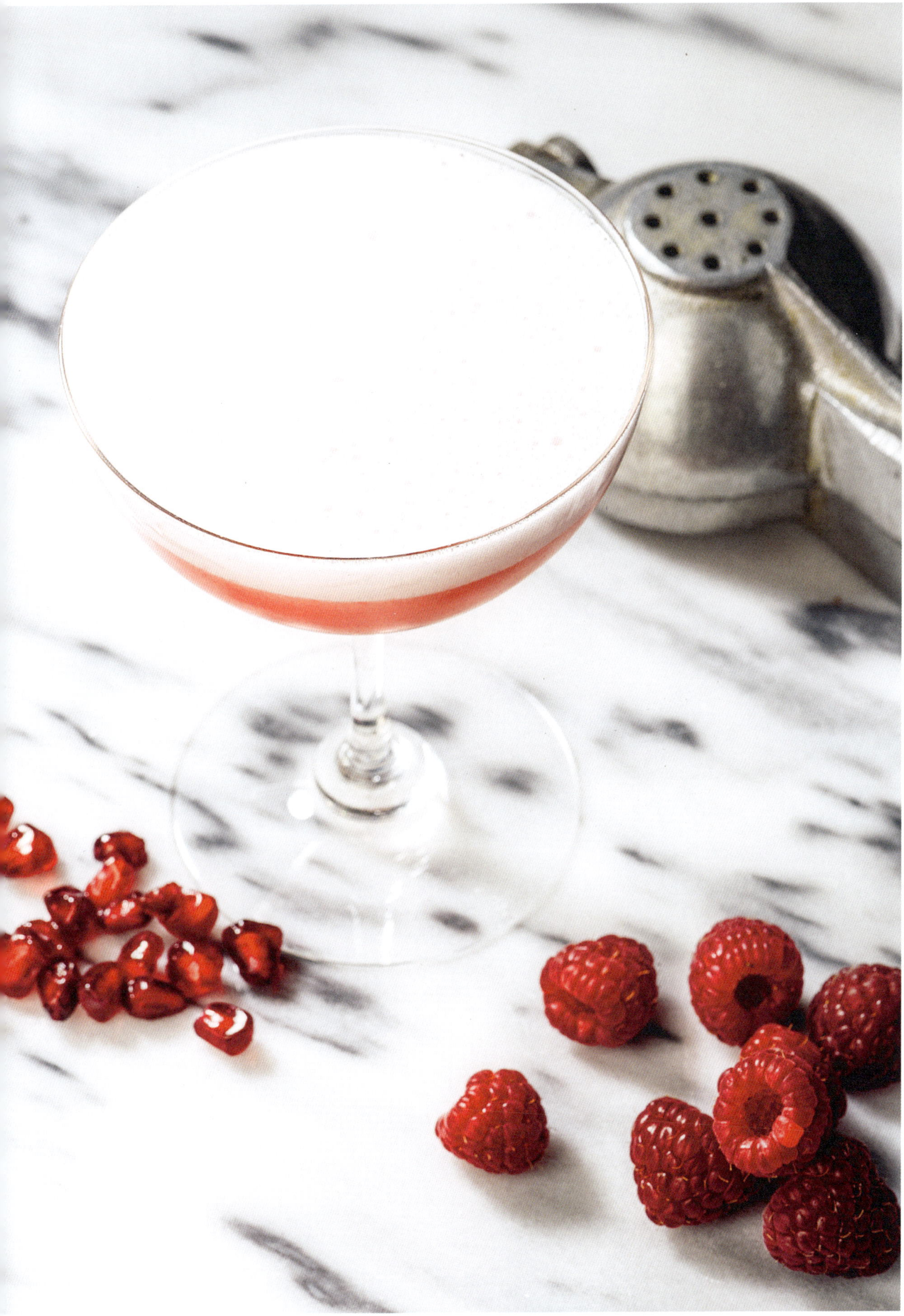

By Appointment to Her Majesty the Queen
Gin Distillers
Booth's Distilleries Limited London
BOOTH'S
Finest Dry Gin
26·6 FL. OZS. 70° PROOF
Produced in London England
by Booth's Distilleries Limited
Clerkenwell Road London EC1

翻云覆雨

40毫升 / 1⅓液量盎司普利茅斯金酒
40毫升 / 1⅓液量盎司马提尼罗索
5毫升 / 1茶匙费内特-布兰卡
用橙皮进行装饰

•

将所有配料倒入调酒烧杯中并加入大量冰块,调和至少1分钟,然后滤入经过冰镇的马提尼杯中。在杯子上方拧一小块橙皮,将橙皮的油喷洒到酒上,然后将橙皮放入玻璃杯中。

在中文中,"翻云覆雨(hanky-panky)"是指玩弄手段,反复无常。在19世纪末,英文中的"翻云覆雨"涉及的范围更广,涵盖任何不道德或不正当的行为。

当这个词在19世纪30年代首次出现时,尤其与超自然现象以及对鬼魂和幽灵的信仰相关。也许这个词语源自更古老的词——"花招(hocus-pocus)"。毕竟,这两个词的首字母相同、韵律和定义也相似。这也可能是魔术师广泛采用"翻云覆雨(handy-panky)"来描述幻觉和花招的原因。

1912年,一部名为《翻云覆雨》的音乐短剧在纽约百老汇剧院上演。事实上,"翻云覆雨"这个词能够为一般艺人所用是一个重要的事件,为此我们必须感谢一位戏剧家,正是他为这款鸡尾酒命名。

这款鸡尾酒的诞生与这个舞台音乐剧的上演大约发生在同一时间,但具体细节很难得知。我们已知的是,这款鸡尾酒是由伦敦萨沃伊酒店的美利坚酒吧(American Bar)调酒师艾达·科利·科尔曼(Ada Coley Coleman)发明的。1903—1924年,科尔曼在萨沃伊酒店工作,彼时,女性不允许在里面喝酒。

科尔曼为演员查尔斯·霍特里(Charles Hawtrey,1858—1923年)调配了这款鸡尾酒。在主演西区剧院的音乐剧和无声电影之余,这位演员长期沉迷赌博和酗酒,还多次结婚/离婚。1925年,科尔曼向《人民报》讲述了其发明"翻云覆雨"鸡尾酒的幕后故事:

在我认识的人中,已故的查尔斯·霍特里……是最好的鸡尾酒品鉴者之一。几年前,每当他疲于工作之时,常常走进酒吧对我说:"科尔曼,我累了。给我调一杯加潘趣的酒。"为此,我做了几小时的实验,最终发明了一款新的鸡尾酒。待他下一次来酒吧时,我告诉他,我为他调制了一款新的鸡尾酒。他先是抿了一口,然后便把剩下的酒一饮而尽,并惊叹道:"天哪!这才是真正的翻云覆雨!"从那时起,这款鸡尾酒就被称为"翻云覆雨"。

这款酒由等量的干金酒和甜味美思调制而成,并添加了一点费内特—布兰卡和橙子。要调制这款酒,需要添加更现代的干金酒而不是"老汤姆"酒。从本质上讲,这款酒其实是一款添加了费内特的甜"马提尼"鸡尾酒。这表明,这款酒的构思成形于20世纪10年代,在此之前,早期"马提尼"鸡尾酒的流行趋势是添加干金酒和干味美思。这款鸡尾酒与"金娜提(Gin & It)"(由等量金酒和意大利酒味美思调制而成)有很多相似之处,在禁酒令期间(1920—1933年),后者在伦敦大受追捧。由此看来,这款鸡尾酒很可能诞生于1910—1920年。由于霍特里不太可能在第一次世界大战期间"疲于工作",因此我将其诞生的时间范围缩小至1910—1914年。

法兰西 75

35毫升 / 1¼液量盎司纪凡花果香金酒
10毫升 / ⅓液量盎司经过滤的新鲜柠檬汁
5毫升 / 1茶匙糖浆（见第17页）
用冰镇香槟加满
用柠檬皮装饰（可选）

•

事先将金酒、柠檬汁和糖浆混合在一起，然后放入冰箱冷藏1~2小时。这意味着在调制过程中不需要加冰，从而延缓风味的稀释。冷却之后，将混合的饮品倒入笛型杯中，并用冰镇香槟填满杯子。如果喜欢的话，可以用一点卷曲的细柠檬皮进行装饰。

起泡葡萄酒并不容易与其他配料搭配。无论是香槟、卡瓦酒、普罗塞克还是任何其他地区性的起泡葡萄酒往往与其他配料的搭配效果不佳。这在一定程度上归因于一个简单的事实，即起泡葡萄酒的设计初衷便是作为独立配料，而不是与无关的味道混在一起。具有讽刺意味的是，这些酒之所以难与其他配料很好地搭配，还有一个原因在于它们一开始味道就不太好。无须重读最后一点……大多数人都觉得香槟并不怎么好喝，但仍乐此不疲地选择继续喝下去，因为这样符合社会潮流。等等，你不喜欢喝香槟？！是的，不怎么喜欢。当然，我还是会喝香槟，因为它是液体而且含有酒精。如果有人（不是我）花了大价钱买了一瓶酒，而这瓶酒的质量和复杂程度比起同价位的威士忌、朗姆酒、白兰地、特基拉酒或金酒，或者类似价格的普通葡萄酒要差得多，我会感到很遗憾。但事实上，至少在我看来，香槟既不值得推崇，也配不上它的价格。

听了这些吐槽之后，你现在可能想知道如何处理自己那瓶尘封已久的香槟。那瓶起泡香槟原本是"留着庆祝"的，结果后来便无人问津了。一个简单的解决方案是调制一杯或者几杯"法兰西75"。人类已知的，以起泡葡萄酒为基酒的鸡尾酒屈指可数。虽然我很乐意承认"贝里尼"和"皇家基尔"也都是不错的鸡尾酒，但其配方简单，使得其鸡尾酒的身份显得令人难以置信。相较之下，"法兰西75"则是一款不折不扣的鸡尾酒，或许也是唯一一款含有起泡葡萄酒的、可以真正称得上美味的鸡尾酒。事实上，这款鸡尾酒中的几种配料相得益彰，味道实际上比单个配料的总和还要好。加入金酒、柠檬和糖浆之后，起泡葡萄酒会转化成你最初期待的饮品。

这种风味结合的背后其实也并无玄机，不过是由充气饮料和酸酒演变而来，但令人拍案叫绝。在这款鸡尾酒里，葡萄酒取代了苏打水。尽管"法兰西75"的配料看似清爽，酒劲不大，但是鉴于苏打水的酒精含量可以超过16%，即使不需要成为一个数学家都知道，这款鸡尾酒的冲击力很大。"法兰西75"鸡尾酒是以法国75毫米口径的野战炮命名。你只需喝上三杯，便能深刻体会为何如此命名了。第一次世界大战期间，法国人用"法兰西75"向敌人的战壕发射前臂大小的有毒气体罐，效果极好，与其说它是步枪，不如说是大炮。人们普遍认为，也许正是由于鸡尾酒和金酒的冲击力和令人陶醉的效果，发明这款酒的调酒师哈里·麦克艾霍恩（Harry MacElhone）才会用当时最致命的武器来命名他的鸡尾酒。

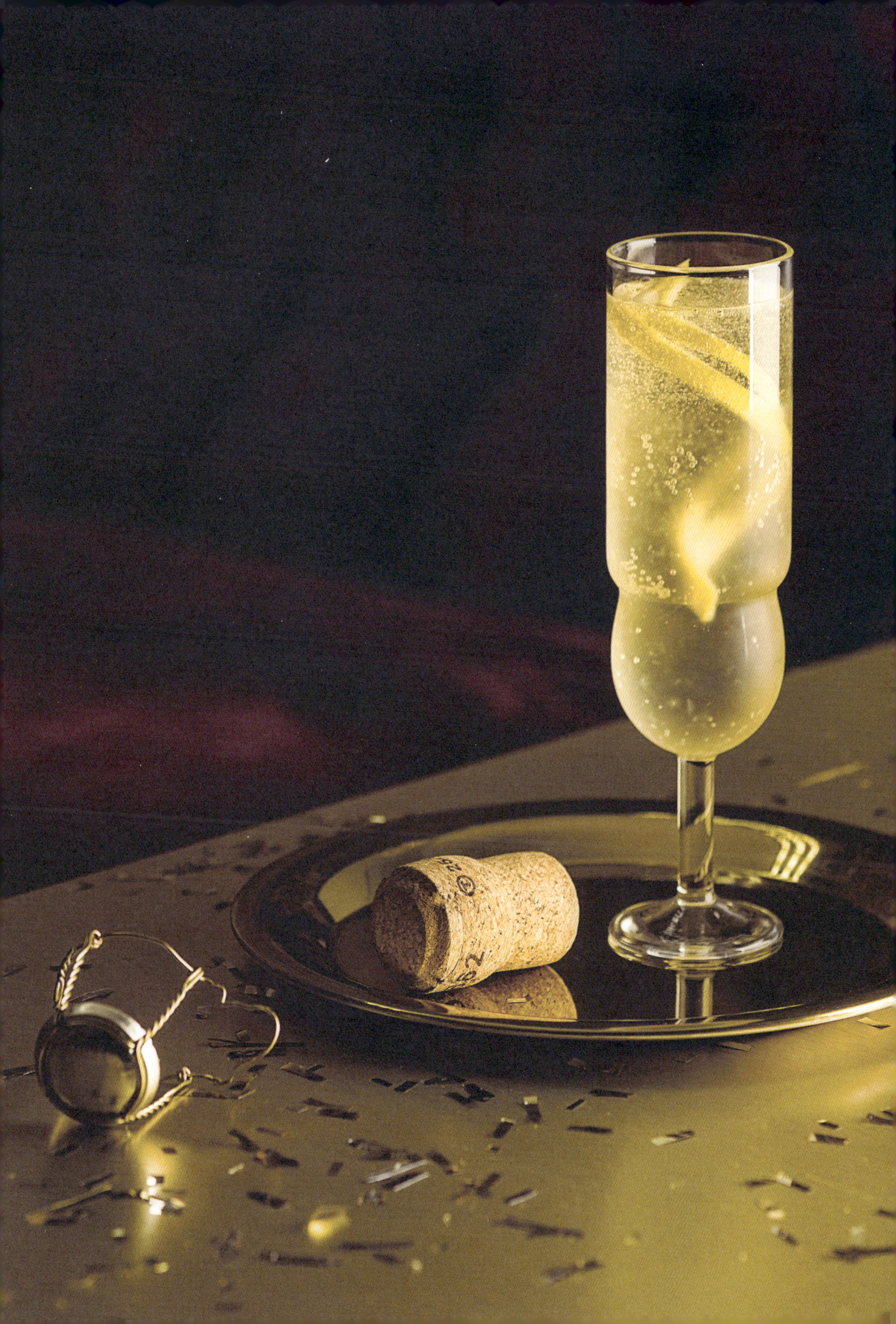

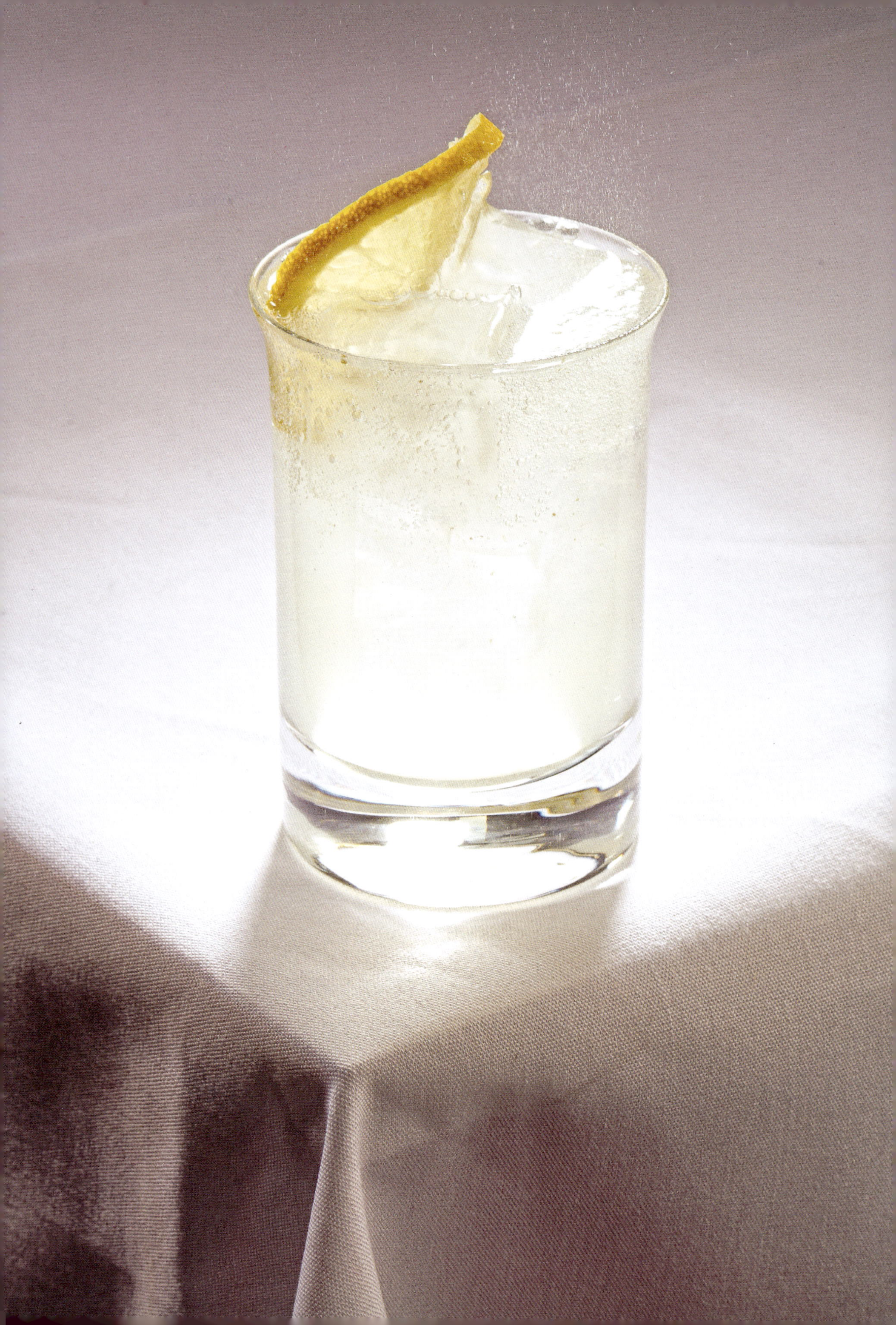

汤姆柯林斯

50毫升 / 1⅔液量盎司老汤姆金酒

25毫升 / ¾液量盎司经过滤的新鲜柠檬汁

10毫升 / ⅓液量盎司糖浆（见第17页）

用冰镇苏打水加满

用橙片装饰

•

将金酒、柠檬汁和糖浆加入盛有大量冰块的高球杯中。用吧勺轻轻调和，同时慢慢用苏打水加满。根据需要添加更多的冰。用一片橙子装饰。

众所周知，许多最著名的饮品都起源于潘趣酒。"潘趣"一词来自印地语中的"五"（panch），被认为代表了潘趣酒所必需的五种风格的配料：浓郁、悠长、酸涩、甘甜和馨香。这个配方适用于众多的调制饮料，以至于潘趣酒的本质没能更好地被人熟知，即它是处于萌芽阶段的鸡尾酒，这一点有些令人惊讶。

以"汤姆柯林斯"鸡尾酒为例，这是在19世纪末风靡美国的一款饮品，但它实际上是基于英国古老的潘趣酒配方。"汤姆柯林斯"的历史可以追溯到一些最早的金酒潘趣酒。这些酒出现在梅菲尔区一些传奇绅士俱乐部的菜单上，例如利默酒店（Limmer's Hotel）和加利克俱乐部（Garrick Club）。1830年，加利克俱乐部的酒吧经理是一位名叫斯蒂芬·普莱斯（Stephen Price）的美国人，他是冰苏打水的早期倡导者。冰苏打水与金酒的搭配看起来似乎有些怪异，正如戴维·温德里奇（David Wondrich）在《潘趣酒》（Punch，2011年）这本书中指出的那样，"苏打水曾是一种流行的解酒饮品……被视为可以为潘趣解酒，而不是加强它的酒劲"。加利克俱乐部的潘趣酒配方于1835年发表在《伦敦季刊》（The London Quarterly）上，其中包括"半品脱金酒、柠檬皮、柠檬汁、糖、马拉斯奇诺酒、750毫升水和两瓶冰苏打水"。这个配方引起了国际轰动。

与此同时，位于康迪街利默酒店的酒吧由领班约翰·柯林斯（John Collins）管理，他身形肥胖但不失威严。柯林斯有许多量身定制的潘趣酒配方，其中最经久不衰的便是利默潘趣酒，也正是这款酒让柯林斯的名字广泛流传于世界上每一家鸡尾酒吧。这款酒的配方与加利克俱乐部的饮品非常相似，但它使用的不是马拉斯奇诺酒，而是铁线蕨糖浆（一种带橙花水芳香的糖浆）。

"约翰·柯林斯"鸡尾酒还因其气泡以及近乎完美的甜、酸和芳香元素平衡而广为人知。它过去是，现在也仍然是地球上最优质的调制饮料之一。19世纪中叶，鸡尾酒文化在美国兴起，可靠的大规格鸡尾酒（例如利默酒吧的潘趣酒）赢来了可以单杯上酒的待遇。对于这款酸甜可口的起泡饮料来说，用其发明者约翰·柯林斯的名字命名是最合适不过的了。彼时，美国最流行的金酒是荷兰金酒（又名"荷式金酒"），然而，当一款名为"老汤姆"的口味较淡的、新型伦敦金酒进入美国（且荷兰金酒不再流行）后，"约翰·柯林斯"开始没落，"汤姆柯林斯"开始盛行，一款经典之作也就此诞生。

虽然与"金菲士"的配料相同，但"汤姆柯林斯"只需直接倒入玻璃杯中，在饮用前简单调和一下即可。"汤姆柯林斯"配有大量冰块，而严格意义上的"金菲士"则应不加冰纯饮。如果金酒不加冰块，那么便没有什么可以妨碍你一饮而尽。相较之下，"汤姆柯林斯"则需要你多花点时间细细品味。

金酒

琴蕾

60毫升 / 2液量盎司普利茅斯海军强度金酒
20毫升 / ⅔液量盎司玫瑰牌青柠浓浆或新鲜青柠汁
用青柠块装饰（可选）

•

将鸡尾酒调酒壶中的所有配料与冰块一起摇和，滤入经过冰镇的马提尼杯中，
然后就可以"狼吞虎咽"了。你可以选择用一块青柠进行装饰，
但我发现那将是不必要的干扰。

早在1740年，一位名叫弗农（Vernon）的英国海军上将破天荒地用柑橘汁来稀释水手们的朗姆酒配给。不难理解，这样的做法起初并不受水手欢迎，但这个简单之举却在后来挽救了无数生命。7年后，也就是1747年，一位名叫詹姆斯·林德（James Lind）的苏格兰外科医生发现，将果汁纳入水手的饮食中可以大大降低他们患上可能致命的坏血病的概率。事实证明，坏血病是由缺乏维生素C引起的，于是所有船只都开始携带柑橘汁。1867年，英国船只强制携带青柠汁配给。

然而，新的问题又来了，果汁在桶中放置一两周后往往就会变质。于是，另一位富有进取心的苏格兰人劳克兰·罗斯（Lauchlan Rose）便发明了一种通过浓缩来保存青柠汁的新方法，并获得了专利。更重要的是，经过浓缩后，果汁的药用特性得以保留，而维生素C也并未流失。于是，世界上第一款浓缩果汁——玫瑰牌青柠浓浆就此诞生了。

单独喝青柠浓浆没什么意思，所以需要一大满勺金酒来帮助药物吸收。据说，是英国皇家海军的外科医生托马斯·吉姆莱特（Sir Thomas）爵士推出了这款"琴蕾"鸡尾酒，目的是为了让他的同伴们服用青柠汁，对抗坏血病。不过，几乎没有证据能够真正证明这个故事的真实性，而且这款鸡尾酒的名字更有可能只是源自一种用于在物体上打孔的锋利手持工具。这个描述对于这款酒和这个工具来说都是恰如其分的。

在调"琴蕾"鸡尾酒时，调酒师们似乎都避开了一个非常重要的问题，即到底是使用新鲜青柠和糖，还是青柠浓浆？

正如我们已经了解到的，这款酒的原版是要求使用玫瑰牌青柠浓浆，但浓浆这个名字更多是由于环境因素，而不是出于对美味的追求。我敢打赌，如果当年青柠汁要是像现在一样实用且容易获得，那么它肯定会更受欢迎。因此，考虑到这一点，将青柠汁视为一种升级版本是公平的。如果是添加青柠汁的话，听起来很像是"黛绮莉金酒"的配方，而"琴蕾"配得上自己的专属名字和条件。如果是我的话，我会选择添加青柠浓浆。添加青柠浓浆的简单配料组合已经维持了250多年，有着浓浓的怀旧感，以至于我乐意牺牲一下"琴蕾"中的新鲜度。因此，劳克兰·罗斯占上风。

配料确定好了以后，比例仍然是最后的争论点。《萨沃伊鸡尾酒手册》（1930年）建议金酒和青柠浓浆的比例各占一半。雷蒙德·钱德勒（Raymond Chandler）在1953年出版的小说《漫长的告别》（*The Long Goodbye*）中也印证了这一点。书中指出，真正的"琴蕾"就是一半金酒和一半玫瑰牌青柠浓浆，除此之外，别无其他。但我强烈建议你考虑一下牙医可能提出的意见，并稍微降低青柠浓浆的用量。三份金酒加一份青柠浓浆的配方更甜（或不甜），可酌情调整。

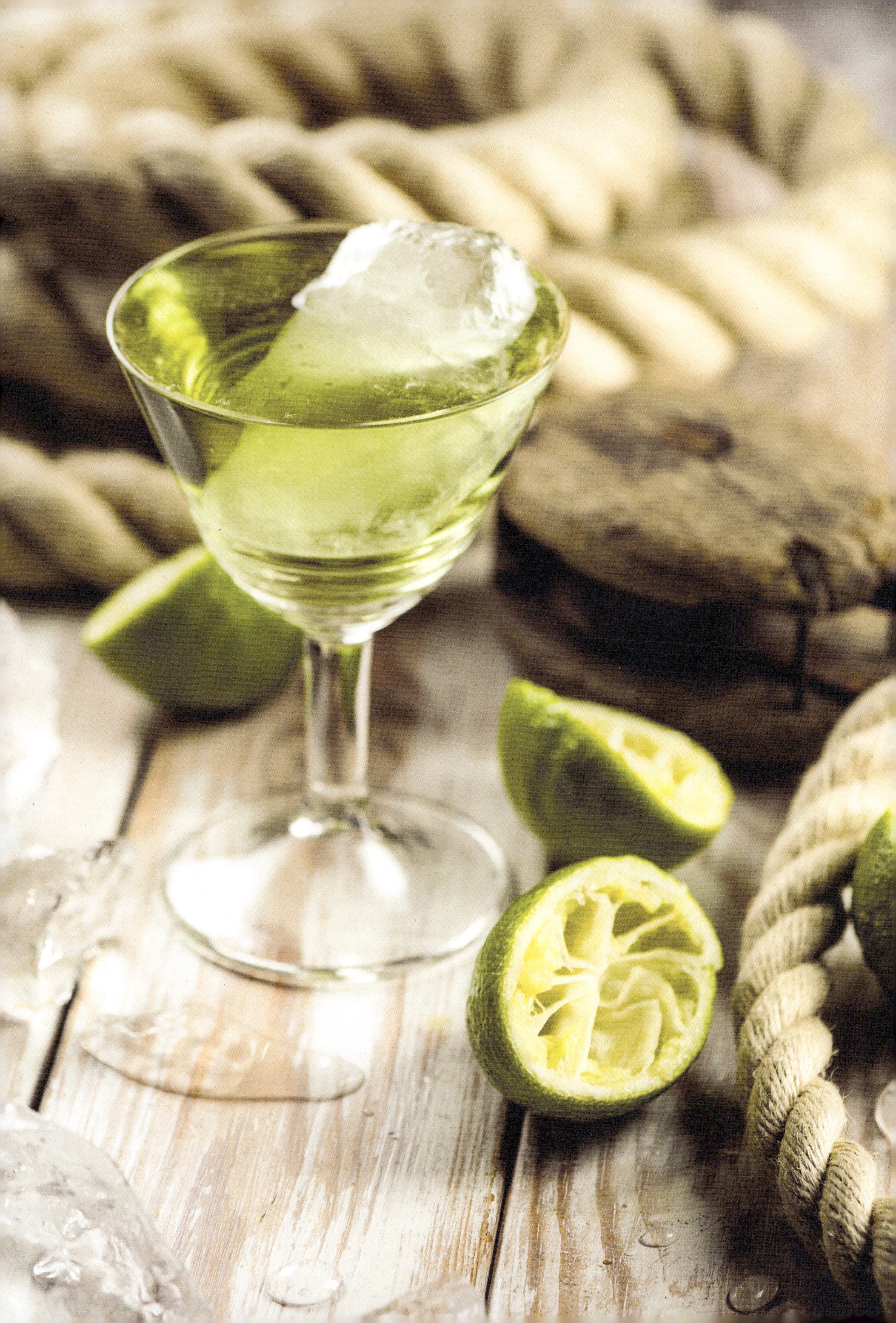

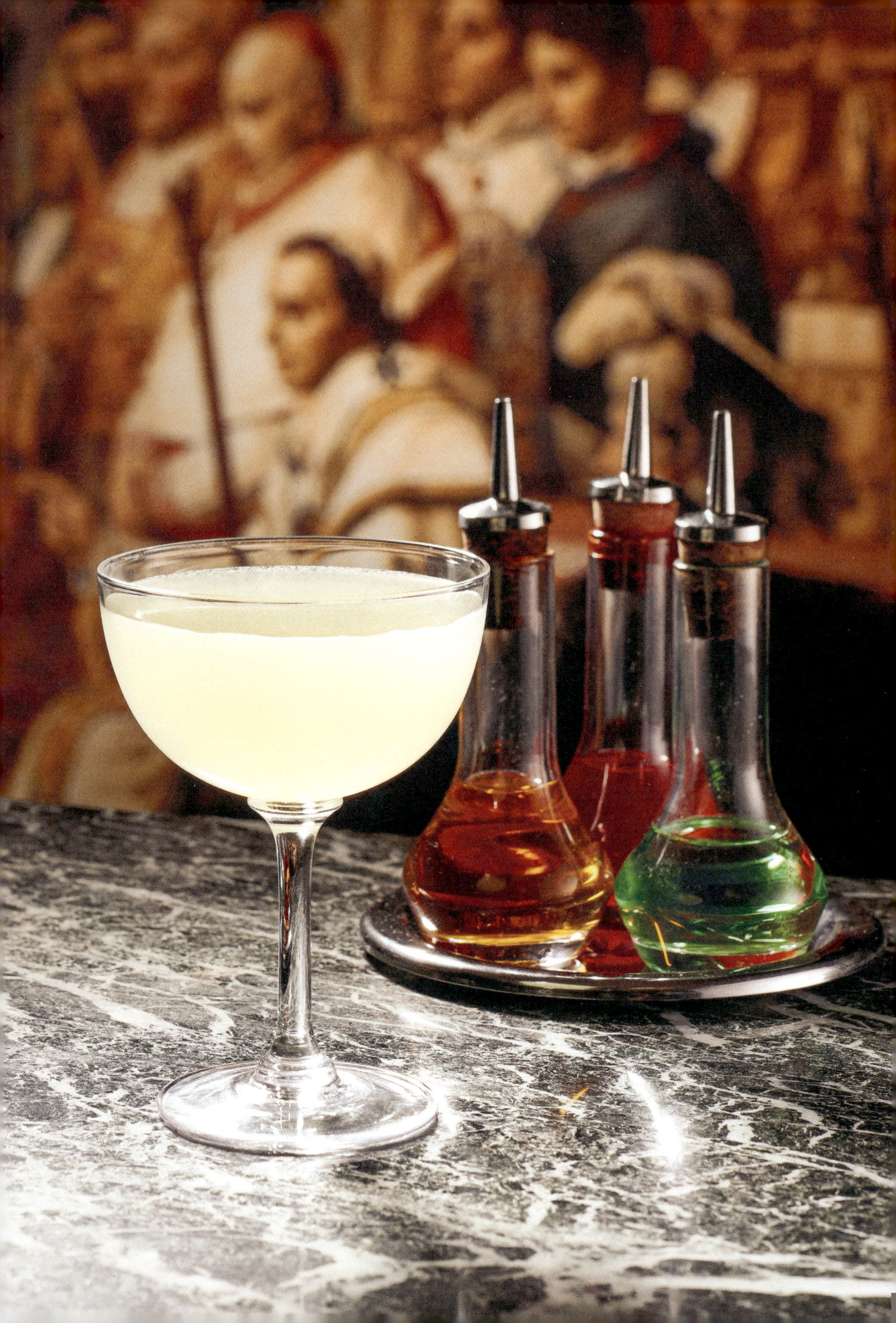

临别一语

25毫升 / ¾液量盎司绿查特酒
25毫升 / ¾液量盎司马拉斯奇诺利口酒
25毫升 / ¾液量盎司必富达金酒
25毫升 / ¾液量盎司新鲜青柠汁
25毫升 / ¾液量盎司水

•

将所有配料添加到装有冰块的鸡尾酒调酒壶中,摇和10秒,然后双重过滤至经过冰镇的马提尼杯中,无须装饰。

如今的调酒师经常把"禁酒令时代的鸡尾酒"和"被遗忘的经典"等噱头挂在嘴边。然而,这两个词都有些荒谬,因为鸡尾酒在禁酒令期间是被明令禁止的,而且真正被遗忘的经典,顾名思义,仍然是被遗忘的(而不是像本书一样有详细记载)。倘若真有一款鸡尾酒能够同时配得上这两个词,那一定是"临别一语"。

"临别一语"的首次记录出现在泰德·索西耶(Ted Saucier)于1951年出版的一本书中,书名比较别致,名为《一饮而尽》(*Bottoms Up*)。在这本书中,有十几幅描绘女士们拿着饮料摆姿势的暗示性插图,索西耶认为这款鸡尾酒出自底特律运动俱乐部(Detroit Athletic Club)。他还补充写道:"大约30年前,弗兰克·福格蒂(Frank Fogarty)在这个俱乐部推出了这款鸡尾酒。"如果按这个描述来推测,那么"临别一语"这款鸡尾酒诞生于禁酒令初期(1920—1933年)。这不太寻常,因为这款鸡尾酒需要加入三瓶(不是一瓶,也不是两瓶)特定品种的酒,那个年代连私酿酒都很难买到。

事实证明,这款鸡尾酒实际上诞生于约禁酒令开始前的5年。这款酒在1916年便出现了底特律运动俱乐部的菜单上,也就是该俱乐部开业1年后。这款鸡尾酒标价35美分,是该俱乐部菜单上最贵的饮品,可能是加了查特酒的缘故。仅从配方上看,这款酒可能酒劲很大,像是青少年们大碗豪饮的酒:两种风味浓烈的利口酒,外加金酒和青柠。本以为会让人望而却步,然而,这款酒却大受欢迎,着实令人意外。令人惊讶的是,这个配方的搭配效果非常好。当然,绿查特酒当居首功,它散发出一阵阵的草本香和花香。马拉斯奇诺酒提供了另一种形式的甜味,带有一丝水果和一点香料的味道,金酒则在利口酒下方的某个地方跳跃并吱吱作响,然后便是青柠。在这款鸡尾酒里,青柠冲淡了利口酒的明显甜味,软化了酒精,并提供了前所未有的亮度。柑橘在饮品中的作用从未如此重要。

"临别一语"中添加的五种液体互不相关,但分量相同,搭配起来堪称天才之作。如果你喜欢查特酒,那么肯定会喜欢这款酒,否则可能会对它敬而远之。在这款鸡尾酒中,查特酒可以而且可能应该减少一点。查特酒在这款鸡尾酒中占绝对的主导地位,以至于马拉斯奇诺酒和金酒的味道有时都被完全掩盖。加之这款酒的酒精度高达55%,使其从"谨慎饮用"类别直接升级为"警告!"。

在调酒壶中加入少量的水有助于稀释这款酒的一些浓缩特性,因此我建议加入一些水。如果不加水的话,你喝完几杯这款鸡尾酒便需要喝不少的水。

金酒

马丁内斯

50毫升 / 1⅔液量盎司添加利金酒
25毫升 / ¾液量盎司马提尼罗索味美思
5毫升 / 1茶匙马拉斯奇诺利口酒
3甩亚当·艾尔梅吉拉布博士牌波克苦精
用橙皮卷或马拉斯奇诺鸡尾酒樱桃装饰

•

将所有配料倒入调酒烧杯中并添加冰块。用吧勺调和75秒,然后滤入经冰镇的碟形香槟杯中,并酌情装饰。

这款鸡尾酒堪称金酒鸡尾酒的鼻祖,也是19世纪深色烈性鸡尾酒和20世纪初金酒热潮之间缺失的一环。"马丁内斯"是由金酒、味美思和苦精调制而成,通常还会加入少量马拉斯奇诺利口酒或橙味库拉索酒。如果这个配方听起来有点含糊不清,那是因为这款饮料本身就含糊不清,而我刚才提供的基本信息便已经是我们所能确定的全部信息!事实上,"马丁内斯"的配方多年来时有变化,而其之所以如此吸引人,部分原因也正是因为难以捉摸。每次我喝鸡尾酒时,我都会怀疑其是否是"马丁内斯",或者怀疑它只是其另一种变体。

我们可以确定的第一件事是,"马丁内斯"和"马提尼"的外观相似。19世纪晚期,"干马提尼"和"干马丁内斯"的最早记载仅相差几年,但两者却惊人地相似。首次提到"马丁内斯"的鸡尾酒书是O. H. 拜伦(O. H. Bryon)的《现代调酒师指南》(The Modem Bartenders' Guide,1884年)。拜伦对"马丁内斯"的配方描述也是模棱两可:"和曼哈顿一样,只是用金酒代替威士忌"。然而,遗憾的是,拜伦在同一本书中列出了两个不同的"曼哈顿"配方,而且并未提及到底参考哪个配方,难免让人困惑。他提供的两个"曼哈顿"配方大同小异,只是其中一个使用甜味美思,而另一个使用干味美思。由此可见,这便是问题的症结所在。那么"马丁内斯"到底该用甜味美思还是干味美思呢?所用的味美思不同,调制出来的鸡尾酒也会有所不同:如果使用干味美思,则调制出来的鸡尾酒相当干,而如果使用甜味美思,则调制出来的"马丁内斯"要大胆得多,因为威士忌和葡萄酒会在玻璃杯中交锋。

另一本提及"马丁内斯"配方的著作便是杰瑞·托马斯(Jerry Thomas)的《美好生活伴侣》(The Bon Vivant's Companion)。其修订版于1887年出版,其中记载的"马丁内斯"配方如下,虽然对于味美思的使用也并不明确,但幸运的是,我们知道在19世纪末的美国,意大利甜味美思远比法式(干)味美思更常见。

1甩波克苦精
少许马拉斯奇诺酒
1小杯老汤姆金酒
1个红酒杯的味美思
2小块冰

充分摇和,滤入一个大号鸡尾酒杯中。将四分之一片柠檬放入玻璃杯中即可上桌饮用。如果顾客嗜甜,则可添加2甩甘露糖浆。

在"马丁内斯"的配方出现了大约10年的空白期之后,禁酒令时代层出不穷的鸡尾酒书籍开始再次隆重介绍"马丁内斯"。但此时的配方则明显偏向于使用干味美思,并且金酒在配料中的比例有所增加。总而言之,这似乎表明"马丁内斯"的风格正在向"干马提尼"看齐。尽管如此,关于"马丁内斯"的配方到底是什么,目前依旧尚无定论。本书给出的配方是我个人最喜欢的版本,它完全基于甜"曼哈顿"鸡尾酒。你可以自由发挥,比如,将金酒和味美思的比例反过来,尝试用干味美思代替甜味美思,改变苦精的口味,或者在杯子边沿装点一把小雨伞。总之,全凭个人喜好!

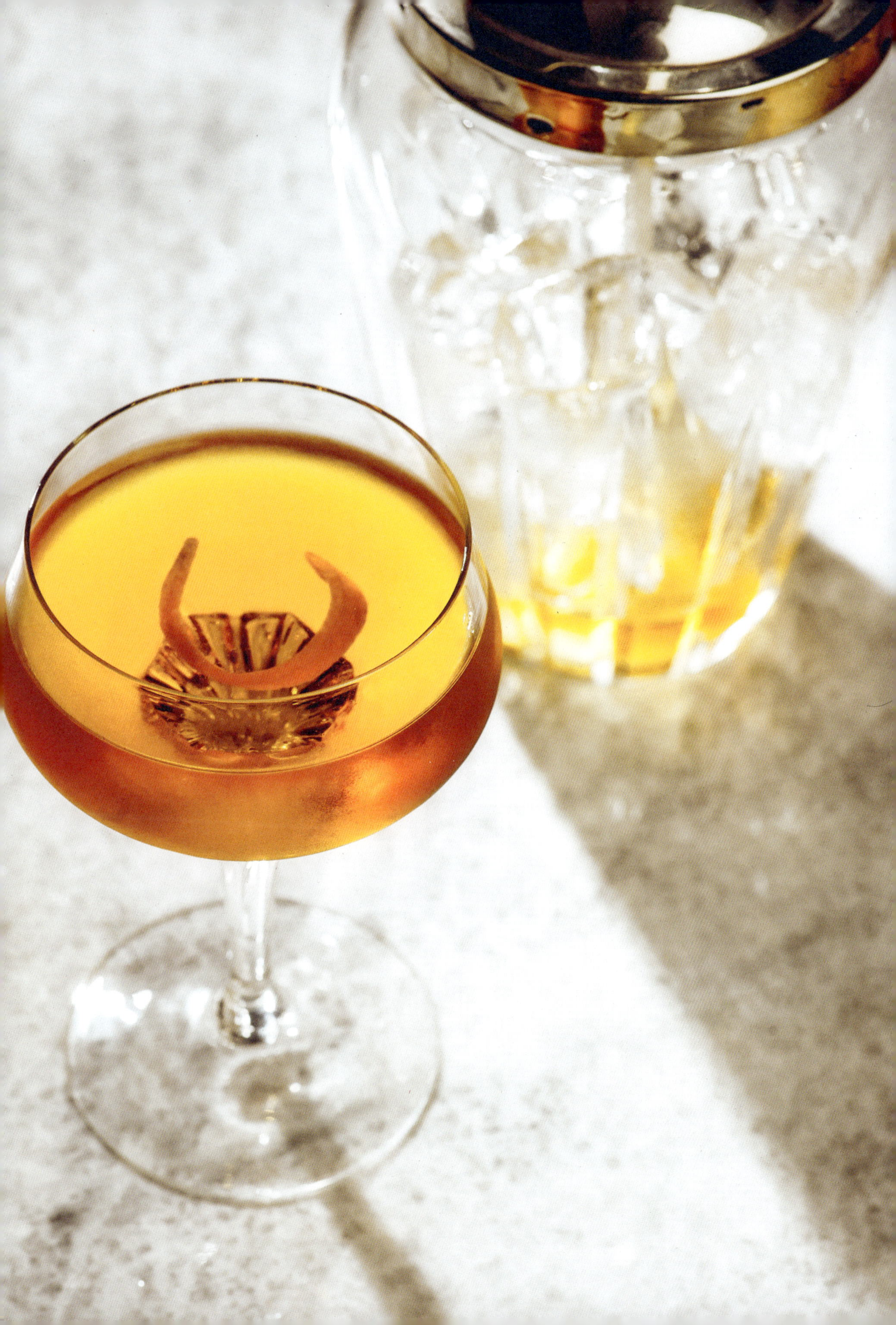

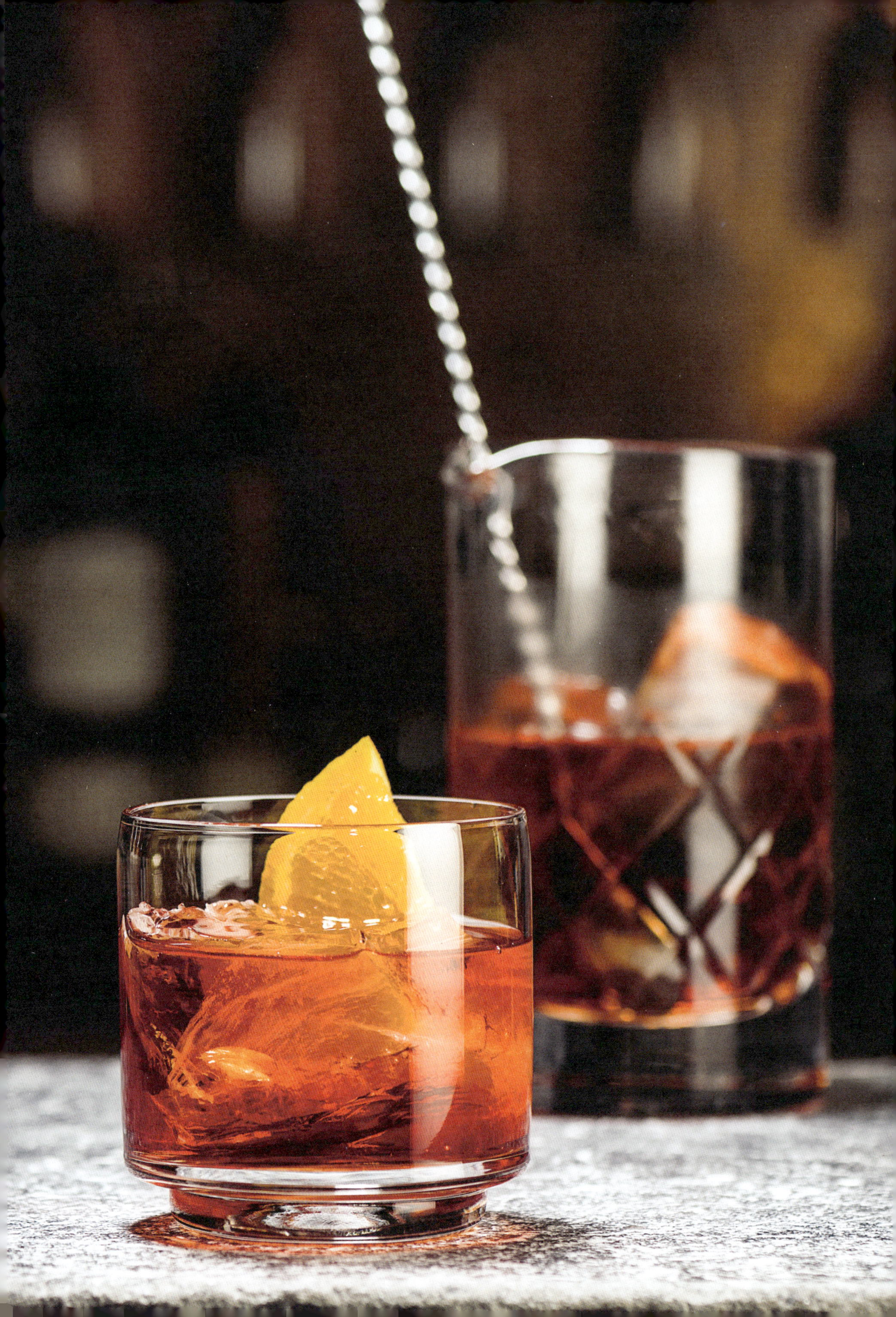

尼格罗尼

30毫升 / 1液量盎司金酒（不要使用柑橘味金酒，以免风味被掩盖）
30毫升 / 1液量盎司金巴利
30毫升 / 1液量盎司纳尔迪尼罗索味美思
用葡萄柚皮或橙片装饰

●

上好的"尼格罗尼"应该放在大块冷冻温度的冰块上饮用，将整杯酒直接兑入低球杯也是可行的。调和满满1分钟时间，然后根据喜好用一小条葡萄柚皮或一片橙子装饰。

●

对于入门新手来说，明智的做法是先加入阿佩罗（Aperol）而不是金巴利（Campari）。两者大同小异，但是阿佩罗的口感更为柔和平淡。如果苦味仍然太浓，可以稍微降低其比例，或者像我一样，只加金酒！

在这里分享一个被保守得很好的秘密，那就是当调酒师以顾客身份坐在酒吧时，他们通常不会喝鸡尾酒，而是更喜欢喝啤酒或来一杯短饮，这样的行为无疑是高尚和仁慈的。既可以让调酒师同行免遭调配鸡尾酒的折磨，也免于被人审视和评判调制技艺。然而，如果是调制"尼格罗尼"的话，是个能接受的例外。"尼格罗尼"的调制过程并不复杂，但仍具有挑战性。这款鸡尾酒虽然浓烈，但适合饮用，在调酒师心中享有崇高的地位。它做到了烈酒、葡萄酒和苦精的完美融合，颜色血红，口感冰爽。

如果有人对"尼格罗尼"的重要性提出质疑，只需观察一下酒吧里的顾客对这款酒的公开讨论即可。每个人对这款酒的配料、调配方法、装饰和冰块都有自己的看法。尽管"尼格罗尼"的包容特性可能会引起意见分歧，但它是所有鸡尾酒爱好者都迫切希望充分鉴赏的一款鸡尾酒。无论偏好如何，如果是"尼格罗尼"的话，大家都还是会选择品尝一下。就像你第一次喝下葡萄酒或啤酒时一样，起初会感觉不太习惯，但耳边一直萦绕着一种声音蛊惑你再尝一口，一口接一口，直到它变成你生活中不可或缺的一部分。"尼格罗尼"这款鸡尾酒超越所有其他鸡尾酒，成为了精酿鸡尾酒运动的标志性形象，具有其独特的号召力和吸引力。

我对"尼格罗尼"起源的理解来自卢卡·皮基（Luca Picchi）所著的《追寻伯爵的踪迹》（*On the Trail of the Count*，2002年）一书。在大量历史文献的支持下，这本书中暗示"尼格罗尼"鸡尾酒是以传奇人物卡米洛·路易吉·曼弗雷多·玛丽亚·内格罗尼（Camillo Luigi Manfredo Maria Negroni）的名字命名的。他创新地要求卡索尼咖啡馆的调酒师福斯科·斯卡塞利（Fosco Scarselli）用金酒来对"美国佬"鸡尾酒（一种苦味的意大利开胃酒，混合了甜味美思和苏打水）进行提味。此事发生在1919年或1920年的某个时候。1920年10月13日，伦敦的弗朗西丝·哈珀（Frances Harper）给身体明显不适的尼格罗尼写了一封信，成为了上述故事的佐证之一：

"听到你说你仍可以喝酒、抽烟，我感到欣慰，就像以前一样。我觉得你没什么可被怜悯的！但你一天之内喝掉的'尼格罗尼'酒不能超过20杯！"

没人能在一天内喝那么多"尼格罗尼"，所以可以合理推断，这款鸡尾酒的早期版本要么分量非常小，要么金酒含量相对较少，或两者兼而有之。如今，我们习惯用等量的金酒、苦味利口酒/阿玛罗酒、甜味美思调制"尼格罗尼"。确切的比例可以根据金酒、苦精和味美思的品牌进行调整，我更喜欢多一点金酒，但需要充分稀释。这款鸡尾酒的调制简单，加上有可能进行定制，使其成为广为流行的经典。

拉莫斯金菲士

50毫升 / 1⅔液量盎司添加利金酒
25毫升 / ¾液量盎司浓稠奶油
½蛋清
15毫升 / ½液量盎司新鲜青柠汁
10毫升 / ⅓液量盎司新鲜柠檬汁
15毫升 / ½液量盎司糖浆（见第17页）
1甩橙花水
用柠檬片装饰

•

将鸡尾酒调酒壶中的所有配料与冰块一起摇和至少12分钟。
滤入经过冰镇的高球杯中，并用一片柠檬装饰。

这款鸡尾酒打破了调酒的第一铁律：保持简单。"拉莫斯金菲士"的配料有很多种，包括奶油和柠檬，并附有摇和至少12分钟的说明。按照步骤摇和出来的"拉莫斯金菲士"口感如丝般顺滑，且提神醒脑。如果平衡得当，纯粹啜饮这款酒的乐趣可与任何饮品相媲美。

这款鸡尾酒的历史可以追溯到1888年的新奥尔良和一位名叫亨利·拉莫斯（Henry Ramos）的绅士。由于当时的劳动力成本较低，拉莫斯会雇佣一帮小伙子来摇鸡尾酒，他们会排成一排，不停地摇和。整个晚上都是如此。

从配料表来看，这款酒给我的感觉是，它是经过反复试错才得出的结果。很少有鸡尾酒同时含有柠檬汁和青柠汁。显而易见，因为它们的味道都非常独特。同时含有柑橘和奶油的鸡尾酒就更少了——这种搭配在调酒界几乎被普遍认为是"禁区"。橙花水的加入也非常出人意料，这是其他调制饮料中很少出现的独特配料。如此奇特的一个配方是偶然被发现的吗？

如果是的话，那一天一定很美好，因为最终的成品取得了令人难以置信的成就。

这样的搭配在清爽和油腻之间取得了良好的平衡，入口非常顺滑。糖中和了普通汽水的酸味，而橙花水则为金酒增添了芳香。当我第一次尝到"拉莫斯金菲士"时，我立刻想起了我妈妈做的青柠芝士蛋糕。

在这款酒的调制过程中，摇和起到了冷却和稀释的重要作用。在摇和大约1分钟后，酒液的温度和稀释度便会进入稳定状态。这款酒会冷却至-2℃左右（取决于冰的用量），届时冰不再融化，但酒仍会保持凉爽。几分钟过去之后，变化依然不大。当然，奶油和鸡蛋的混合与乳化也在同时发生。鸡蛋充当表面活性剂，将奶油中的脂肪与其他配料完美地结合成丝滑的乳液。要做到这一点，这款鸡尾酒必须充分混合，使其不至于分层，但摇和12分钟可能有点过头了。当然，也可以用搅拌器、打蛋器或超声波探头来完成摇和，但是，在1888年，雇佣调酒师来完成这项工作会更便宜。

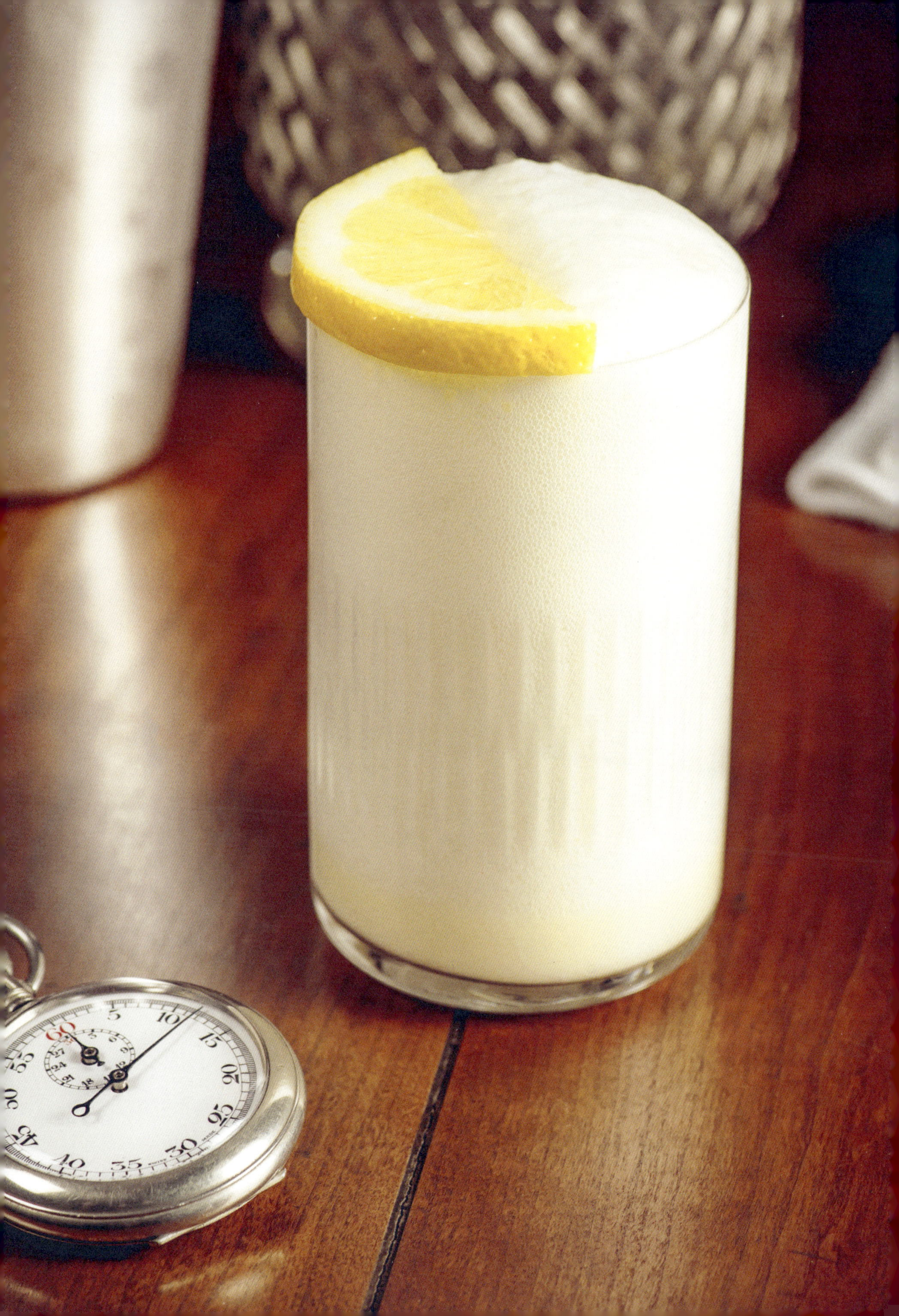

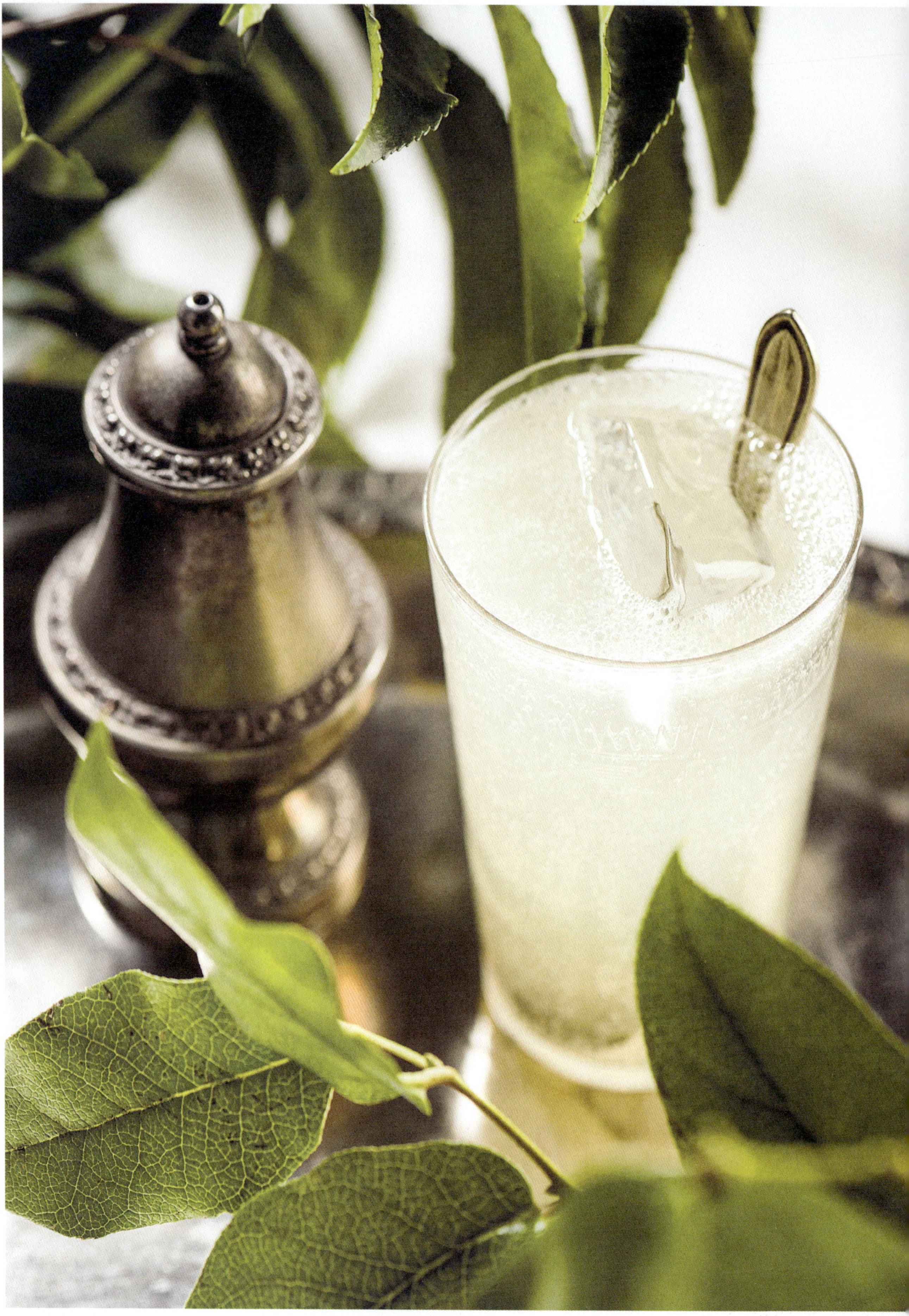

盐味莱姆利奇

50毫升 / 1⅔液量盎司普利茅斯金酒

15毫升 / ½液量盎司新鲜青柠汁

一小撮盐

用冰镇苏打水加满

用青柠块装饰

•

这款鸡尾酒需要保持非常冰爽的状态。如果条件允许的话，请使用存放在冰柜的玻璃杯，并确保冰块干燥。在高球杯中加入冰块，然后加入金酒、青柠和盐，再用吧勺充分调和。在调和的同时，倒入苏打水，并在杯中留一点余地。添加更多的冰块，再度进行调和，然后加入一块青柠进行装饰。

1903年出版的《戴利调酒师百科全书》（Daly's Bartender's Encyclopedia）第57页上有一段文字写道："这款鸡尾酒是由已故的利奇（Rickey）上校设计的。他待人友善亲切，热情好客，并且善长品鉴开胃食物和液体饮料，声名赫赫。人们普遍认为，对于含有酒精成分的饮品来说，这款鸡尾酒是已知最清爽的。"

这是第一本发表"金利奇酒"配方的书籍，但正如作者提到的，这款酒当时已经非常流行，而且很可能是19世纪90年代最受欢迎的以金酒为基酒的鸡尾酒。然而如今已是时过境迁，"金利奇酒"已经不再广为人知，也很少有人点这款酒，至少根据我的经验来看是这样的。这款酒现在已是默默无闻。在我早期调酒生涯的大部分时间里，我很少会考虑调制这款鸡尾酒。恐怕我是第一个承认这一点的调酒师。在我看来，这款酒就是用青柠汁调制而成的"柯林斯"或"金菲士"，这并不意味着我觉得这款酒不好喝。仅从金酒、青柠和苏打水这几种配料来看，这款酒应该是不错的。理论与实践同样重要，一想到要喝它，我并没有感到期待和兴奋。然而，2011年的一次印度之行令我有了新的认识。

"金利奇酒"是印度最受欢迎的鸡尾酒之一，考虑到该国过去与金酒的关联，以及其气候对柑橘类水果种植者有利，这一点便也不足为奇。然而，印度的"金利奇酒"调制方式与配方截然不同。在印度，这款酒要么很少加糖，要么根本不加糖，而是加盐。盐具有缓冲青柠汁酸度的作用（与糖的作用相同），同时还能让金酒和青柠油里的矿物质成分显露出来。去掉糖之后，这款酒也变得不那么发腻。撇开味道不谈，完全不加糖对某些人来说也很有吸引力。糖尿病患者和在意热量的人便很适合这款酒。尽管你的医生可能会质疑用盐代替糖的逻辑，但印度人坚信这款鸡尾酒在炎热的夏天可以起到补水的作用。

"金利奇酒"最早可能是用波旁威士忌调制的，这有点奇怪，因为波旁威士忌不太适合与苏打水搭配，要改变这一点，需要挤入更多的青柠汁。尽管如此，华盛顿修梅克（Shoomaker）酒吧的乔治·A. 威廉姆森（George A. Williamson）认为，波旁威士忌与苏打水的搭配非常合拍，于是在19世纪80年代的某个时候，他构思出了这款酒，并以民主党说客乔·利奇（Joe Rickey）的名字命名。不过有一件事是肯定的：对于这款流行的鸡尾酒以他命名，利奇感到非常不满。他曾说过："我是密苏里州的利奇上校，是参议员、法官和政治家的朋友，也是政治事务上的权威……但有人因为这些原因谈论过我吗？我恐怕并没有。但，我作为《利奇》的作者而闻名，我必须对此感到满意。"

新加坡司令

35毫升 / 1¼液量盎司添加利金酒
15毫升 / ½液量盎司希琳樱桃利口酒
5毫升 / 1茶匙本笃会DOM利口酒
15毫升 / ½液量盎司新鲜柠檬汁
2甩安格仕苦精
用冰镇苏打水加满
用柠檬片装饰

•

将配料放入装有冰块的冰镇高球杯或司令杯中，然后用吧勺快速调和，并用少许苏打水加满。用一片柠檬装饰。

公平地说，很多人把"新加坡司令"归类为令人厌恶的鸡尾酒，因为甜利口酒、菠萝汁和不讨喜的红糖浆将金酒的味道掩盖了。我个人认为，"新加坡司令"在最好状态下口感非常清爽，各配料相得益彰，其甜味能够平衡干燥的药性。据说这款鸡尾酒是在1900—1920年某个时间（据我所知，大概是这样）诞生于莱佛士酒店（Raffles Hotel）。发明者是一位名叫严崇文（Ngiam Tong Boon）的海南华裔调酒师。莱佛士酒店长乐吧（Long Bar）的鸡尾酒单上仍然写着以下几行字：

"新加坡司令"原本是为女性调制的一款饮料，因此带有迷人的粉红色。如今，它绝对是所有人都喜欢的饮品，如果不喝上一杯，那么你的莱佛士酒店之旅便不算完整。

"司令"一词至少在此之前的100年就被用于混合饮料，但新加坡最早提及这个词的文献之一是1903年10月2日出版的《海峡时报》（The Straits Times）。这张报纸提到，在早晨为知名驯马师"艾布拉姆斯老爹"（Daddy Abrams）的澳大利亚航行之旅送行时，饮料菜单上包括"为脸色苍白的人准备的起泡葡萄酒和粉色司令酒"。现在，尽管知道早期的"新加坡司令"是粉红色的，但这款酒当时的配方却并不容易获得。我们可以肯定的是，里面含有金酒、柠檬、苏打水和冰块，还可能含有苦精。里面可能添加了樱桃白兰地，可能还有一点本笃会当酒（DOM利口酒）的味道。我们之所以相信这些，主要是因为罗伯特·韦梅尔（Robert Vermeire）在1922年出版的《鸡尾酒和如何调制鸡尾酒》（Cocktails and How to Mix Them）一书提及过"海峡司令"的配方。

这款著名的新加坡鸡尾酒经过彻底冰镇和摇和后含有：

2甩橙味苦精，
2甩安格仕苦精，
半个柠檬的汁
⅛及耳杯[①]本笃会
⅛及耳杯干樱桃白兰地/ ½及耳金酒

倒入坦布勒杯中并用冷苏打水加满。

那么，"新加坡司令"是否有可能最初被称为"海峡司令"，后来又因为在新加坡流行而更改了名称？谁知道呢？在20世纪50年代的某个时候，莱佛士酒店失去了其原始配方，现在的配方是由严崇文的侄子开发的。鉴于目前普遍接受的"新加坡司令"配方与韦梅尔在1922年设计的配方有相似之处，严崇文的侄子可能只是采用了他能找到的最早的司令酒配方……

---

① 1及耳杯（1 Gill）=4盎司

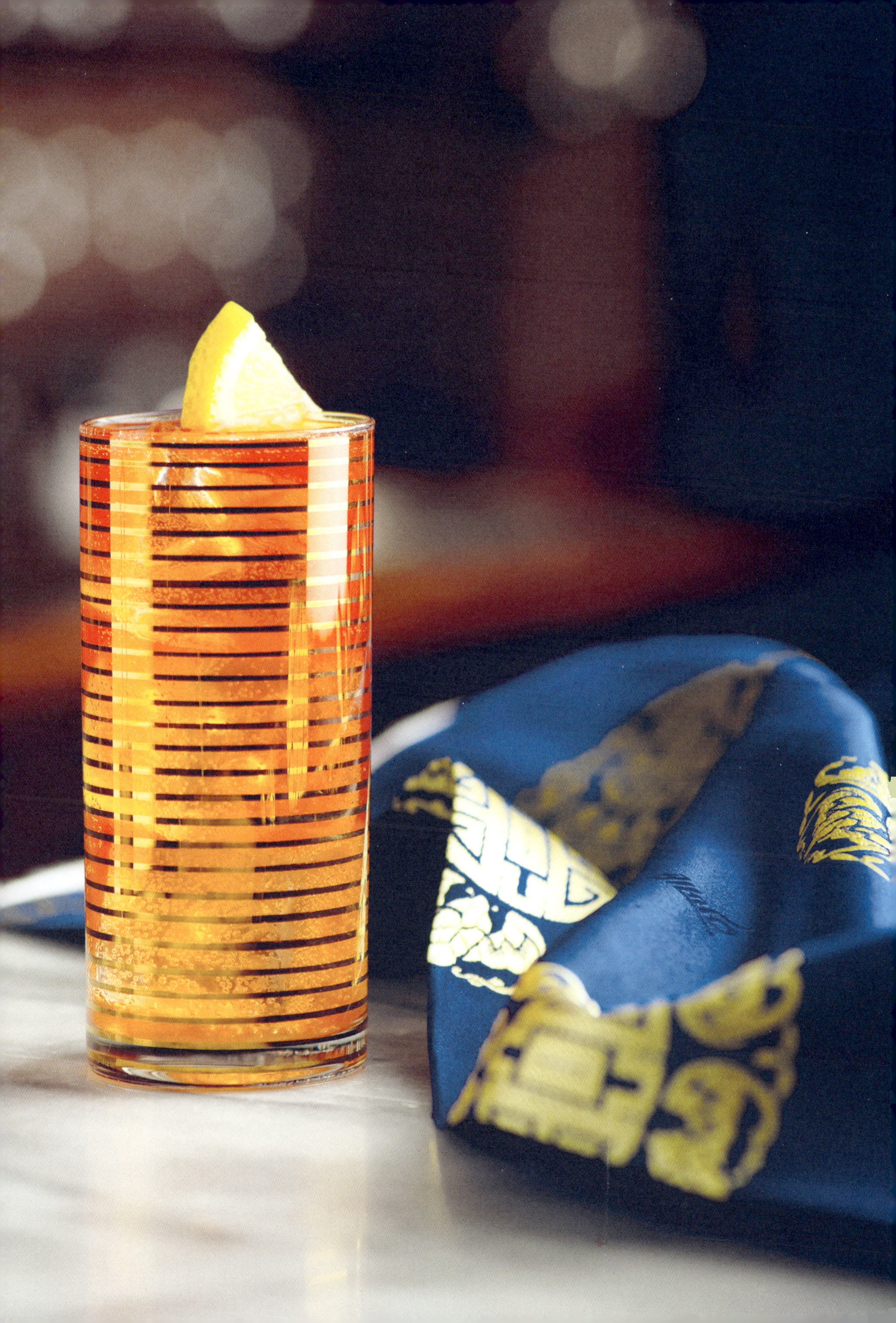

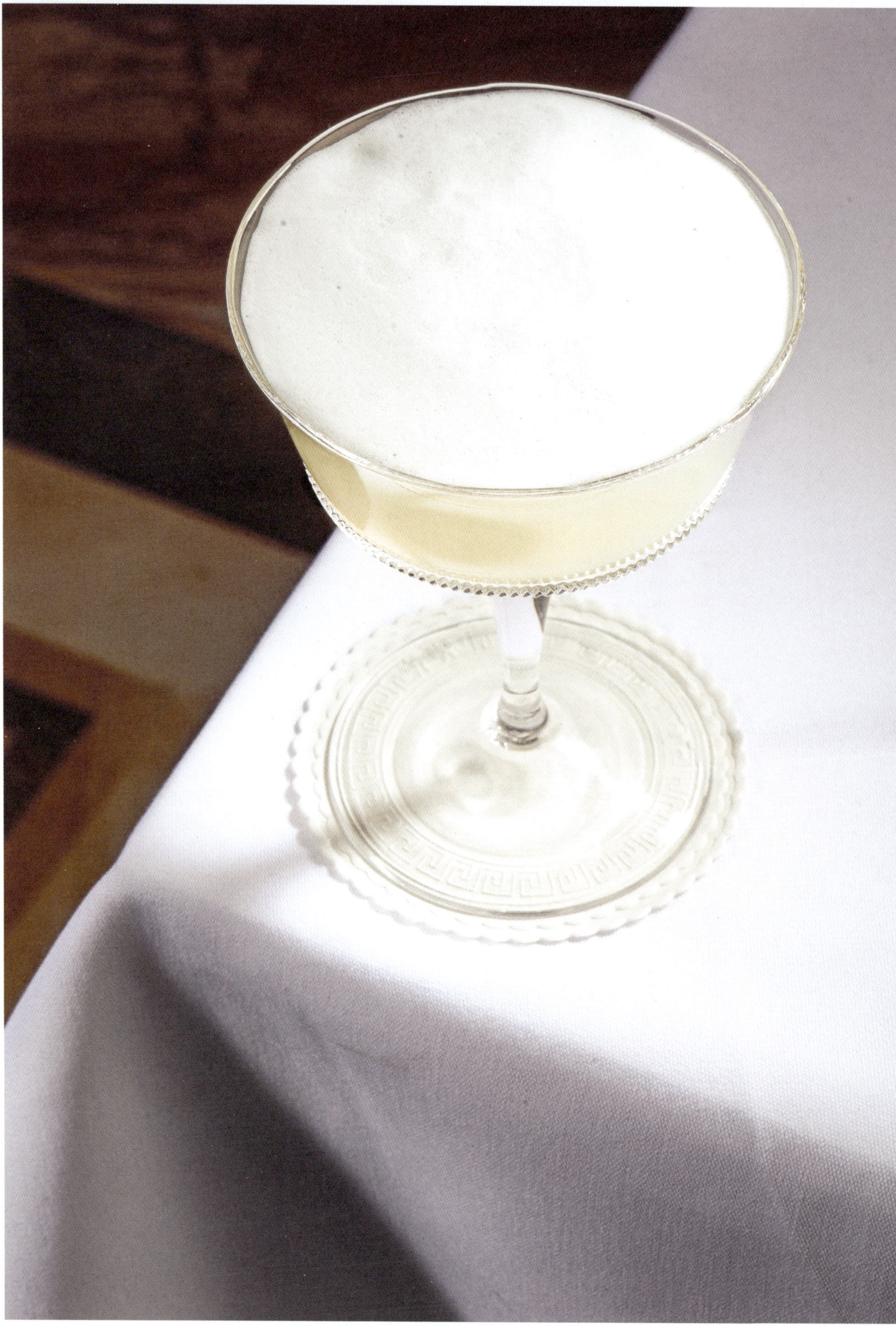

白色佳人

50毫升 / 1⅓液量盎司金酒
15毫升 / ½液量盎司君度酒
10毫升 / ⅓液量盎司新鲜柠檬汁
10克 / ⅓盎司蛋清

•

将鸡尾酒调酒壶中的所有配料与冰块一起摇和,然后双重过滤到经过冰镇的碟形香槟杯中。无须装饰。

"白色佳人"与"玛格丽特"、"边车"和"大都会"这些鸡尾酒同属一个系列,都是经过改良的酸酒,或者在这种情况下,通过添加橙味利口酒或橙味库拉索酒来增甜(稍后将详细介绍这一点)。这种将利口酒融入古典酸酒的传统可以追溯到"白兰地库斯塔"(见第180页),这款酒于19世纪40年代在新奥尔良发明。在我看来,它是一款具有开创性和影响力的鸡尾酒,犹如福特T型车一样。

新奥尔良酸酒系列鸡尾酒只有一个小问题,那就是它们通常味道不太好。然而,这主要归咎于调酒师,因为他们往往会参照20世纪早期对鸡尾酒的规格要求,添加了过多的柑橘和过多的利口酒调节剂。这样做的结果是,这些鸡尾酒会变得糖精味过重、松弛、口感不佳,以至于你会想大口大口地喝掉它们,以便尽快把这件令人遗憾的事情抛到脑后。如果你稍微减少调节口味的配料,让基酒发挥作用,那么你最终可以调制出一杯美味、清爽的饮品,非常适合作为餐前开胃酒。

第一个记录在案的"白色佳人"配方发表在哈里·克拉多克的《萨沃伊鸡尾酒手册》(The Savoy Cocktail Book,1930年)中,正因如此,这款酒与萨沃伊酒店的美利坚酒吧结下了不解之缘。然而,虽然美利坚酒吧是鸡尾酒历史上最著名的酒吧,但它实际上并没有发明很多经典鸡尾酒(在"翻云覆雨"【见第51页】和"亡者复生2号"【见第39页】之后,就没再诞生其他鸡尾酒了,"白色佳人"也不是出自那里)。相反,"白色佳人"不是由哈里·克拉多发明的,而是由调酒师圈子里另一位大名鼎鼎的哈里发明的,即哈里·麦克艾霍恩。

麦克艾霍恩是苏格兰邓迪一位黄麻厂老板的儿子。1911年,21岁的他在巴黎道努街5号开启了调酒生涯。后来,他在纽约和伦敦的几个酒吧几经辗转,终于在12年后买下了巴黎道努街5号的那家酒吧,并将其重新命名为"哈里纽约酒吧"(Harry's New York Bar),也就是今天更广为人知的"哈里酒吧"(Harry's Bar)。哈里在伦敦吉罗俱乐部(Giro's Club)工作期间首次发明了一款名为"白色佳人"的鸡尾酒。

这款鸡尾酒饮品最初由两份君度、一份薄荷味利口酒和一份柠檬汁调制而成,尝起来像润喉糖,看起来像那种可疑的游泳池水。当他在巴黎开设哈里酒吧时,便已经明白了其中的道理,于是去掉了薄荷味利口酒,减少了君度酒的用量,添加了大量的金酒。他还添加了一些蛋清,蛋清除了能让酒液产生泡沫外,还能产生一种清凉的白色不透明感,产生雪球砸在牙齿上的视觉效果。

这种新配制的"白色佳人"与《萨沃伊鸡尾酒手册》中记载的"白色佳人"配方一样,需要两份金酒,一份君度酒,一份柠檬汁。克拉多克的配方则省略了蛋清。如果你尝试调制这样的"白色佳人",那么成品可能容易出现松弛,一股糖精味,令人遗憾,因为里面添加了一整短饮杯的君度酒!我建议将其分量调低一点,让金酒发挥它的作用。只要调配得当,这款酒的口感会非常绝妙,就其本身而言,堪称新奥尔良酸酒家族中无可争议的榜首。

荷兰屋

50毫升 / 1⅓液量盎司波士荷兰金酒
20毫升 / ⅔液量盎司干味美思
10毫升 / ⅓液量盎司新鲜柠檬汁
5毫升 / 1 茶匙马拉斯奇诺利口酒
用柠檬皮装饰

•

将所有配料与冰块一起摇和，然后滤入潘趣杯中。从调酒壶中取出一块冰放入杯中，或者选用一块未使用过的冰。用一点卷曲的柠檬皮装饰。

那些年纪大到还记得载人登月的读者或许对荷兰屋品牌的鸡尾酒搅拌器还有印象。这些广受欢迎的"威士忌酸"和"黛绮莉"预制鸡尾酒旨在简化家庭调制鸡尾酒的过程，一个瓶子里就能提供所需的所有配料（酒精除外）。20世纪50年代和60年代，这些产品取得了相当大的成功，直到人们意识到其味道很糟糕才结束。于是，长达20年的鸡尾酒黑暗时代由此开启。

"荷兰屋"鸡尾酒是我在本书中收录的至少四种其他经典金酒鸡尾酒的便捷混搭。第一个是"马丁内斯"（见第60页），"荷兰屋"借用了其味美思和马拉斯奇诺利口酒配方。第二个是"飞行"，由金酒与柠檬汁、马拉斯奇诺酒或紫罗兰利口酒混合调制而成（见第36页）。第三个是"亡者复生2号"（"亡者复生"系列的宠儿，见第39页），其中我们可以发现金酒、柠檬、橙味利口酒和干味美思相得益彰。依我之见，第四个是"三叶草俱乐部"，你可以翻到第48页亲自对比其与"荷兰屋"的相似之处。

尽管配料有一些相似，但上述所有鸡尾酒饮品单独来看都是完全不同的种类。"荷兰屋"就像是它们之间缺失的那一环，可能比他们的时间都早（"马丁内斯"除外）。事实上，一些鸡尾酒爱好者认为"荷兰屋"其实就是"马丁内斯"，因为其被广泛接受的现代配方与杰瑞·托马斯在1862年记述的"马丁内斯"原始配方之间有相似之处，该配方要求的配料有：马拉斯奇诺酒、老汤姆金酒、味美思、苦精和一片柠檬。而"荷兰屋"的配方与其大同小异，只是不加苦精，并且增加了柠檬用量而已。然而，对于这两款鸡尾酒之间的相似性，更可能也是最常见的解释是：巧合。

如果你还没有猜到的话，那么我要说，对于"荷兰屋"鸡尾酒来说，使用荷兰金酒代替金酒才是关键所在。上好的旧式荷兰金酒或科伦温酒风格大胆，确实能与柠檬和利口酒碰撞出火花，而味美思则为整杯酒提供了一些稀释和细腻的口感，受人青睐。我曾听过有人将"荷兰屋"鸡尾酒描述为"麦芽版的飞行鸡尾酒"。这是一个公平的描述，但也是对这款鸡尾酒的不公平，因为它本身就值得公平的认可，而不是像我刚才那样，将其与更知名的经典鸡尾酒进行不甚严谨的比较。

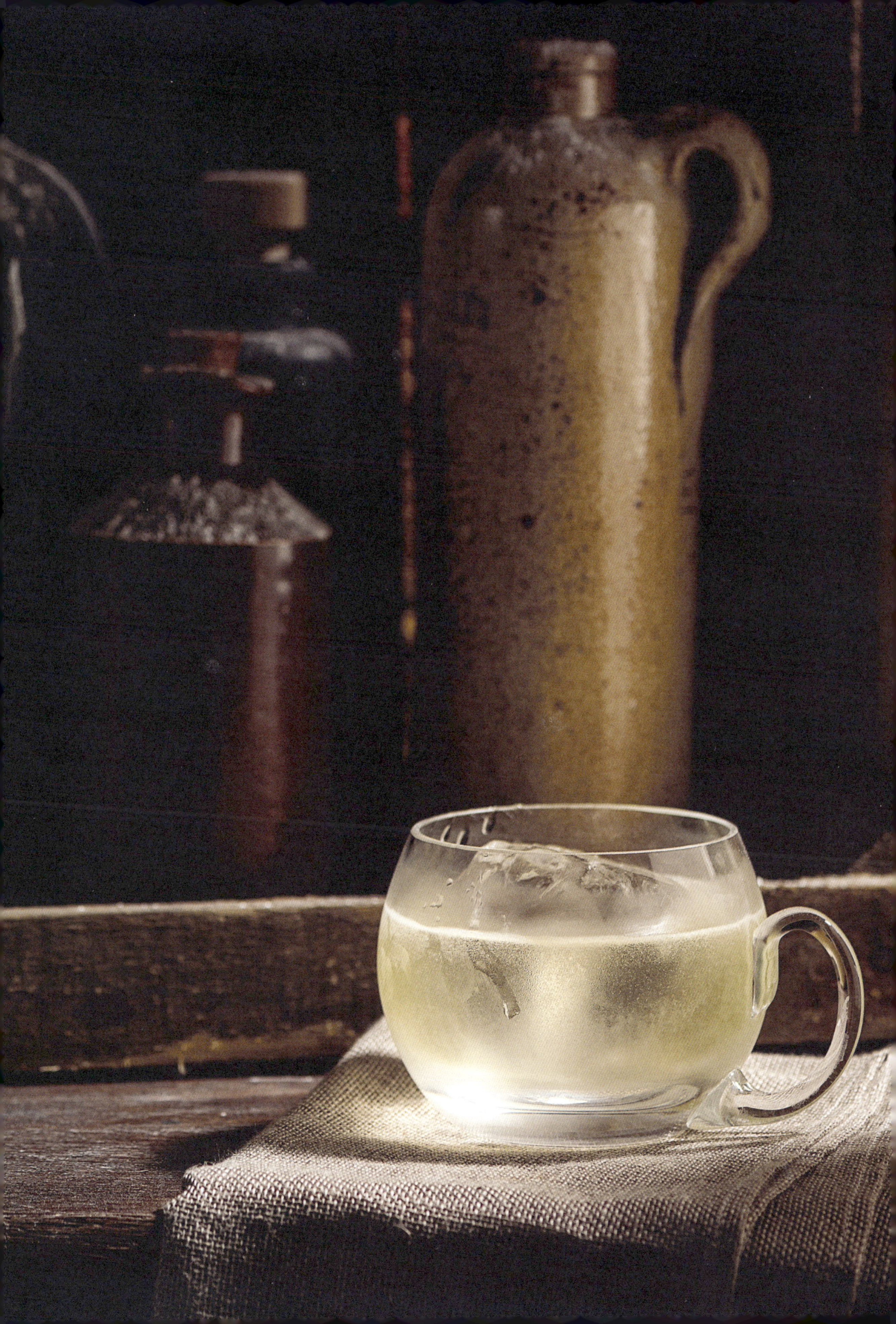

GREAT
EXPECTATIONS
THE
UNCOMMERCIAL
TRAVELLER
CHARLES
DICKENS

珀尔

1升 / 1夸脱苦精（英式艾尔）
200毫升 / 6¾液量盎司亨利爵士金酒
150克 / ¾杯细砂糖 / 超细砂糖
3汤匙蜂蜜
1茶匙阿马里洛牌啤酒花（优选这个品牌，其他品牌亦可）
½茶匙干艾叶
3个丁香
一段15厘米的肉桂棒
一大块葡萄柚皮

•

这个配方是6份酒的量。将所有配料放入平底锅中，小火慢慢加热至70℃左右，但不要煮沸。盖上锅盖，然后用勺子舀入每位客人的马克杯、茶杯或耐热玻璃杯中。

珀尔（Purl）是一款我非常喜欢的饮品，这不足为奇。毕竟，我开的第一家鸡尾酒吧就叫这个名字！

这个名字是我同事托马斯·阿斯克（Thomas Aske）取的，但我当时并不知其深意。托马斯一直在读查尔斯·狄更斯（Charles Dickens）的《博兹札记》（Sketches by Boz），这是一本描写维多利亚时代伦敦生活的短篇小说集。其中一节描述了伦敦人离开剧院的行为：

> 一点钟！各个剧院散场出来的观众们步行穿过泥泞的街道……回到他们常去的酒馆，用烟斗和"珀尔"鸡尾酒这样的物质享受来慰藉自己。

狄更斯在《老古玩店》（The Old Curiosity Shop）中也提到了"珀尔"。

> 不久，他回来了，后面跟着酒馆里的那个男孩，他一手端着一盘面包和牛肉，另一手端着一个大罐子，里面装满了某种香气扑鼻的、散发出一股令人畅快的蒸汽，那确实是按照特定配方调制的精选"珀尔"鸡尾酒。

然而，我们几乎不知道的是，其实早在狄更斯时代之前"珀尔"就已经存在了。事实上，早在17世纪，塞缪尔·皮普斯（Samuel Pepys）便在他的一篇著名日记中提到了"珀尔"鸡尾酒。他写道："从那里到哈珀先生家喝一杯'珀尔'，这是我跟'傲慢先生'约好了的……"

那么"珀尔"到底是什么？好吧，至少在我看来，"珀尔"鸡尾酒恰好是有史以来最佳的暖冬提神饮品之一，为酒吧增加了优雅氛围感。精选香料和香草与麦芽啤酒、苦艾和金酒的植物芳香彼此结合，形成类似于热葡萄酒的美味混合饮品。

鉴于我们酒吧的名字叫"珀尔"，所以我们想提供这款同名的鸡尾酒，于是便根据虚构作品和其他文本中的参考文献开始尝试各种配方。然而，不得不说，尽管研究了好几天，但我还是没有找到"珀尔"的真正配方，仍需继续寻觅。因此，我结合自己对配料如何组合以及哪些香料最适合搭配啤酒和金酒的一些见解，形成了上述的配方。我唯一能确定的规则是，这款鸡尾酒必须加入啤酒、金酒和艾草。细想一下，将这款酒归入"马提尼"鸡尾酒系列多少有些牵强。

Time stands still in Białowieża, Poland's last remaining primeval forest. So still, the snap of a twig alerts the native Konik to gather and gallop at great speed through the ancient forest. Sure footed on their time-worn path, their shimmering tails brush and blend with the silver birch, stirring up the pure air of this enchanted place.

The primeval Konik is the elusive spirit of the forest. To catch a glimpse is said to ensure a good harvest for the making of great vodka.

KONIK'S TAIL
VODKA

DISTILLED TO PERFECTION
A BLEND OF GOLDEN RYE, EARLY WINTER WHEAT AND

SPELT GRAIN

Silver birch charcoal filtered

PLEURAT SHABANI
Artisan Distiller

PRODUCT OF POLAND   70cl ℮

伏特加

伏特加也许是调酒界中用途最广的烈酒。它的口感清爽，
因此相对容易适应各种不同的鸡尾酒配方，
无论是有助缓解宿醉的"血腥玛丽"，
还是20世纪80年代鸡尾酒复兴时期广为流行的"大都会"，
都可以用伏特加来调制。

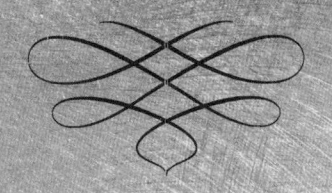

血腥玛丽

50毫升 / 1⅔液量盎司雪树伏特加

150毫升 / 5液量盎司番茄汁（选择你能买到的最好的番茄汁）

10毫升 / ⅓液量盎司新鲜柠檬汁

约3甩伍斯特酱

约3甩塔巴斯科辣椒酱

一大撮盐

一大撮黑胡椒粉

用一根芹菜杆和一片柠檬装饰

•

将鸡尾酒调酒壶中的所有配料与冰块一起摇和（我喜欢这样），然后滤入经过冰镇的高球杯中。用芹菜和一片柠檬装饰。

"血腥玛丽"的确切起源存在很多争议。人们普遍认为，是费尔南德·佩蒂奥（Fernand Petiot）在20世纪20年代发明了这款鸡尾酒。彼时，他在巴黎的哈里酒吧工作。但这款酒似乎极不可能含有伏特加，而且很可能是用金酒调制而成的。

时间回到20世纪40年代的纽约，当时佩蒂奥正在瑞吉酒店（Regis Hotel）工作。据称，酒店经理谢尔盖·奥博伦斯基（Serge Obolensky）要求佩蒂奥在伏特加和番茄汁中加香料[喜剧演员乔治·杰塞尔（George Jessel）在20世纪40年代推广了不加香料的版本]。于是，佩蒂奥添加了伍斯特酱、盐和胡椒以及少许柠檬。

当然，"血腥玛丽"仅仅是加了伏特加和香料的番茄汤冷饮这个说法也是有根据的。用伏特加来搭配咸味食物或加入其中，并不是什么新鲜事，俄罗斯罗宋汤便是一个典型例子，它是用经过调味的甜菜根和酸奶油做成的。胡椒、香料和清新的酸味在一定程度上与伏特加的中性谷物特性相辅相成。

"血腥玛丽"在缓解宿醉方面不仅占有一席之地，甚至是个中翘楚！从关键配料来看，便不难发现为何这款鸡尾酒适合发挥这样的作用。它含有维生素C、盐、辣椒素，带有包裹口腔的黏稠感。据说，绿色植物是后来才加入这款鸡尾酒的。当时，在芝加哥的大使酒店（Ambassador Hotel），一位调酒师发现一位顾客正在用一根芹菜调和她的"血腥玛丽"。从视觉上看，这根芹菜为这款酒增添了一种大自然的生趣，就像是从地里长出来的一样。有时你需要的正是这种感觉——让你重新找回人生在世的感觉……

关于这款酒的调制，还有最后一个问题需要说明一下。在调制过程中，是否应当摇和、调和、抛接或滚动，人们仍存在一些争论。在某个时间点，有些自视聪明的人提出了这样一个想法：市售的番茄汁可能会在某种程度上因摇和的动作而受损。无独有偶，之前也有人说过，摇和的过程会对金酒马提尼造成损伤。很显然，这些人都选择忽略这样一个事实，那就是番茄已经被采摘、压碎、混合、过滤、加热浓缩，然后再水化。他们的结论肯定是，番茄是唯一可能被碰伤的水果，相比之下，摇晃浆果、柑橘和几乎所有长在树上或灌木丛中的水果都还是可以的。无须多言，番茄汁并不会在摇和过程中受损，但其制备方法可以对鸡尾酒的温度、稀释度和最终粘度产生影响，而这些因素都非常重要。

在这款鸡尾酒的调制过程中，经常被忽略的配料是柠檬汁，但它的作用也很关键，就是让平淡无味的盒装番茄汁变得更加清新可口。你也可以自己榨番茄汁，但过程会有点麻烦，而且最终榨出来的番茄汁也可能会相去甚远。

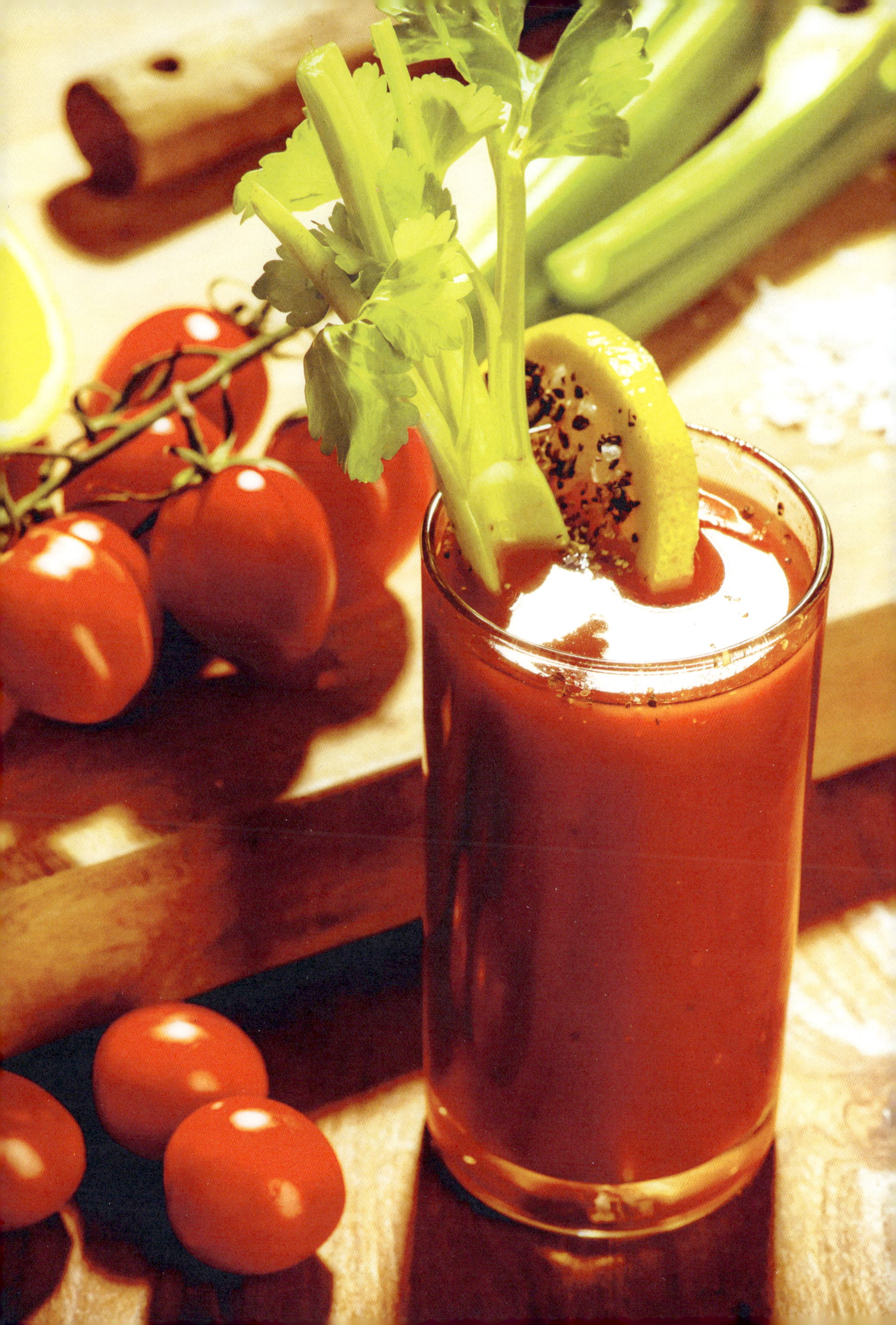

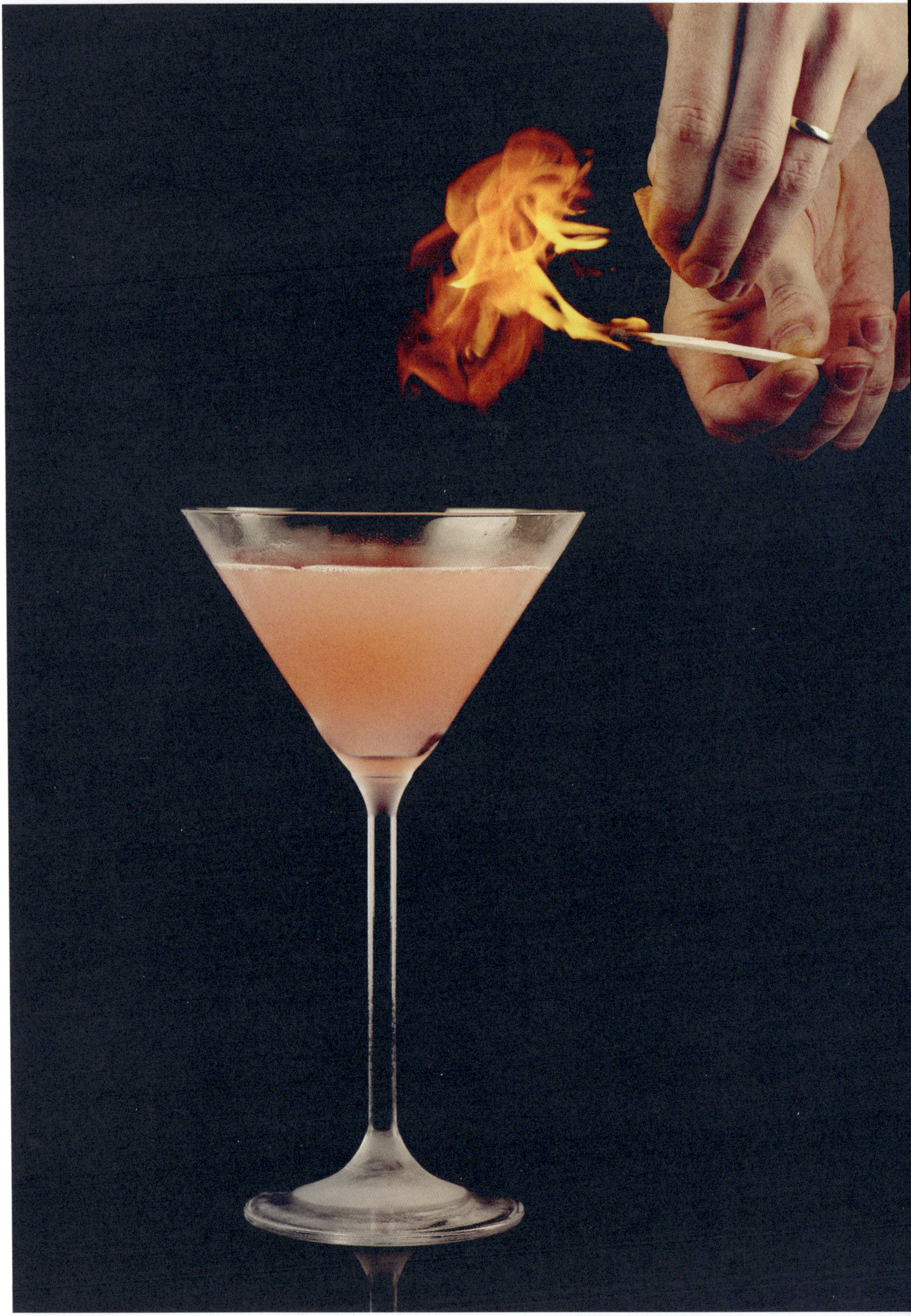

大都会

40毫升 / 1⅓液量盎司雪树柑橘伏特加
20毫升 / ⅔液量盎司君度酒
15毫升 / ½液量盎司新鲜青柠汁
15毫升 / ½液量盎司蔓越莓汁
用火焰橙皮装饰（可选）

•

将鸡尾酒调酒壶中的所有配料与冰块一起摇和，直至冰冷，然后双重过滤到经过冰镇的马提尼杯中。

"大都会"确实是20世纪80年代和90年代鸡尾酒复兴的典型代表。"大都会"具有标志性的淡粉色调，盛装在高脚马提尼杯中，定义了鸡尾酒文化和享用调制饮料的整个时代。

这款酒为何经久不衰，让大家如此念念不忘呢？答案可能会让你大吃一惊，所以请做好准备——它真的非常美味。但前提是，它的调制方法必须正确。"大都会"主要加入了三种柑橘类水果，然而调制出来却非常平衡，别具一格。这个事实经常被人忽视，主要是因为最终调制出来酒液颜色不像柑橘类水果的颜色，会让人感觉这款酒是覆盆子、草莓或蔓越莓味的。

"但它就是蔓越莓味的！"你肯定会这样辩驳。然而，它只是颜色像蔓越莓，仅此而已。如果调配得当，那么"大都会"鸡尾酒应该只含有少量蔓越莓，以便增加一点颜色和稀释度。在这款酒中，起主要作用的是其他配料——柑橘伏特加、橙味库拉索酒、青柠汁。

当然，均衡的口味并不适合所有人，但却很可能是人们经常点这款酒的原因。这款酒与一本流行时尚杂志同名，但是多年来，这一事实并没有给它带来什么坏处。两者都没有诱人的粉红色（从三文鱼色到霓虹色）。

20世纪80年代，客人喜欢点一杯"马提尼"，这样他们就可以用马提尼杯喝酒。来自佛罗里达州的调酒师谢丽尔·库克（Cheryl Cook）在1986年发现了这一点，于是便大致以凯布柯达鸡尾酒（配料：伏特加和蔓越莓）为基础，发明了一款平易近人的鸡尾酒。这款酒中添加了玫瑰牌青柠浓浆和少许橙味利口酒。至关重要的是，这款酒是装在马提尼杯中的。这款鸡尾酒一经问世就大受欢迎，但是当纽约的调酒师托比·切奇尼（Toby Cecchini）喝到之后，对其配方进行了改进，成为我们今天所熟知的"大都会"。这位调酒师去除了青柠浓浆，改用青柠汁代替，增加了橙味利口酒的量，减少了蔓越莓的量，直到酒液呈现出柔和的淡粉色。

然而，还不止于此。托比·切奇尼选择了用少许柠檬来装饰他的"大都会"。如今，我们通常是用火焰橙皮来装饰这款鸡尾酒（见第80页图片），而这要归功于另一位美国调酒师，"鸡尾酒之王"戴尔·德格罗夫（Dale DeGroff）。戴尔从未透露过这个想法是从何而起，但点燃橙皮表面的油并将其喷洒到鸡尾酒表面的做法使"大都会"不仅仅是一杯鸡尾酒，更为其增添了观赏性。

这款酒的最初版本是用当时新推出的绝对柠檬味伏特加调制而成，但我更喜欢雪树柑橘伏特加自然浸渍的味道。

公牛弹丸

400克 / 14盎司金宝汤牌牛肉汤罐头（肉汤）

150毫升 / 5液量盎司雪树未过滤伏特加

150毫升 / 5液量盎司水

30毫升 / 1液量盎司新鲜柠檬汁

塔巴斯科辣椒酱，视口味添加

此配方可供4人饮用。将所有配料混合装一个水罐中，然后倒在低球杯中的冰块上，稍微调和一下。如果愿意的话，还可以尝试使用"血腥玛丽"经常使用的其他配料：伍斯特酱、胡椒粉、雪利酒等。

如果你钟爱"血腥玛丽"（见第78页），但又一直觉得它的口感太素，那么"公牛弹丸"可能很适合你，这款酒是"血腥玛丽"的肉类升级版。顾名思义，"公牛弹丸"含有牛肉，或者更具体地说，含有牛肉汤。什么时候鸡尾酒不再是鸡尾酒，而仅仅是加了伏特加的牛肉汤了？好吧，如果你问我的话，那么现在差不多就是这样。不过，"公牛弹丸"鸡尾酒在20世纪中叶异常受欢迎，因此也很难反驳它作为付费饮用的正式鸡尾酒的地位。

你可能会问，这款酒最初是如何构思出来的？那么我得赶紧补充一句，这款酒并不是兽医的杰作，而是底特律某位餐馆经营者的奇思妙想。那是在1952年，莱斯特·格鲁伯（Lester Gruber）的伦敦小餐馆（London Chop House）不仅是汽车城底特律最受欢迎的餐厅之一，也被评为北美最好的餐厅之一。艾瑞莎·富兰克林（Aretha Franklin）等名人和亨利·福特二世（Henry Ford II）等底特律蓬勃发展的汽车业的大亨们也经常光顾这家餐厅。当然，这家餐厅提供的饮品也并非都含有肉类。这家传奇餐厅每天早上9点到11点供应含酒精的提神饮料，其中包括"老佩珀"鸡尾酒（配料：黑麦威士忌、波旁威士忌、辣酱）和"基尔罗伊的臂章"鸡尾酒（配料：干邑白兰地、鸡蛋、茴香酒）等刺激性饮料。

到20世纪50年代初，这家餐厅非常火爆，因此格鲁伯又在马路对面新开了一家名为政党会议俱乐部（Caucus Club）的酒吧。正是在这家新开的酒吧，格鲁伯结识了约翰·赫尔利（John Hurley）。当时，赫尔利正在为100多万罐金宝汤牌牛肉汤卖不出去而烦恼。此时，伏特加已经迅速成为美国最受欢迎的饮品，美国人乐此不疲地惊叹于它如何能够将任何液体变成酒精饮料，而又不会改变原始液体的味道。牛肉汤也不例外。

这款鸡尾酒加了柠檬和冰块，曾被冠以各种各样的名字，直到后来才最终以"公牛弹丸"之名流传下来。"加冰汤"便是它的其中一个绰号，甚至是由金宝汤公司自己营销出来的，尽管这个名字里面没有伏特加（金宝汤是一家家庭友好型公司）。被否决的其他名称有"加冰的公牛"和"斗牛士"。如果是我的话，我会选择叫"牛群喜剧"。

1957年，当时斯米诺伏特加的所有者休伯莱恩公司（Heublein Corporation）获得了这款饮料的所有权，并在《时尚先生》杂志上刊登了"牛肉伏特加饮料"的广告。到60年代初，"公牛弹丸"已享誉国际。这款鸡尾酒之所以流行，部分原因在于它太另类了，因此受到了那些个性张扬、不随大流的人的追捧。牛肉汤在当时也被认为是一种超级食物。《纽约邮报》的一位记者评论说，这款鸡尾酒"富含维生素"。几十年后，人们才意识到，咸汤并不会让人永葆青春，即使加再多的伏特加也无济于事。然而，那时"公牛弹丸"已经在鸡尾酒史上占据了一席之地。

CONDENSED
Beef Broth
(BOUILLON)
SOUP
Campbell's
CONDENSED
Beef Broth
(BOUILLON)
SOUP
Campbell's
CONDENSED
Beef Broth
(BOUILLON)
SOUP

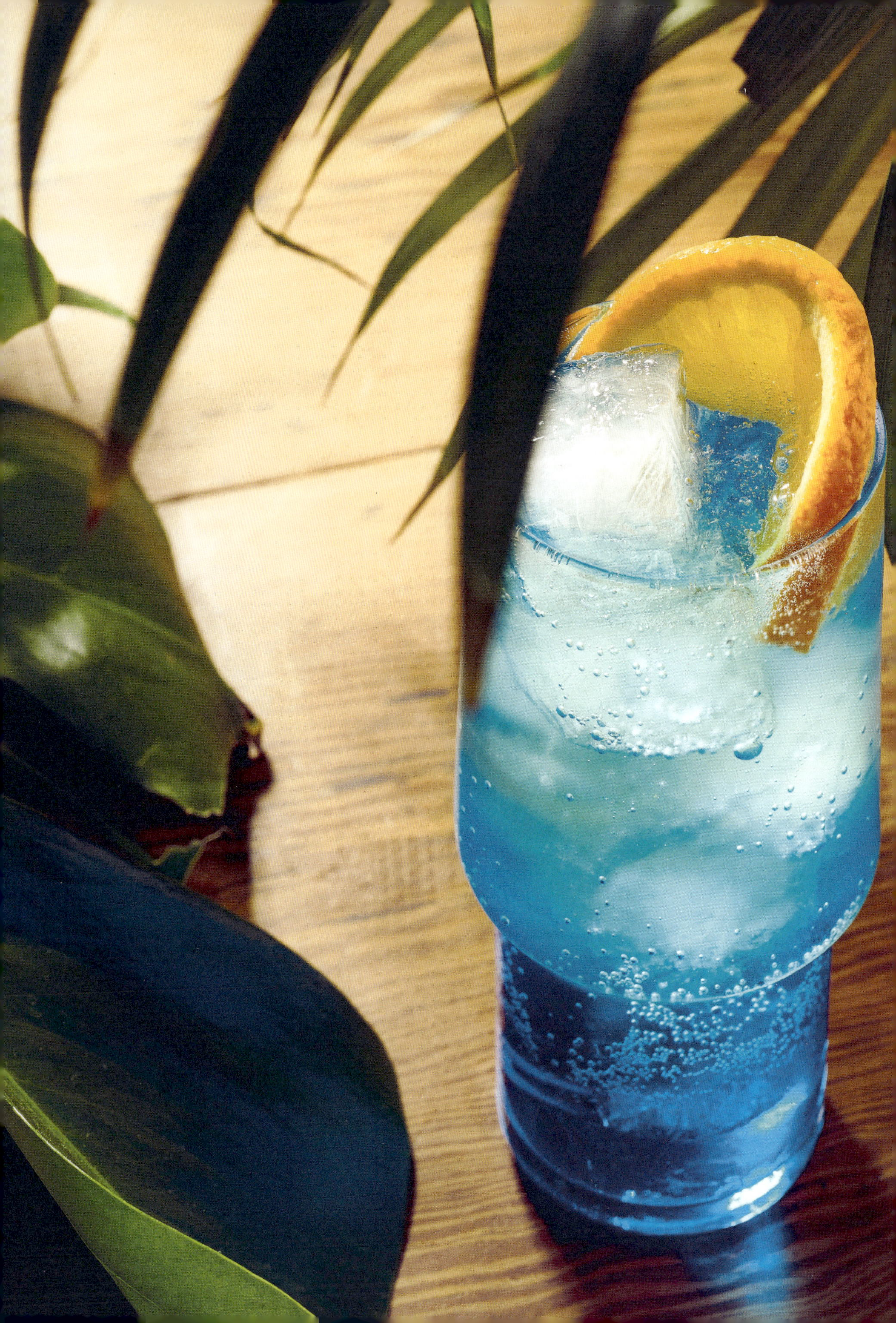

蓝色珊瑚礁

30毫升 / 1液量盎司雪树伏特加

20毫升 / ⅔液量盎司波士蓝色库拉索酒

15毫升 / ½液量盎司新鲜青柠汁

用冰镇圣培露柠檬水（柠檬水）加满

用橙片装饰

•

将前三种配料添加到装有冰块的高球杯中，调和30秒。加入更多冰块，然后加入柠檬水进行调和，直至加满酒杯。用一片橙子装饰。

  蓝色鸡尾酒只能以水平姿势饮用。它们媚俗、荒谬，而且往往很有趣，但具有讽刺意味的是，它们根本不"忧郁"。蓝色饮品也有可能非常美味。有些人对此感到惊讶，那是因为他们不知道如何将蓝色作为一种风味（见第22页查看更多信息）。那么，就让我们来仔细看看也许是其中最蓝的饮品——蓝色珊瑚礁。

  这款鸡尾酒之所以呈现蓝色，秘诀在于添加了蓝色库拉索酒。库拉索是加勒比海的一个岛屿，靠近委内瑞拉海岸。该岛的名字来源于葡萄牙语中的"治愈"一词。曾经有罹患坏血病（维生素C缺乏症，另见第56页琴蕾背后的故事）的水手吃了这座岛上的果实之后，便奇迹般地康复了，这座岛也因此得名。16世纪初，西班牙人将瓦伦西亚橙引入该岛种植，然而，由于加勒比地区的天气炎热干燥，这种橙子经常还未成熟就干瘪、变绿并从树上掉落。这种新品种的橙子（*Citrus aurantium currassuviencis*）在当地被称为"Laraha"。由于味道太苦而难以食用，因此被用来制作芳香油和利口酒。17世纪30年代，当时的荷兰共和国（1581—1795年）宣布脱离西班牙独立后，荷兰殖民者开始占领库拉索岛。他们将这种利口酒带到欧洲并称为库拉索酒。

  无人知晓蓝色库拉索酒因何诞生，但波士蓝色库拉索酒早在20世纪20年代的禁酒令之前就已抵达美国。有证据表明，波士公司曾经出售过各种其他颜色的库拉索酒，这表明，蓝色库拉索酒并非特定挑选的颜色，而只是其众多颜色中的一种。不过，蓝色恰好是最受欢迎的那一款。

  到了20世纪50年代，波士公司加强了销售策略，将蓝色库拉索酒拓展到了欧洲市场，并在美国将其作为鸡尾酒配料进行销售。1957年，波士公司的夏威夷销售代表来到了夏威夷威基基海滩希尔顿度假酒店（Hilton Hawaiian Village Waikiki），并让那里的调酒师哈里·耶（Harry Yee）设计一款蓝色鸡尾酒。那时，这位代表大概也是希望增加蓝色库拉索酒的销量。随后的"蓝色夏威夷"含有伏特加、朗姆酒、蓝色库拉索酒、菠萝汁、柑橘和糖。更合适这款鸡尾酒的名字应该是"绿色夏威夷"，因为将菠萝汁（黄色）与蓝色库拉索酒（蓝色）混合到一起后，酒液会呈现出绿色。哈里·耶先生做了一个不错的尝试。

  大约在同一时间，在大西洋的另一边，安迪·麦克艾霍恩（Andy MacElhone，传奇调酒师哈里·麦克艾霍恩的儿子）在巴黎的哈里纽约酒吧开发了一款新的鸡尾酒。这款酒也是采用新推出的蓝色库拉索酒调制而成。麦克艾霍恩开发的这款酒无疑会是蓝色的，因为除了库拉索酒以外的所有配料都是无色透明的：金酒、伏特加、柠檬水、青柠汁和糖。他将这款鸡尾酒命名为"蓝色珊瑚礁"。虽然"蓝色珊瑚礁"这款酒的外观艳丽，名字怪异，但味道的确无可挑剔。由于添加了橙子、柠檬和青柠这三种柑橘类水果，因此这款酒的口感清新，柑橘味十足。

  在这一点上，"蓝色珊瑚礁"与"大都会"（见第81页）有异曲同工之妙。这两款酒的颜色都有些奇怪，带有迷惑性，但其实只不过是几种柑橘口味的混合。这款酒的配方是可以调整的，你可以根据自己的口味随意调整配料的平衡性。

白俄罗斯

40毫升 / 1⅓液量盎司雪树伏特加

20毫升 / ⅔液量盎司咖啡利口酒［可以试试康克（Conker）这个品牌］

20毫升 / ⅔液量盎司 / 重奶油

•

你可以选择用摇和或调和的方式调制这款鸡尾酒，但我更喜欢将其兑入玻璃杯，以免酒液表面起泡沫。将所有配料加入低球杯中，然后加入大量冰块调和1分钟。

"白俄罗斯"这款鸡尾酒并不适合所有人饮用。20世纪70年代，这款酒曾经风靡一时，20世纪90年代末又再度走俏。这在很大程度上要归功于电影《谋杀绿脚趾》（The Big Lebowski）中外号"督爷"（The Dude）的角色，他在影片中的大部分时间都在调配或者饮用这款"白俄罗斯"鸡尾酒（总共九杯，但其中一杯最后掉在了地上）。

然而，在撰写本文时，这款酒已经不再时兴。这款鸡尾酒在调制过程中添加了难闻的咖啡利口酒、无名的伏特加和浓奶油，对于质疑配料来源、可持续性和热量的一代饮用者来说，这款酒着实不讨喜。然而，事实是，"白俄罗斯"是不酷的人爱点的饮品，目的是让自己看起来酷一点。因此，就像贝壳服或熔岩灯一样，也许是时候毫不客气地将其装到小货车的后备箱里，然后将其当作派对结束时被遗忘的老式鸡尾酒一样扔掉。

不过，在我们将"白俄罗斯"打入冷宫之前，有必要强调一下这款鸡尾酒的两个惊人之处。首先是它的历史：哈里·克拉多克在1930年出版的开创性著作《萨沃伊鸡尾酒手册》中罗列了750款鸡尾酒配方，但其中只有4款使用了伏特加。在这四款配方中，其中有两款含有可可甜酒。在这两款鸡尾酒中，其中一款叫"芭芭拉"，配料有伏特加、可可甜酒和奶油。当然，这款"芭芭拉"不完全就是"白俄罗斯"，因为缺少了最重要的配料——咖啡利口酒，但也相差不远了。"芭芭拉"的灵感来自于"亚历山大"，后者最初是一款以金酒为基酒的鸡尾酒，首次出现在雨果·恩斯林于1916年出版的《调制饮料配方》一书中。

1936年，咖啡利口酒首次被引入商业市场，当时推出了甘露咖啡利口酒。问世之后，咖啡利口酒过了好几年才被添加到鸡尾酒之中，关于这一点的证据出现在1946年出版的《史托克俱乐部酒吧手册》（The Stork Club Bar Book）中，其中列出了另一款关于"芭芭拉"主题的改良版鸡尾酒，名为"亚历山大大帝"。这款鸡尾酒中添加了可可甜酒、咖啡利口酒、伏特加和奶油。如果你愿意的话，可以将其当作巧克力版的"白俄罗斯"鸡尾酒。

按照逻辑推理，在接下来的故事中，会有人去掉可可甜酒并将名称更改为"白俄罗斯"？事实上，不完全是这样。还记得《萨沃伊鸡尾酒手册》中有两款伏特加鸡尾酒含有巧克力利口酒吗？另一款（不是"芭芭拉"）被称为"俄罗斯鸡尾酒"。这款酒由等量的伏特加、金酒和可可甜酒调制而成。虽然口感不佳，但它很可能是1949年发明的"黑俄罗斯"鸡尾酒（去掉了金酒，用可可甜酒代替了咖啡利口酒）的前身。这款鸡尾酒的发明者古斯塔夫·托普斯（Gustave Tops）曾在布鲁塞尔大都会酒店（Hotel Metropole）工作，他为正在酒吧闲逛的美国驻卢森堡大使珀尔·梅斯塔（Perle Mesta）调制了这款招牌鸡尾酒（含有两份伏特加和一份甘露咖啡利口酒）。

时间来到20世纪60年代，"亚历山大大帝"和"黑俄罗斯"（这开始听起来像一个史诗般的传奇故事）融合在一起，"白俄罗斯"就此诞生。1965年11月21日，加利福尼亚的《奥克兰论坛报》（Oakland Tribune）首次提及这款鸡尾酒。它出现在名噪一时的南方安逸（Southern Comfort）牌咖啡利口酒广告中；配方需要添加"南方安逸牌的咖啡利口酒、伏特加、奶油各1盎司"。讲完了历史部分，我猜你会想知道关于"白俄罗斯"鸡尾酒的第二桩趣事。而这第二桩便是它味道特别美妙。咖啡清甜、奶油顺滑和酒味醇香。如此美味，又何愁无人喜欢？！

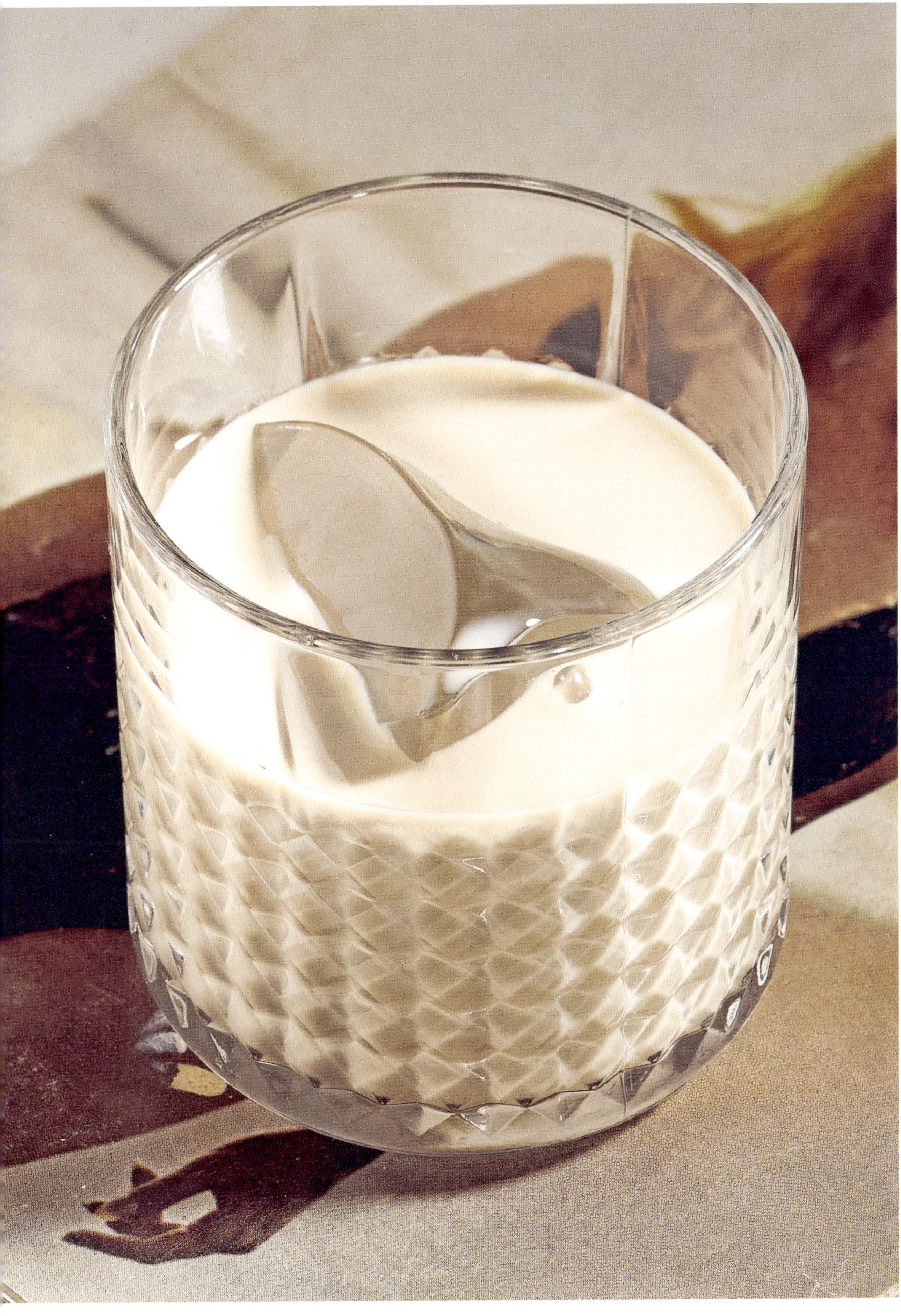

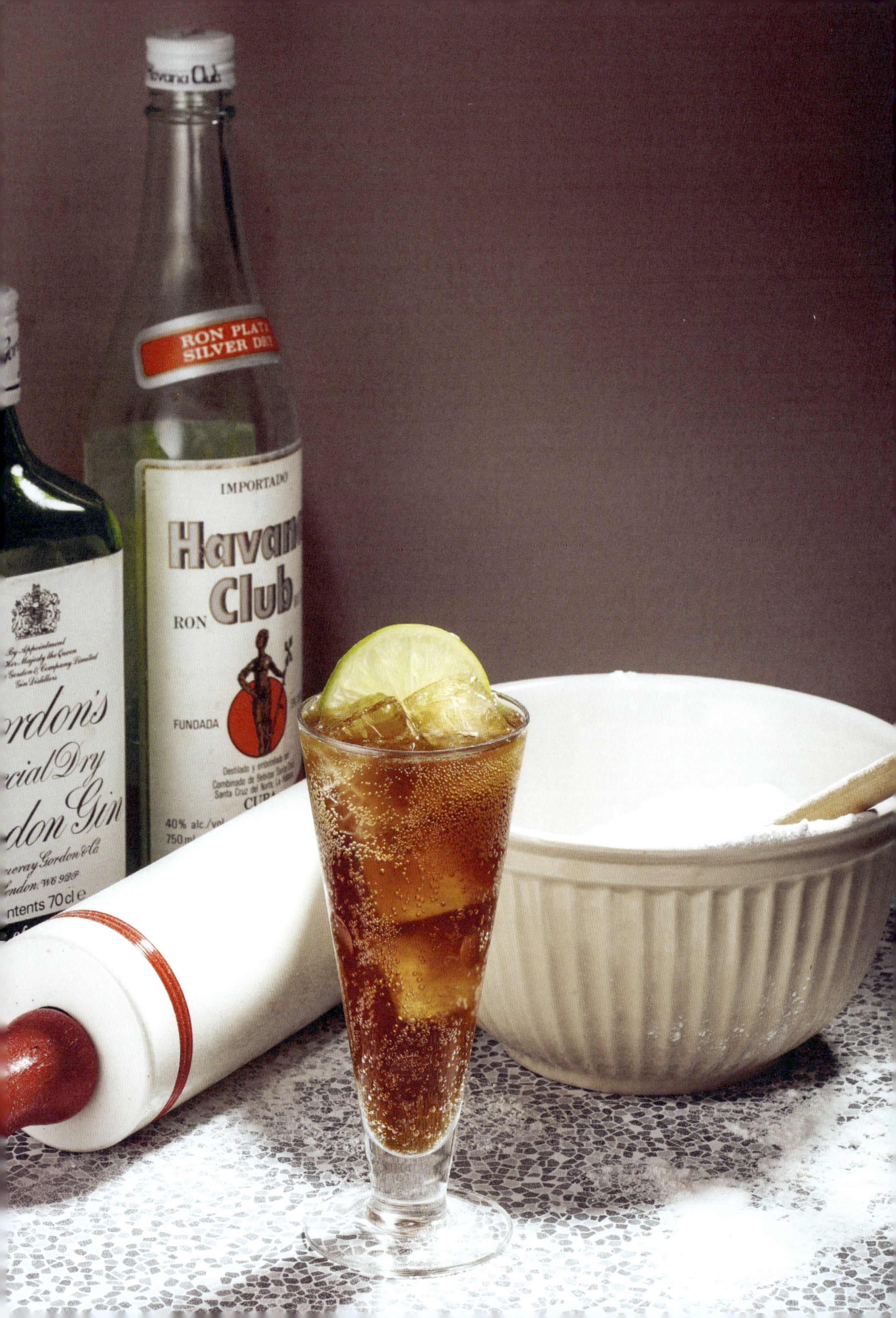
Havana Club
IMPORTADO
Club
RON
FUNDADA

长岛冰茶

25毫升 / ¾液量盎司雪树伏特加

25毫升 / ¾液量盎司唐胡里奥牌白色特基拉酒

25毫升 / ¾液量盎司必富达金酒

25毫升 / ¾液量盎司阿普尔顿庄园招牌朗姆酒

25毫升 / ¾液量盎司梅莱特橙味利口酒

15毫升 / ½液量盎司新鲜柠檬汁

用冰镇可口可乐加满

用柠檬片装饰

•

将除可乐以外的所有配料放入装有冰块的高球杯中,充分调和,让所有配料完全混合。添加更多的冰块,然后在玻璃杯中倒入可乐。用一片柠檬装饰。

这是一款并无含糊之处的鸡尾酒,我想对于含有五种不同基酒的鸡尾酒来说这并不奇怪。当我第一次成为调酒师时,有人跟我说"长岛"是禁酒时期的鸡尾酒。由此推断,这款酒看起来像冰茶,因此才被称为冰茶,但可以肯定的是,这款酒精饮料根本不含茶。不难想象这样的场景,在禁酒令期间,警察突击搜查纽约长岛附近的一家酒吧,结果失望地发现,在场的人都在用高脚杯喝着看起来像冰茶的饮料。

后来,"毕晓普老人"的故事再次证实了我的想法,即"长岛冰茶"之所以诞生,是为了非法躲避禁酒令。20世纪20年代,这位田纳西州的长岛居民创造了一种名为"毕晓普老人"的饮料,其中添加了朗姆酒、伏特加、威士忌、金酒、特基拉酒和枫糖浆。在我看来,最初的故事都是紧密相连的。但如果你搜索"谁发明了'长岛冰茶'?",那么搜索结果里面一定有罗伯特·蔷薇·巴特(Robert 'Rosebud' Butt)这个人。这位男士声称自己于1972年在长岛的橡树滩客栈(Oak Beach Inn)工作时发明了这款鸡尾酒。他甚至有一个网站,并在上面宣称:

"我曾经参加了鸡尾酒创作比赛。比赛要求是必须添加橙味利口酒,随后我开始调制。最终的成品立即大受欢迎,并很快成为橡树滩客栈的招牌饮品。"

巴特承认:"可能有别的人在别的地方也制作过类似的混合饮料",但他没有提到1961年出版的《贝蒂·克罗克图说烹饪新手册》(Betty Crocker's New Picture Cook Book)。这是首次提到"长岛冰茶"配方的书籍,弗吉尼亚·T.哈比(Virginia T. Habeeb)于1966年出版的《美国家庭通用食谱》(American Home All-purpose Cookbook)和1969年出版的《潘趣》(Punch)一书中也提及了"长岛冰茶"配方。巴特先生似乎是在"胡言乱语"……想必你懂我的意思。

至于这款鸡尾酒,它的配料包括可乐和柠檬汁,与等量的金酒、朗姆酒、特基拉酒、伏特加和橙味利口酒调配而成。将如此多的烈酒混合在一起几乎令每个人都感到不安,从口味的角度来看,我不难理解。你可能会认为,相较于以一两种烈酒为基酒的鸡尾酒,这款混合了五种烈酒的鸡尾酒肯定更容易使人醉倒,如果是这样的话,那么我可能要让你失望了。并没有证据表明混合饮料会增加你的醉酒程度,或者增加你宿醉的概率。饮用这款鸡尾酒之后醉酒的原因是短时间内饮用大量酒精,这种做法往往与饮用不同类型的酒精饮品……和长岛冰茶密切相关。

莫斯科骡子

50毫升 / 1⅔液量盎司斯米诺黑牌伏特加

25毫升 / ¾液量盎司新鲜青柠汁

10毫升 / ⅓液量盎司树胶糖浆或糖浆（见第17页）

100毫升 / 3⅓液量盎司冰镇姜汁啤酒

用薄荷枝装饰

•

将饮品直接倒入装有冰块的铜杯中，并用薄荷枝装饰。

如今，对于一个新的酒类品牌来说，推广一系列最能传达产品特性和风味的鸡尾酒已经是"惯例"，甚至可以说，这是一种最好的利用产品的方式。然而，情况并非总是如此。时间回到50多年前，若市场上已经有身经百战的老字号站稳脚跟的话，新产品往往很难占得一席之地。要推出一款新的烈酒更是困难重重。然而，20世纪40年代，约翰·G. 马丁（John G. Martin）破除万难，推出了斯米诺伏特加这个品牌。

如今，很难想象哪家鸡尾酒吧没有备伏特加，但20世纪40年代之前就是这样。《萨沃伊鸡尾酒手册》出版于1930年，在书中的近800种饮料中，仅列出了几款含有伏特加的鸡尾酒。当然，人们听说过，尤其是那些在革命后寻求俄罗斯庇护的人，但这款产品并不常见（见第93页的"伏特加马提尼"了解更多背景信息）。然而，到了20世纪80年代，伏特加已经成了家常便饭，每个鸡尾酒吧都供应伏特加。那么这中间到底发生了什么？鲁道夫·昆内特（Rudolf Kunnett）是一位出生于俄罗斯但居住在巴黎的商人，他从弗拉基米尔·斯米尔诺夫（Vladimir Smirnov）手中收购了一个濒临倒闭的伏特加品牌。然而，鲁道夫也未能让这个品牌起死回生，于是便以1.4万美元的价格将其所有权卖给了美国休伯莱恩烈酒公司的约翰·G. 马丁。此时是1938年。休伯莱茵公司将这款产品命名为"白威士忌"，这显然是在开瓶时出了一个错误，于是"不留酒气"的口号就此诞生。这句口号巧妙地宣传了这款产品的干净味道，同时保证你的配偶不会在你喝了一天酒后闻到一身酒气。

这款酒一开始销量并不好，因为那些白天饮酒的人并没有按商家希望的那般完全接受该产品。然而，到了1946年，约翰·马丁来到了日落大道的公鸡和公牛（Cock 'n' Bull）酒吧，跟一个老板聊起来，这位老板的姜汁啤酒投资生意也不太顺利。约翰和杰克将伏特加与姜汁啤酒调配在一起，并用柠檬汁收尾，然后（据称是从另一个生意落败的商人手里）采购了铜杯来盛装酒液，于是"莫斯科骡子"就此诞生。

不久之后，两人购买了一款首批问世的宝丽来相机，然后挨个酒吧拍摄调酒师拿着斯米诺伏特加瓶子和"莫斯科骡子"铜杯摆姿势的照片。他们会将宝丽来照片展示给那些不出售该产品的酒吧老板，拓展销路。顾客对这些东西非常着迷，伏特加革命悄然开始。

这款酒很快便被人称为"小莫斯科"，最初的500个马克杯上就贴有这样的印记。我有一瓶原装未开封的公鸡和公牛酒吧姜汁啤酒，期待将其同一瓶20世纪40年代的斯米诺啤酒调配在一起，然后装入原版铜杯之中。希望有那么一天。

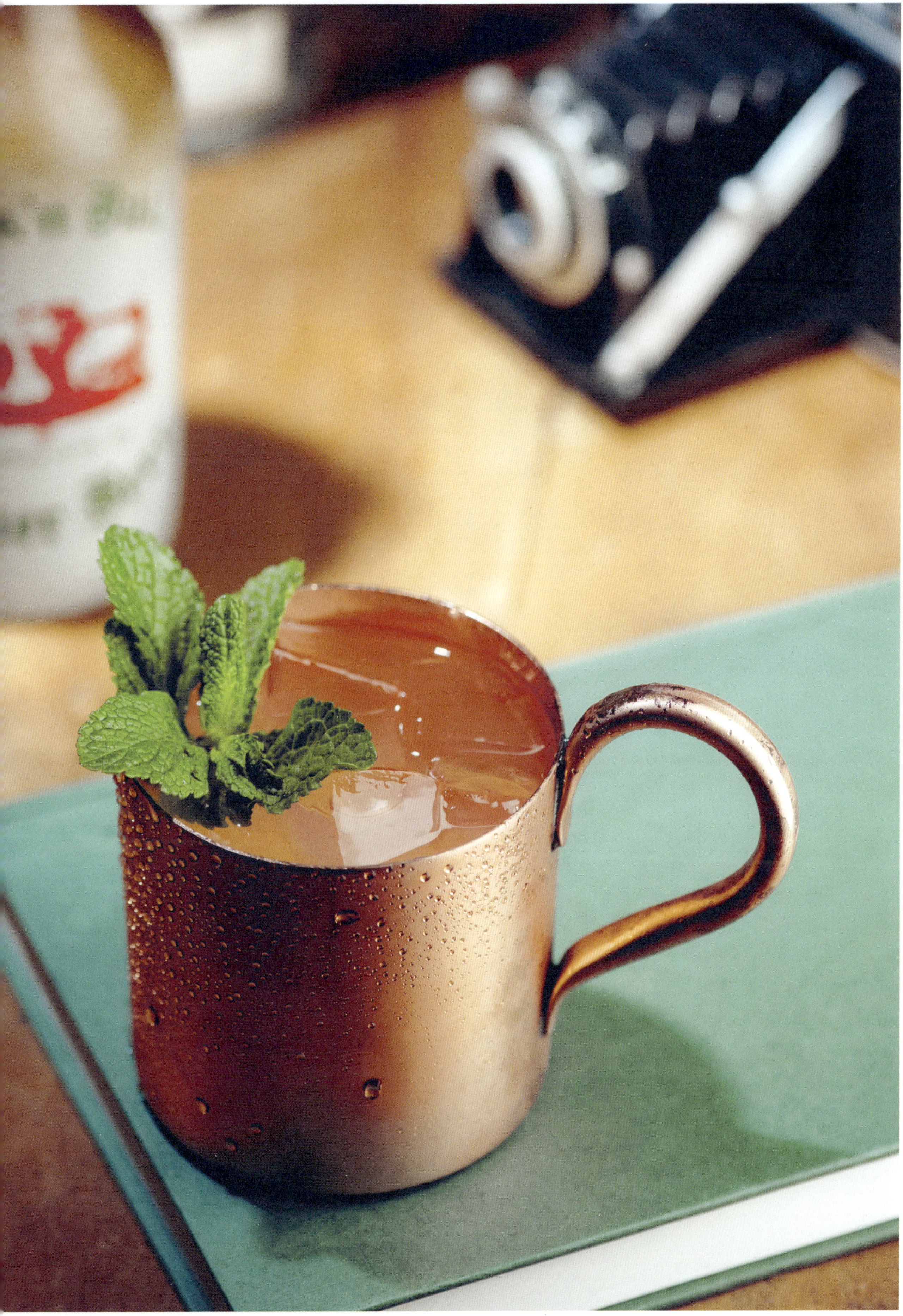

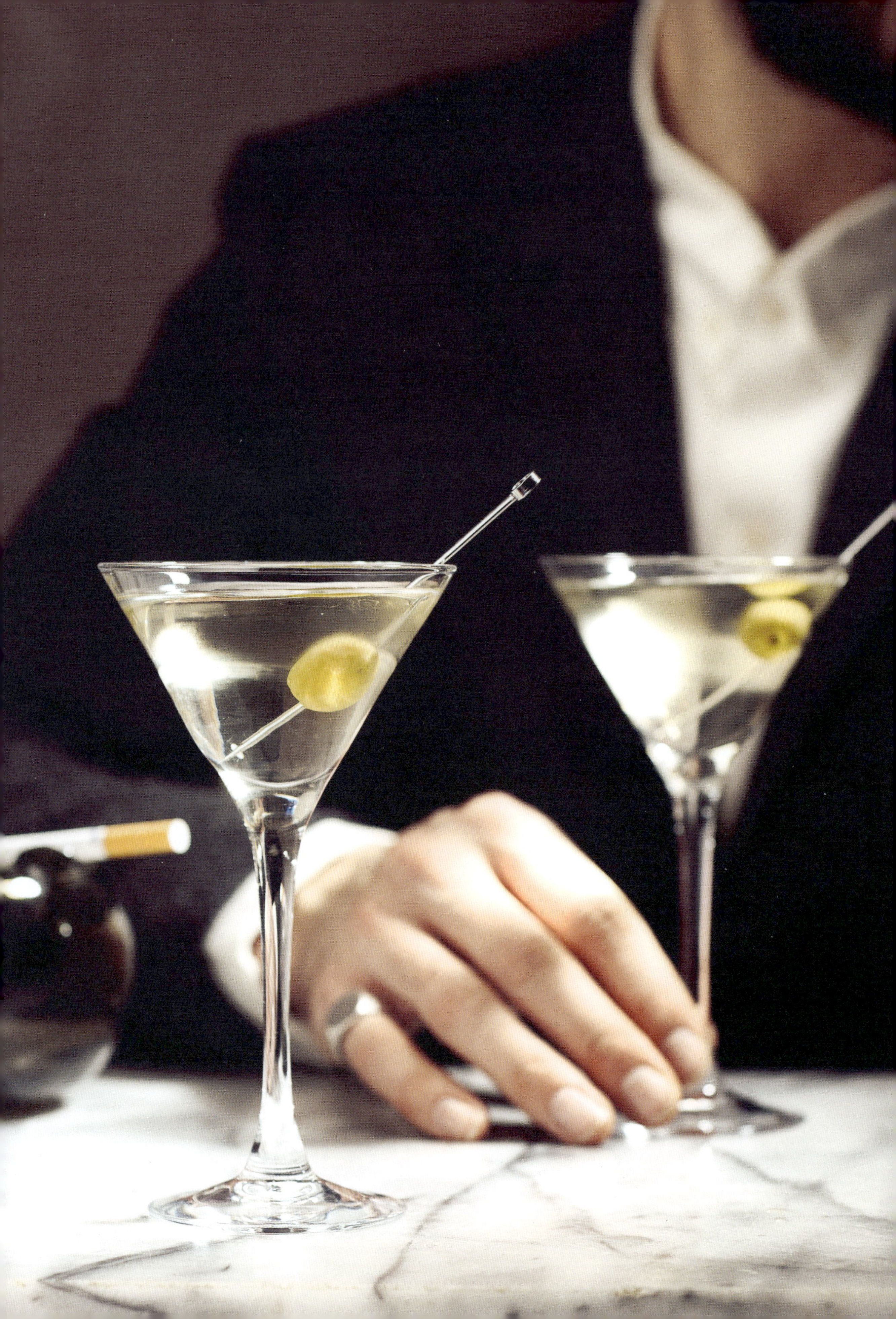

伏特加马提尼

50毫升 / 1⅔液量盎司雪树伏特加

10毫升 / ⅓液量盎司干味美思

柠檬皮

•

在调酒烧杯中放入冰块，然后将两种配料放到冰上调和至少90秒，滤入冷冻马提尼杯中。将一块柠檬皮扭到杯口，喷洒柠檬油，然后丢弃果皮。我不喜欢柠檬皮漂浮在我的马提尼杯中，因为会妨碍饮用并导致剩下的一半酒喝起来全是柠檬味。因此，最好不要这样做！

在20世纪之交，任何听说过伏特加的美国人都认为这是一款农民喝的酒。药剂师杂志《刮刀》（*The Spatula*）在1905年写道，“饮用同类酒品堪比饮用酒精灯里所用的致命烈酒”。然后接着得出结论道，“（伏特加）可能适合莫斯科人在隆冬时节饮用，但在我们这样的气候下，它永远不会流行起来”。然而，他们大错特错了。

首次提及伏特加鸡尾酒的文献于1903年问世，发表在纽约的一份名为《坦慕尼时报》（*The Tammany Times*）的民主期刊上。该期刊虚构了一位名叫鲁姆索兰·威士忌（Rumsoran Whiskey）的醉酒俄罗斯渔夫，他在泡了几杯鲸油和伏特加鸡尾酒稳定情绪后，与假想中的日本舰队交战并将其摧毁。然而，鲸油（鲸脂）几乎算不上配料，于是我们再次聚焦第一款真正的伏特加鸡尾酒。这款酒于1911年出现在新奥尔良圣查尔斯酒店的菜单上，被恰如其分地命名为“俄罗斯鸡尾酒”，由三份伏特加和两份俄罗斯樱桃利口酒组成，并于同年出现在一本鲜为人知的鸡尾酒书籍《豪华饮品》（*Beverage Deluxe*）之中。

直到第二次世界大战后，伏特加的声誉一直含糊不清，争议不断。然而，时移事易，1950—1955年，美国的伏特加进口数量从5万箱增加到了500万箱。虽然金酒和威士忌是老一辈人信赖的烈酒，但轻易就被冷战时期这种炫酷的“新”烈酒取代。伏特加大受欢迎之后，“马提尼”鸡尾酒也很快问世了。

第一次提及“伏特加马提尼”鸡尾酒的文献出自大卫·A. 恩伯里（David A. Embury）的《混合饮料艺术》（*The Fine Art of Mixing Drinks*，1948年）。这本书提供了“伏特加中性马提尼”的配方，即用法国和意大利味美思以及杏仁白兰地混合调制而成。作者提到，伏特加可以代替古典“马提尼”中的金酒，届时便能得到“伏特加马提尼”。在泰德·索西耶1951年出版的书籍《一饮而尽》中，这款鸡尾酒名为“Vodkatini”，配方要求添加“⅘量酒器的斯米诺伏特加和⅕量酒器的干味美思”，并加入柠檬皮作为装饰。在恩伯里书籍的后续版本中，同款的“伏特加马提尼”被称为“袋鼠”，但还没有人弄清楚这款酒与这个有袋动物有何联系……然而，在20世纪50年代的文献中，对“伏特加马提尼”声名鹊起影响更大的却是杜撰文学。提到詹姆斯·邦德，就让人想到“伏特加马提尼”，但改编的电影着实夸大了邦德对这款鸡尾酒的喜爱程度。他虽然嗜酒如命，但更偏爱威士忌和香槟。也就是说，他在《太空城》（*Moonraker*，1955年）这部电影中与M夫人一起喝的纯饮沃夫斯密特伏特加。在这部影片中，他将黑胡椒撒入玻璃杯中，并说道，“在俄罗斯，你时常会在浴缸里喝酒，因此撒上一点胡椒亦可以理解。胡椒可以让杂醇油沉入杯底。”

在第一部邦德小说《皇家赌场》（*Casino Royale*，1953年）中，邦德要求调酒师调配一杯“维斯珀马提尼”（配料：金酒、伏特加和基纳利莱），但在第二部小说《你死我活》（*Live & Let Die*，1954年）中，他喝了第一杯真正的“伏特加马提尼”。弗莱明在书的末尾提供了这款酒的配方（六份伏特加配一份味美思，加以摇和）。

浓缩咖啡马提尼

50毫升 / 1⅔液量盎司雪树伏特加

20毫升 / ⅔液量盎司冲泡浓缩咖啡

10毫升 / ⅓液量盎司糖浆（见第17页）

•

将鸡尾酒调酒壶中的所有配料与冰块一起摇和，然后滤入经过冰镇的马提尼杯中。
克制住用咖啡豆进行装饰的冲动。

在我刚开始担任鸡尾酒调酒师时，鸡尾酒单越长越好，并且燃烧橙皮被认为是创新之举，而"浓缩咖啡马提尼"是最酷的。配料还有咖啡因、酒、糖。20世纪80年代，马提尼杯中的鸡尾酒意义重大，是度过美好夜晚的必备佳品。

"浓缩咖啡马提尼"是基于英国"鸡尾酒之王"迪克·布拉德塞尔（Dick Bradsell）在苏活啤酒店（Soho Brasserie）工作时发明的一款鸡尾酒。故事是这样的（具体情况取决于你问的是谁），一位迷人的女模特来到迪克工作的酒吧，向他点了一杯鸡尾酒，要求是"能让我兴奋起来，欲仙欲死"。要是所有的酒水点单要求都如此明了就好了。迪克看到了酒吧新买的闪亮浓缩咖啡机，于是立即将伏特加、浓缩咖啡和糖调配到一起，然后装入马提尼杯中。"浓缩咖啡马提尼"由此诞生。

20世纪80年代和90年代，浓缩咖啡日益流行，"浓缩咖啡马提尼"也必然大行其道。这款鸡尾酒中的浓缩咖啡可谓是一举三得：首先，它掩盖了伏特加中的酒精；其次，它会给饮用者带来咖啡因刺激；最后，它让这款酒变成令人惊叹的不透明的棕色。此外，如果你使用的是优质咖啡豆并正确萃取浓缩咖啡，那么杯口还会产生浅色泡沫，这是由溶解在咖啡液中的二氧化碳气泡产生的。用半品脱的玻璃杯盛一杯"浓缩咖啡马提尼"，看起来就像一杯健力士啤酒！

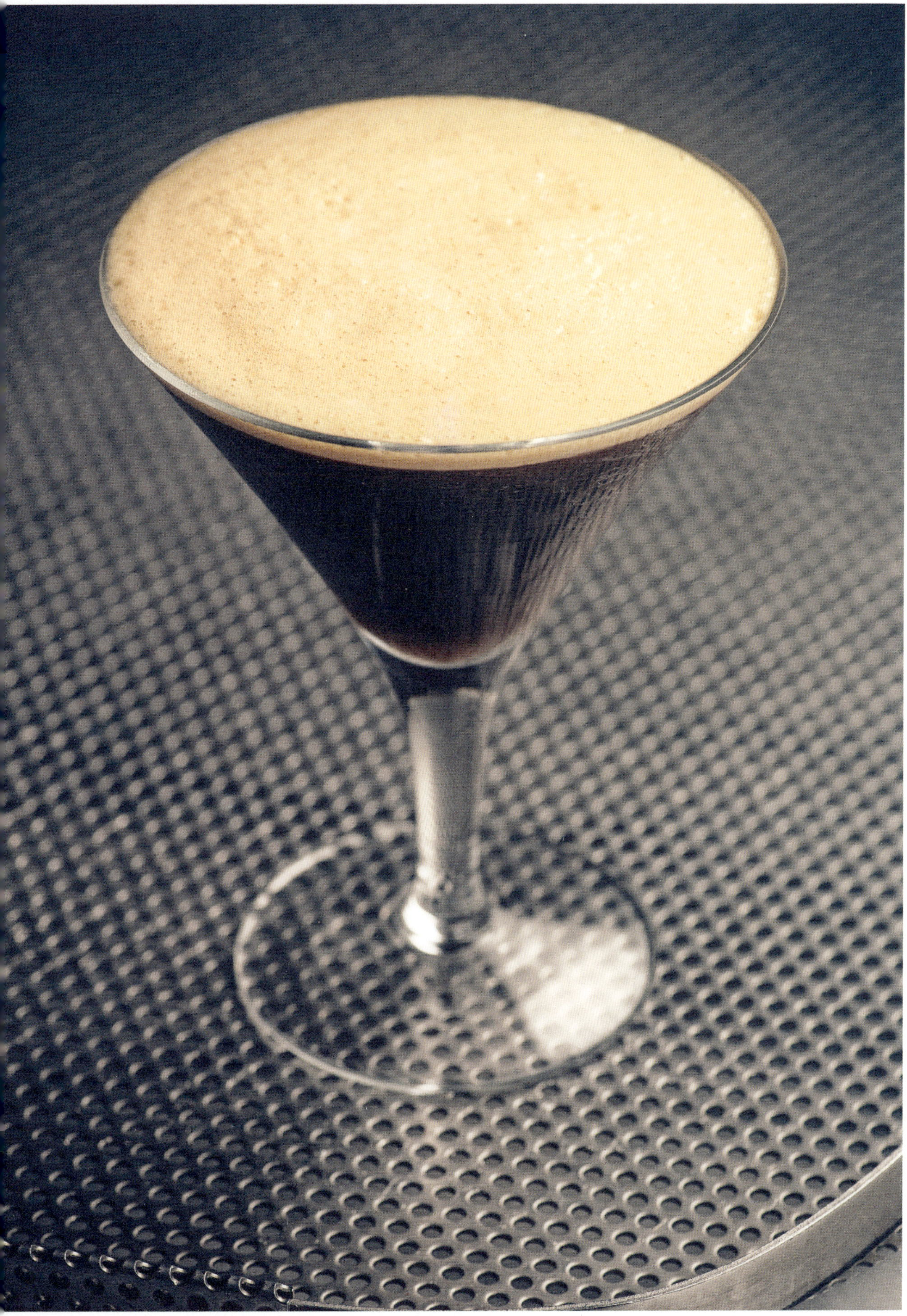

ESTD 1830
LISKER
GLE MALT
TCH WHISKY
rom the rugged western shores of the
le of Skye comes a richly flavoured,
maritime malt, with a warming
fterglow. So easy to enjoy yet, like
Skye itself, so hard to leave.
AGED 10 YEARS
DISTILLED AT TALISKER
E ONLY DISTILLERY ON THE
Isle Of Skye SCOTLAND
DE BY THE SEA
70cl e

威士忌与波旁威士忌

虽然顶级瓶装威士忌可以直接品尝，但威士忌鸡尾酒是所有鸡尾酒吧菜单上的主打产品，因为这种琥珀色烈酒为"曼哈顿"和"古典"鸡尾酒等经典饮品提供了支柱，也为清爽的薄荷茱莉普酒注入了活力。

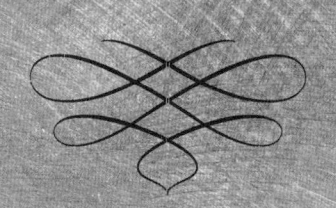

威士忌酸

50毫升 / 1⅔液量盎司苏格兰威士忌
25毫升 / ⅚液量盎司新鲜柠檬汁
12.5毫升 / 少量1汤匙糖浆（见第17页）
½个蛋清（可选）
用一颗马拉斯奇诺鸡尾酒樱桃和一片柠檬装饰

•

在鸡尾酒调酒壶中加入所有配料和冰块进行摇和，滤入调酒烧杯并用棒式搅拌器或Aerolatte奶泡器稍加搅打。将酒液倒入低球杯中，用鸡尾酒樱桃和一片柠檬装饰。

大多数含有威士忌的酸酒配方都会在"whisky"中加入字母"e"，写作"whiskey"，表明该酒的起源是美国（波旁威士忌和黑麦威士忌）或爱尔兰。并非所有酸酒都需要添加苏格兰威士忌，但也不是没人这样做过。我在这款酒中选用苏格兰威士忌的原因很简单——它的味道非常好。倒不是说这款鸡尾酒不能用波旁威士忌、黑麦威士忌、爱尔兰威士忌、印度威士忌、威尔士威士忌、英国威士忌或日本威士忌调配，实际上还可以用任何其他烈酒调配，但我认为苏格兰威士忌酸酒应该得到认可。

酸酒是主打的鸡尾酒系列之一，它本身并不特别出彩，但却是鸡尾酒中不可或缺的一部分。酸酒是其他鸡尾酒系列的基础，比如"费斯酒"（加苏打水摇和的酸酒）、"柯林斯鸡尾酒"（加苏打水调和的酸酒）、"金利奇酒"（加苏打水的青柠酸酒），以及"边车"、"大都会"和"白色佳人"所属的鸡尾酒系列。这些鸡尾酒简单可靠，不时饮用也无可厚非。

杰瑞·托马斯于1862年出版的《如何调配饮料》或《美好生活伴侣》是第一本发布酸酒配方的鸡尾酒书籍。实际上是五种酸酒配方，包括威士忌酸酒（含波旁威士忌）、金酸酒、白兰地酸酒、鸡蛋酸酒（含白兰地和库拉索酒）和圣克鲁斯酸酒（含朗姆酒）。"威士忌酸"配方中写道：

取一大茶匙白糖粉，溶于少量苏打水或阿波林（Apollinaris）水中，加入半个小柠檬的汁。我喝了一杯波旁威士忌或黑麦威士忌。将玻璃杯装满刨冰，摇匀并滤入红酒杯中。用浆果装饰。

在过去150年里，这个配方几乎无甚改变，原因也很充分，这个配方调制出来的味道很好，无须更改。托马斯的配方要求读者即时调配水/糖溶液，但现在我们使用糖浆或树胶糖浆。若将烈酒、柠檬汁和糖浆按照4：2：1的比例组合在一起，大多数时候甚至每次都能调制出平衡的饮品。

为何选用苏格兰威士忌？将苏格兰威士忌和柠檬汁搭配在一起，其亲和力与我能想到的任何两种配料一样强，而且这种搭配还具有一定的药用价值。我还喜欢苏格兰威士忌的麦芽和烟熏（如果适用）香气，在加入柠檬汁的酸甜中和之下，口感变得更加柔和，但又不会淹没苏格兰威士忌的风味。事实上，我发现"威士忌酸"是让不喝苏格兰威士忌的人开始品尝麦芽威士忌的绝佳突破口。

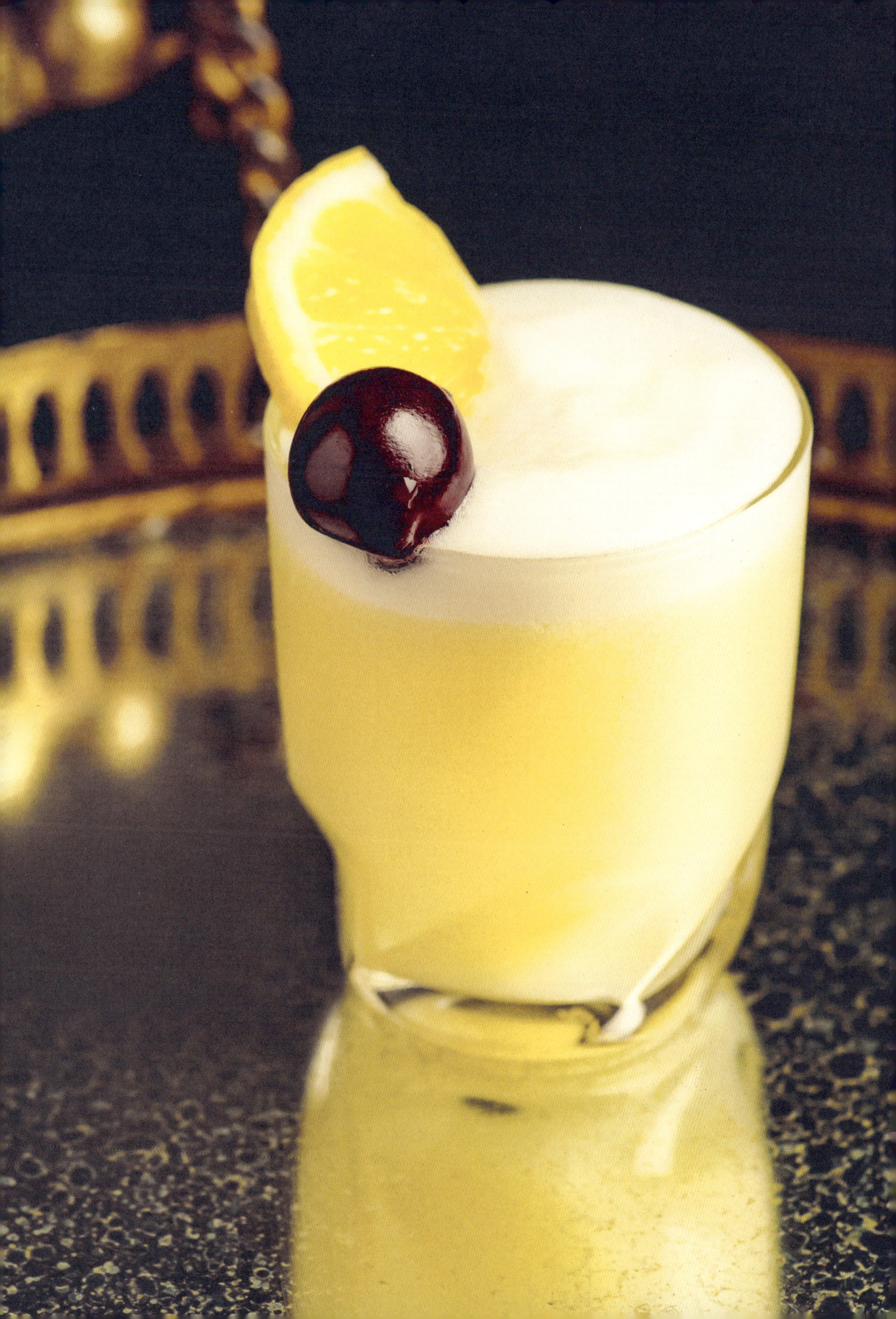

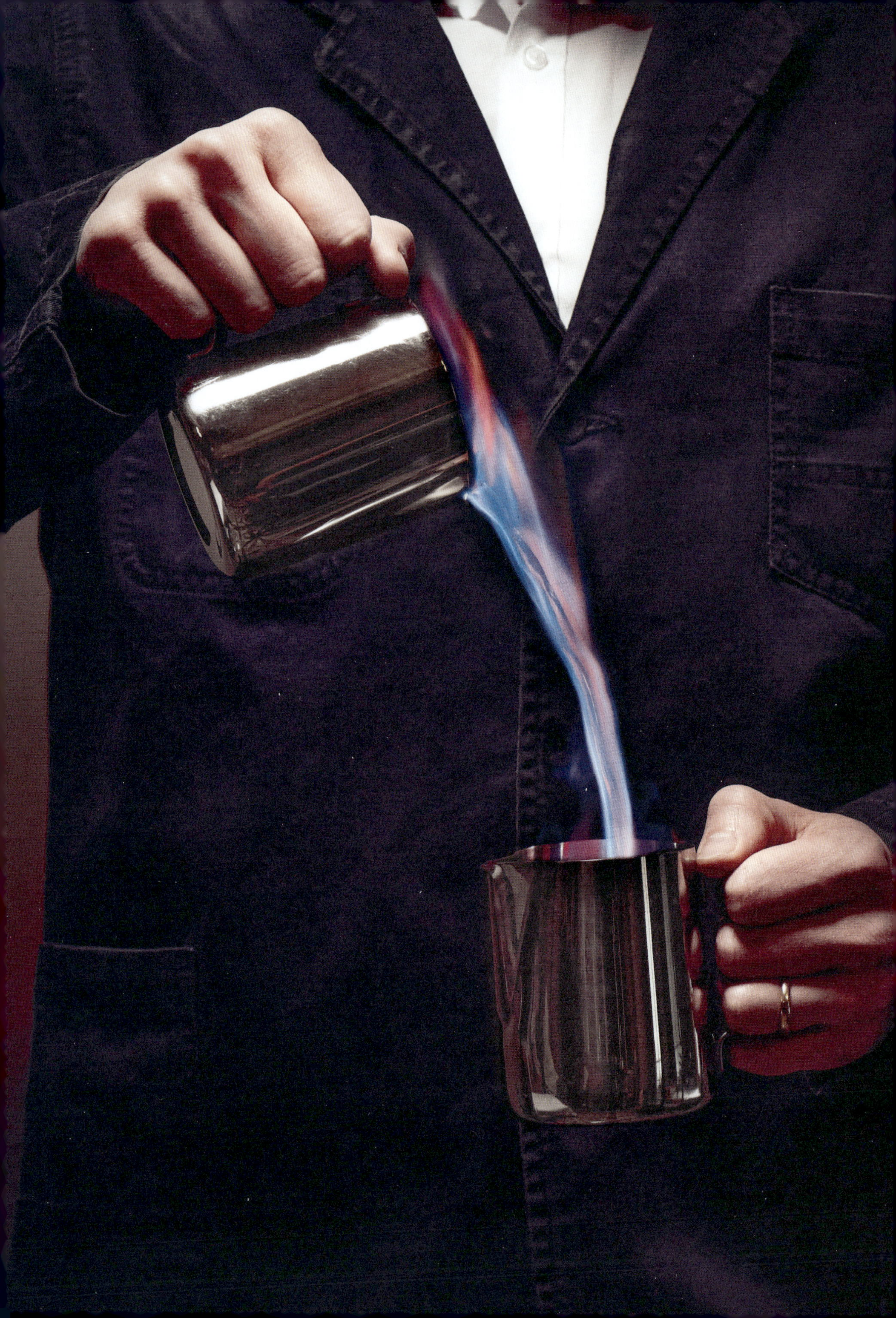

蓝色火焰

120毫升 / 4液量盎司帝王牌12年调和苏格兰威士忌
120毫升 / 4液量盎司沸水
2茶匙糖
用柠檬皮装饰

•

虽然这款鸡尾酒也可以用钢罐（咖啡馆里可用来蒸牛奶的那种）调制，但你会发现使用带有漂亮长手柄的金属耳杯更容易、更安全。这个配方为2人份。

用热水预热两个金属耳杯，将威士忌放入第一个杯中，然后将沸水和糖放入第二个杯中。点燃第一个金属耳杯中的威士忌（如果威士忌是凉的，可能需要多尝试几次），然后在杯中旋转，让火焰充分燃烧。将燃烧的威士忌和水一起倒入第二个金属耳杯中。然后再倒回第一个杯中，再重复这个过程。随着酒液变暖，火焰会变得更加猛烈。经过多次练习之后，可在倒酒时将两个容器之间的距离拉长，从而产生长长的蓝色火焰瀑布效果。若要扑灭火焰，可随时用另一个容器的底部覆盖燃烧的容器来实现。最后，将调制好的酒液倒入有柄的玻璃杯中，并饰以一卷柠檬皮。在调制这款鸡尾酒时，应采取所有必要的安全预防措施。

发明这款鸡尾酒的调酒师出生于19世纪，人们认为他擅长制作各种美味和花哨的东西。然而，在19世纪，"花哨"并不意味着在调制过程中使用干冰和用粉色剪刀切出的橙皮条进行装饰。最初的调酒师们喜欢加入更多的舞台表演技巧，调酒艺术之所以能名声在外，部分原因便是这些酒类娱乐表演。

杰瑞·托马斯是无可争议的美国调酒学之父。19世纪50年代，作为一名旅行调酒师，他在圣路易斯、芝加哥、查尔斯顿、新奥尔良和纽约的数十家酒吧工作过。他于1862年出版的《调酒师指南》（也称为《如何调配饮料》或《美好生活伴侣》）是第一本由美国作家撰写的鸡尾酒书籍，也是第一本成功地将19世纪初诞生的各种调制饮料进行分类的书籍。托马斯的大部分鸡尾酒分类体系至今仍在使用，多款古典鸡尾酒的创作也归功于他。

他最著名的鸡尾酒作品或许便是"蓝色火焰"，这款酒是他在旧金山的埃尔·多拉多（El Dorado）赌场工作时开发的。托马斯会使用一套大号的纯银马克杯，并将燃烧的苏格兰威士忌杯来回"抛掷"，顾客们看得目不转睛，喝彩连连。他在《调酒师指南》这本书中指出，任何目睹这种表演的顾客都会自然而然认为，这款酒不是人间凡品，而是瑶池玉液。

2009年，我在伦敦开设了第一家酒吧，这款"蓝色火焰"便顺理成章地被列入了我们的鸡尾酒单。在这个地下酒吧里，调酒师打着领结，客人们在烛光下阅读菜单，这样的地方非常适合这款酒。然而，酒吧的布局复杂多变，这意味着，在任何特定时间都只有大约20名顾客可以清楚地看到这款鸡尾酒的调制过程。就"蓝色火焰"而言，这是有问题的，因为饮用这款酒的大部分乐趣在于欣赏其戏剧性的调制过程。于是，我们开始在餐桌上调制这款鸡尾酒。这样的做法虽然有一定的危险性，但结合酒精的诱惑力，足以让那些半信半疑的人兴奋起来，但对我来说，再现150年前的精彩表演着实令人兴奋。

花花公子

40毫升 / 1⅓液量盎司美格牌波旁威士忌
20毫升 / ⅔液量盎司金巴利
20毫升 / ⅔液量盎司马提尼罗索味美思
用橙皮进行装饰

•

将所有配料倒入装有冰块的调酒烧杯中调和至少90秒，滤入经过冰镇的碟形香槟杯，将一小块橙皮中的油喷在酒液表面，然后将其用作装饰。

如果这款鸡尾酒的配方看起来很熟悉，那是因为它确实如此。"花花公子"其实就是美国版的"尼格罗尼"，以美国威士忌为基酒调制而成，并因法国的一位美国人而成名。

与许多其他鸡尾酒一样，这款酒是由巴黎哈里纽约酒吧的哈里·麦克艾霍恩发明的。他在《酒吧常客与鸡尾酒》（Barflies and Cocktails，1927年）一书中仅简单提及过这款鸡尾酒，不是罗列在所有鸡尾酒配方中，而是出现在配方后面的后记部分。他在其中讲述了其酒吧常客的滑稽动作："自从厄斯金·格温（Erskine Gwynne）带着他的'花花公子'鸡尾酒闯入酒吧以来，现在是所有酒吧常客来为聚会提供帮助的时候了。这款酒的配料包括：⅓金巴利、⅓意大利味美思、⅓波旁威士忌。"厄斯金·格温是一位从纽约来到巴黎的富有的年轻记者。1927年，他为城里的上流男士创办了一本名为《花花公子》的文学杂志，想必你已经猜到了。从表面上看，这似乎是一个直截了当的鸡尾酒起源故事。在这个故事里，有一位著名的鸡尾酒调酒师用他自己的文字描述了这款酒的发明，还有一个知名记者给它起了一个朗朗上口的名字……但仍有几个问题有待解决。

需要解决的第一个问题是，1927年，哈里·麦克艾霍恩是如何在他的酒吧里备有波旁威士忌的？当然，法国那时还不存在禁酒令，但那时美国的烈酒生产已经暂停了近10年，而且美国生产的唯一威士忌是用于医疗目的。唯一的答案是，麦克艾霍恩在20世纪20年代之前便囤了相当多的波旁威士忌，并且一定对含有这款威士忌的鸡尾酒收取了高额溢价。

第二个令人好奇的是这款酒本身。这款鸡尾酒与"尼格罗尼"极其相似，导致许多鸡尾酒行家误以为这款酒是1919年（或1920年）在佛罗伦萨发明的"尼格罗尼"。哈里·麦克艾霍恩曾出版了一本名为《哈里的鸡尾酒调制入门》（Harry's ABC of Mixing Cocktails，1919年）的早期书籍，但正如人们所预料的那样，书中并未提到"花花公子"或"尼格罗尼"。《酒吧常客与鸡尾酒》（1927年）这本书中也没有提到"尼格罗尼"。事实上，直到1959年我们才看到首次提及"尼格罗尼"的书面文献，那便是科林·辛普森（Colin Simpson）的著作《澳大利亚人和新西兰人的欧洲旅行指南》（Wake Up In Europe: a Book of Travel for Australians & New Zealanders）。

然而，1922年重印版的《哈里的鸡尾酒调制入门》也确实收录了一种新的鸡尾酒，其中含有等量的威士忌、金巴利和味美思。这款新的鸡尾酒是用加拿大威士忌和法国味美思配制而成，名字叫"老朋友"。令人难以置信的是，哈里将"老朋友"的发明归功于另一位居住在巴黎的美国记者，正如我们在归属中看到的那样："该配方由巴黎《纽约先驱报》（New York Herald）体育新闻编辑'麻雀'罗伯逊发明。"

总而言之，整个事情有点混乱。然而，关于酒的记载含糊其辞的情况也并不罕见。不用说，很多关于饮品的文章都是在作者醉酒的情况下写的，你可能也不例外。然而，考虑到我们对哈里在20世纪20年代所能使用的金巴利、味美思和威士忌的了解，我认为，可以公平地说，"老朋友"和"花花公子"鸡尾酒都是完全独立于"尼格罗尼"创作的。那么，现在就还剩最后一个（相当重要的）问题："花花公子"是一款好

酒吗？

使用波旁威士忌代替金酒的好处在于，相较于金酒中柔和清淡的杜松子风味，陈酿烈酒的风味在成品饮料中会更加明显。我和对苦精了如指掌的其他调酒师一样喜欢"尼格罗尼"，但其加入了等量的金酒、味美思和金巴利，要想从中分辨出金酒的风味其实不太可能。"花花公子"这款鸡尾酒则不然。话虽如此，但我仍然认为，最好是增加波旁威士忌的分量，让这款酒大放异彩。如果这样做的话，这款酒又会偏向"曼哈顿"。事实上，如果要绘制一张表示"尼格罗尼"和"曼哈顿"的圆圈维恩图，那么"花花公子"将在两个圆圈的中间交叠处。

尽管背后有这样的渊源，但令人费解的是，"花花公子"却并非顾客经常点的一款鸡尾酒，而只是下了班的酒吧调酒师们在深夜爱喝的酒。你不妨尝试一下！

威士忌与波旁威士忌

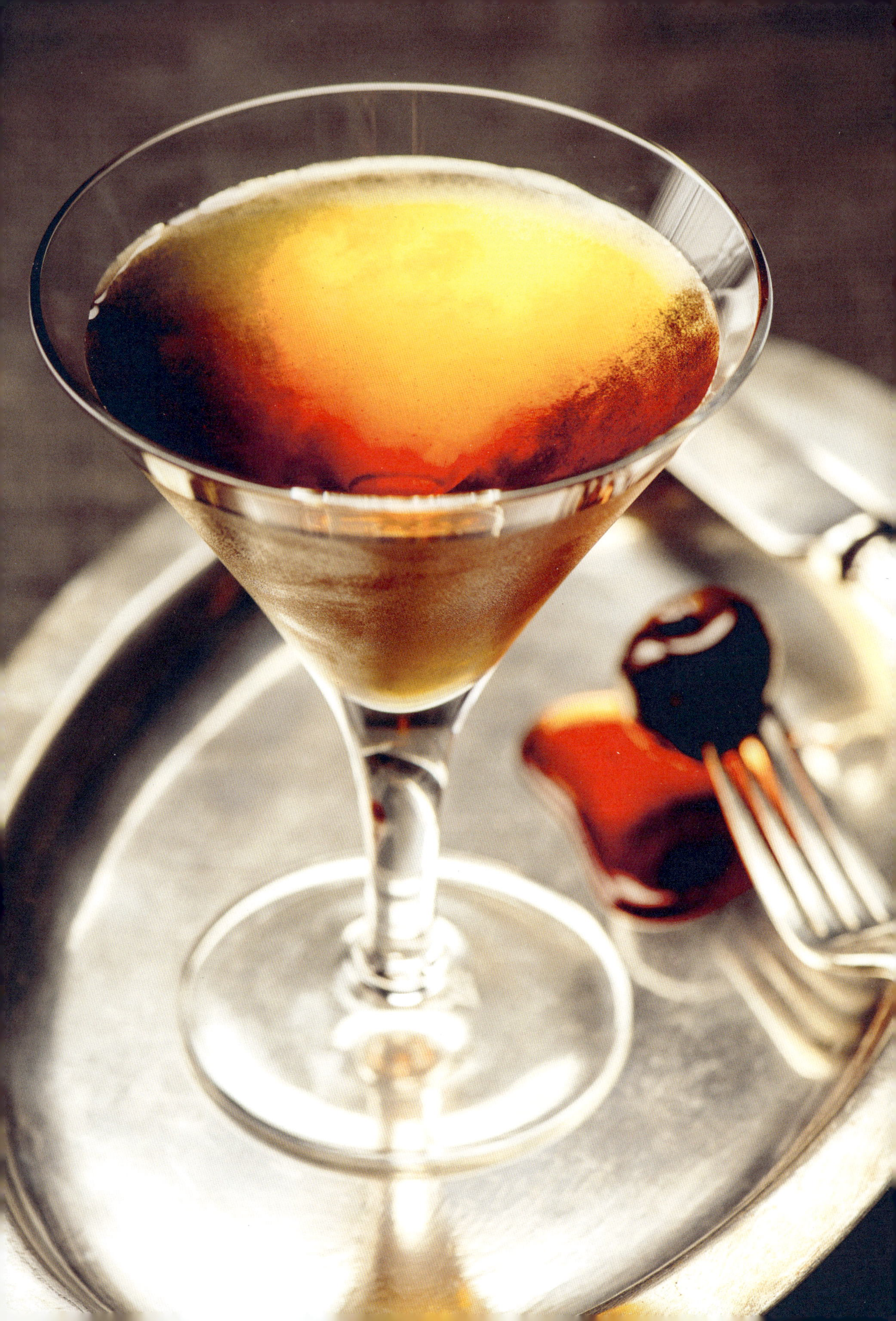

曼哈顿

50毫升 / 1⅔液量盎司活福珍藏波旁威士忌
25毫升 / ⅚液量盎司马提尼罗索味美思
2甩巴布原味苦精
用马拉斯奇诺鸡尾酒樱桃或橙皮装饰

•

将所有配料放入装有冰块的调酒烧杯中调和1分钟，然后滤入经过冰镇的碟形香槟杯中。根据喜好，用一个马拉斯奇诺鸡尾酒樱桃或一小片橙皮装饰。

"曼哈顿"堪称世界上最具标志性的鸡尾酒之一，其中的原因有几个，最明显的原因是，这款酒是以世界上最著名的大都会岛屿之一命名的。另一个原因是，这款酒与大红大紫的"马提尼"鸡尾酒处于同一个社交圈子。事实上，有些人可能会说，"曼哈顿"和"马提尼"一个是"才子"，另一个是"佳人"。最重要的原因是，这两款鸡尾酒的味道都堪称绝妙！"曼哈顿"是我的首选鸡尾酒。每当我在众多饮品中难以抉择之时，我便会选择这款酒，我想要的是一款既熟悉又美味的酒，就像玉米和葡萄酒一样。

关于"曼哈顿"鸡尾酒的发明，有一个故事流传甚广，但很可能不太真实。不过这个故事真的太精彩了，因此我还是要讲给大家听，我猜你了解这个故事之后也会觉得它应是真的！据说，1874年，伊恩·马歇尔（Ian Marshall）博士发明了这款鸡尾酒。显然，他那时正在纽约曼哈顿俱乐部参加珍妮·杰罗姆［Jennie Jerome，又名伦道夫·丘吉尔（Randolph Churchill）夫人，是温斯顿·丘吉尔（Winston Churchill）的母亲］举办的宴会。这次宴会是为了纪念总统候选人塞缪尔·J.蒂尔登（Samuel J. Tilden）而举行的。据称，这款鸡尾酒大获成功，随着消息传开，其他酒吧的顾客也开始点这款在曼哈顿俱乐部扬名的鸡尾酒。

可悲的是，这个故事有一个大问题。在所谓的宴会当天，伦道夫·丘吉尔夫人其实身在英国布伦海姆，为她刚出生的儿子温斯顿施洗礼。这实际上带来了不便，原本将如此伟大的饮酒者与如此伟大的饮品联系在一起是合适的。

奇怪的是，你几乎可以选用任何两份烈酒加一份甜味美思调配到一起，然后再加入一甩苦精，就可以自信地认为，这款酒的味道可能会相当不错。如果你选择的是干邑白兰地，那么调配出来的鸡尾酒便是"哈佛"（见第187页），如果选择金酒，那么便是"马丁内斯"（见第60页），如果选择苏格兰威士忌，则会是"罗伯洛伊"（见第114页），依此类推。不过，也许没有一款比"曼哈顿"效果更好。

有些人认为"曼哈顿"应该用黑麦代替波旁威士忌制成。我在配方中还是选择的波旁威士忌，因为它更容易获得，但是，与大多数鸡尾酒一样，具体还是取决于个人选择，如果选择黑麦，则口感会更辣一点，也许更有"男人味"一点。

薄荷茱莉普

50毫升 / 1⅔液量盎司老侦察兵波旁威士忌
10毫升 / ⅓液量盎司糖浆（见第17页）
用带枝条的12片薄荷叶装饰

•

将所有的配料加入茱莉普听或低球杯中，并用吧勺与碎冰充分搅拌。根据需要添加更多的冰块，并用几枝薄荷叶装饰（以释放香气）。如果用低球杯饮用，请配上吸管。

"茱莉普（julep）"一词源自波斯语"gulab"，意思是玫瑰水。在18世纪，茱莉普成为一种流行的药用浓浆，旨在治疗胃部不适。当时，这种浓浆加入了各种类型的香草和香料，并添加了糖，有时还加了酒。茱莉普与其他种类的药用冲饮的区别在于，它的所有配料都是可溶的，并且所得液体是透明的。通过研究，我发现了一本1791年在苏格兰爱丁堡出版的书，名为《家庭医学》（Domestic Medicine），其中包括"麝香朱利酒"的配方，需要烈酒、麝香、肉桂和薄荷水。这个配方是为了消除打嗝。

然而，在美国，茱莉普开始成为早晨提神饮料，从而受到追捧。1803年，英国旅行家约翰·戴维斯（John Davis）首次在印刷品中引用了"薄荷茱莉普"，并提到这是一种他在弗吉尼亚种植园喝过的饮品。戴维斯将这款饮品描述为"弗吉尼亚人早上喝的一杯泡有薄荷的烈性酒"。

茱莉普是肯塔基德比赛马会的代名词，这是一年一度在肯塔基州路易斯维尔举行的纯种赛马比赛。在肯塔基德比赛马会周末期间，丘吉尔唐斯赛马场估计为观众制作了12万杯"薄荷茱莉普"。德比博物馆报道称，"薄荷茱莉普"于1938年成为丘吉尔唐斯赛马场的招牌饮品，同年，该赛马场以每杯75美分的价格将其装在纪念杯中出售。

与许多最经久不衰的鸡尾酒一样，茱莉普是一种需要提前准备，耐心配制。采摘薄荷、准备冰块以及缓慢调和波旁威士忌会让人产生一种仪式感，让这款酒的饮用者充满期待。刚点完5秒就递给你的茱莉普永远不会如你多加等待的那样好。而且，就像几乎所有最好的鸡尾酒一样，茱莉普的配料极其简单：威士忌、薄荷、糖、冰。仅此而已！如此简单，意味着这款酒也可以进行定制。用甜茶制作碎冰是对这款鸡尾酒的众多改良中我最喜欢的一种。

茱莉普一般盛装在上面带有茱莉普过滤器的茱莉普听中。这款鸡尾酒的诞生早于现代鸡尾酒中吸管的使用，虽然碎冰可以将薄荷固定在适当的位置，但你仍然需要一些东西来防止碎冰掉落到你的脸上。

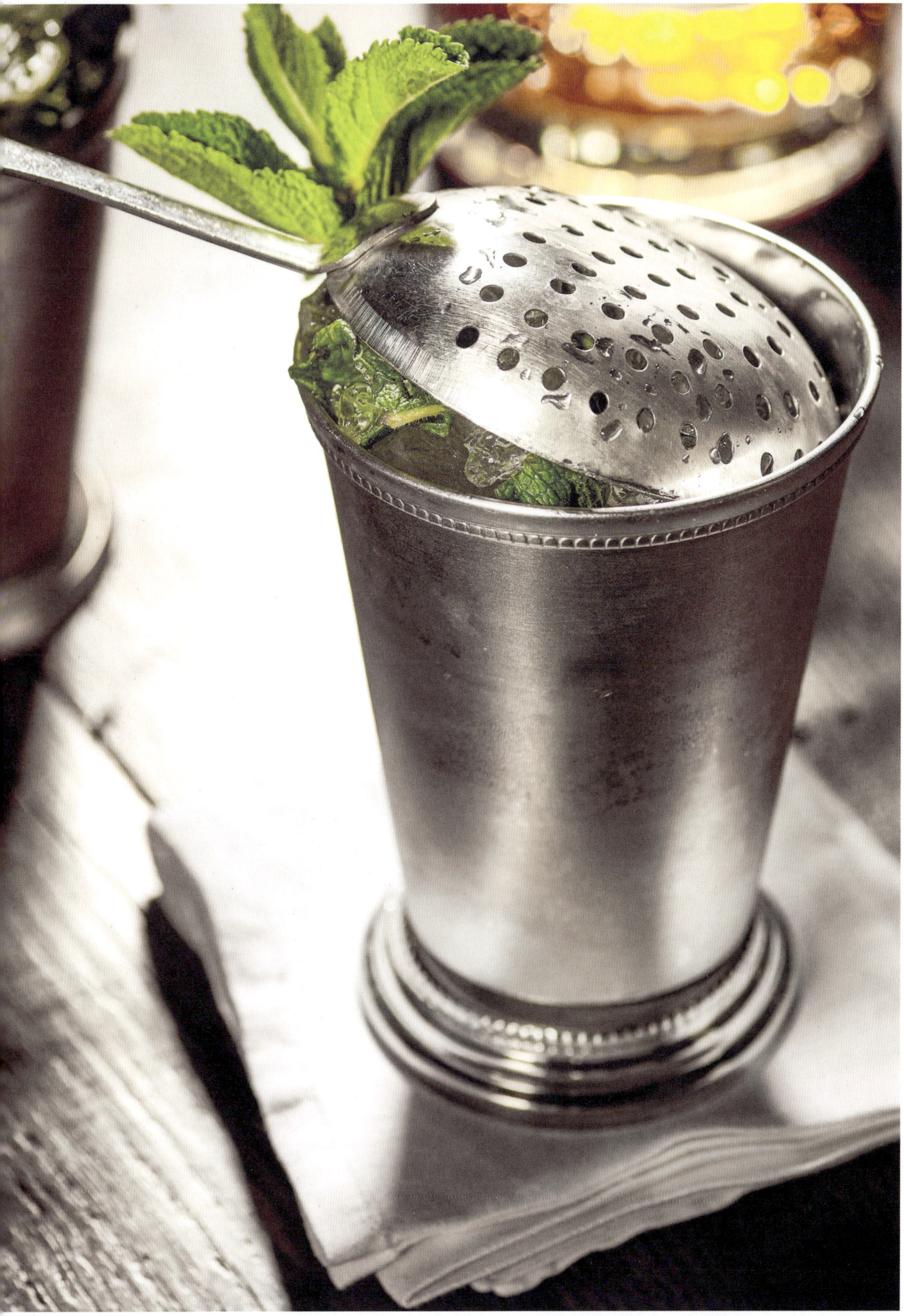

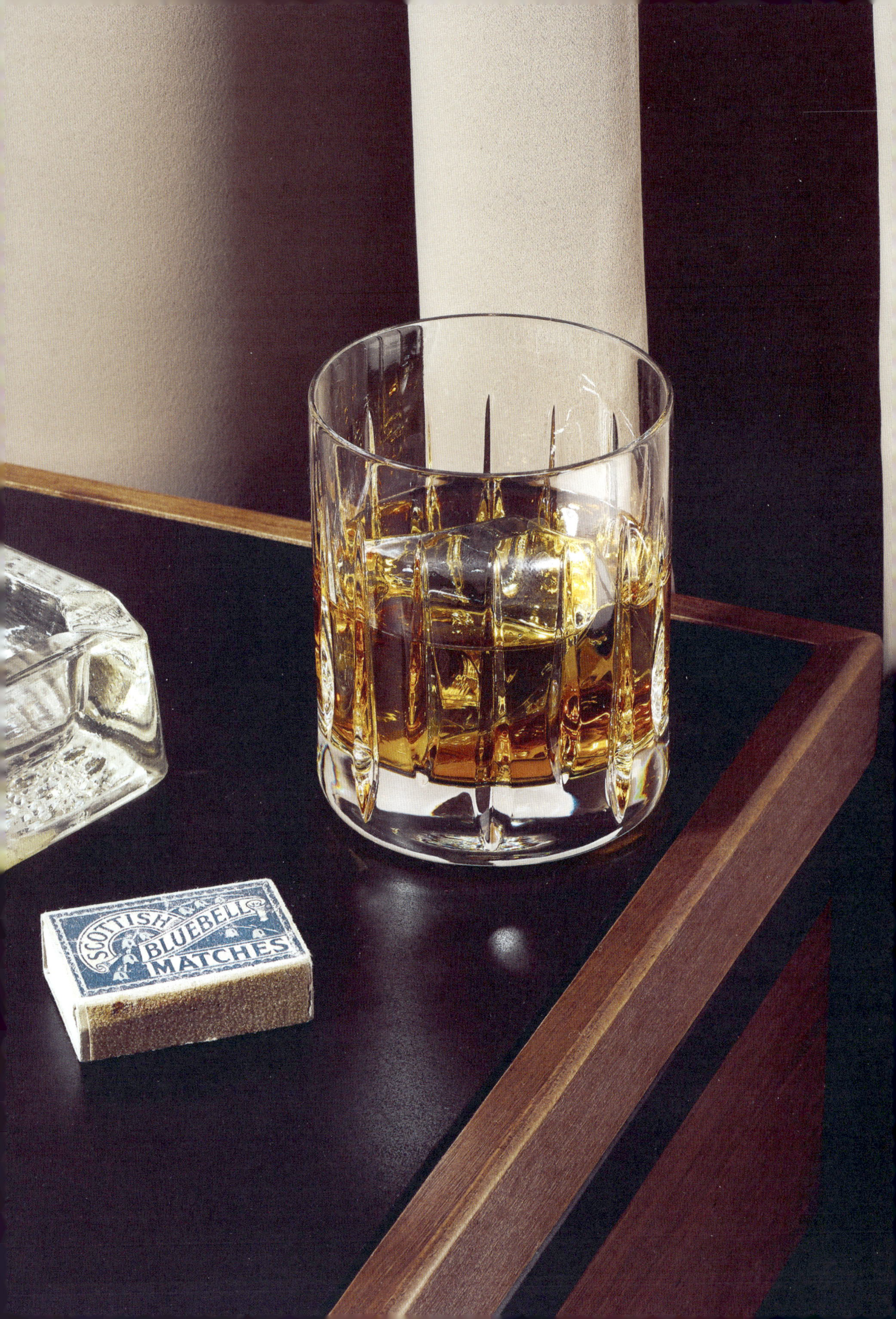
SCOTTISH
BLUEBELL
MATCHES

生锈钉

40毫升 / 1⅓液量盎司帝王牌12年苏格兰威士忌
20毫升 / ⅔液量盎司杜林标利口酒

•

取一大块冰放入低球杯中,然后将威士忌和杜林标利口酒倒在酒液表面,充分调和1分钟。
就这么简单。

　　如果你连一款美味的"生锈钉"都调不出来,那么可能是时候放弃调酒了。毕竟,一款仅包含两种配料的鸡尾酒应该足够简单到平衡任何人的口味。这两种配料一种是苏格兰威士忌,另一种是糖化并添加了草药风味的苏格兰威士忌。如果喜欢再甜一点,那就多加一点杜林标利口酒。如果喜欢再干一点,那就少加一点杜林标利口酒。只有那些天生完全无法理解自己为何喜欢或不喜欢某种味道,或者无法适当改变事物的人,才有可能把这款酒搞砸。

　　那么杜林标利口酒是什么东西呢?从最基本的意义上来说,它是一种威士忌利口酒,用石楠花蜂蜜、一束其他香草和异国香料调味。杜林标利口酒这个名字源自苏格兰盖尔语"dram buidheach",意思是"令人满足的饮品"。在寒冷的苏格兰夜晚,在明火的照耀下,这款酒的确能令人满足。

　　这款酒的公认历史是一个关于苏格兰精神的故事,为其增添了各种奇幻色彩。故事始于英俊王子查理[查尔斯·爱德华·斯图尔特(Charles Edward Stuart)],又名"小王位觊觎者"。1745年,詹姆斯党叛乱失败后,他流亡到斯凯岛,而不是登上英格兰、苏格兰、爱尔兰和法国的王位。查理百无聊赖,开始纵情酒色——法国白兰地是他最喜欢的酒。查理有自己的治疗利口酒配方,该配方是由私人医生或药剂师为他配制的,这在当时的贵族中很常见。据说,查理于1746年与他的朋友约翰·麦金农(John MacKinnon)船长分享了他的补品配方,但是这些年来,杜林标利口酒在这件事上的证词至少发生了两次变化。19世纪初的广告称,是"查理王子的追随者"将这种精神带到了苏格兰,后来又改为"查理王子的侍卫先生"。

　　实际上,没有人确切知道约翰·麦金农是如何获得这个配方的,但大多数人都认为这款酒最初可能是以白兰地为基酒调成的。大约150年来,麦金农家族一直严守这个配方的秘密,后来这个配方又传到了在斯凯岛经营布罗德福德酒店(Broadford Hotel)的罗斯家族。罗斯家族于1893年注册了杜林标利口酒商标。这款酒的生产后来又转移到爱丁堡,公司被马尔科姆·麦金农(Malcolm MacKinnon)收购(此人与故事中的其他麦金农并无关系),从那时起,这家公司就一直保留在他的家族中。

　　如今,杜林标利口酒因富有争议而闻名。我的朋友和同事们,有的喜欢这款酒,有的则不喜欢,但很少有人保持中立。据我所知,一般的经验法则是,如果你不讨厌非常甜的东西的话,你应该会喜欢这款酒。"生锈钉"就是由此而来。简单调整比例即可获得你想要的甜度和草本风味。

泡菜汁威士忌

50毫升 / 1⅔液量盎司尊美醇爱尔兰威士忌
50毫升 / 1⅔液量盎司莳萝泡菜汁

•

将两种液体倒入单独的短饮杯中。先喝威士忌,再喝泡菜汁。仅此而已!

我第一次接触到"泡菜汁威士忌"是由肥鸭餐厅(The Fat Duck)的乔奇·乔基·皮特里(James 'Jocky' Petrie)介绍的。有天晚上,他坐在珀尔(我的第一家伦敦酒吧)喝了几杯后,开始对一种混合了爱尔兰威士忌和泡菜盐水的疯狂饮料赞不绝口。这样的搭配听起来既恶心又迷人,于是我立即派酒保去商店买一罐莳萝泡菜。乔基指示我们将爱尔兰威士忌倒入一个短饮杯中,然后将莳萝泡菜罐中的泡菜汁倒入另一个短饮杯中。先把威士忌一饮而尽,然后再喝酸甜可口的泡菜盐水。味道令人惊奇。

那么此等美味是如何产生的呢?原因在于,泡菜汁的浓郁甜味、酸味和咸味似乎很好地消除了威士忌的酒精味。不仅如此,它还能很好地与烈性酒搭配,留下一种甜甜的、太妃苹果的余味,一点也不难闻。这种喝法与"特基拉酒"和"桑格里塔"(见第174页)的喝法没有什么不同,虽然口味组合大相径庭,但殊途同归。

我必须承认,目前我是爱尔兰"泡菜汁威士忌"的拥护者,虽然它并不一定符合这款酒的历史根源。2009年,纽约市布雷斯林(Breslin)酒吧的T. J. 林奇(T. J. Lynch)让选用尊美醇牌威士忌调制出的"泡菜汁威士忌"名声大噪,但在此之前的至少一两年,是用的波旁威士忌。据纽约调酒师托比·切奇尼(因其在"大都会"的发明中发挥的作用而闻名)称,他是2007年在布鲁克林威廉斯堡附近的布什维克乡村俱乐部第一次喝到这款酒,当时里面搭配的是老乌鸦波旁威士忌。喝这款酒的仪式似乎是受到得克萨斯州长途卡车司机们的烈酒加泡菜汁文化的启发。据说盐可以帮助保持水分,防止卡车司机宿醉头痛。由于得克萨斯州与墨西哥接壤,因此这个想法最初来自"桑格里塔"似乎是合理的。

不管怎样,在这款酒中,泡菜汁的质量远比威士忌的质量重要,因为这种喝法的目的是清除劣质酒的口感,所以请慎重选择泡菜!

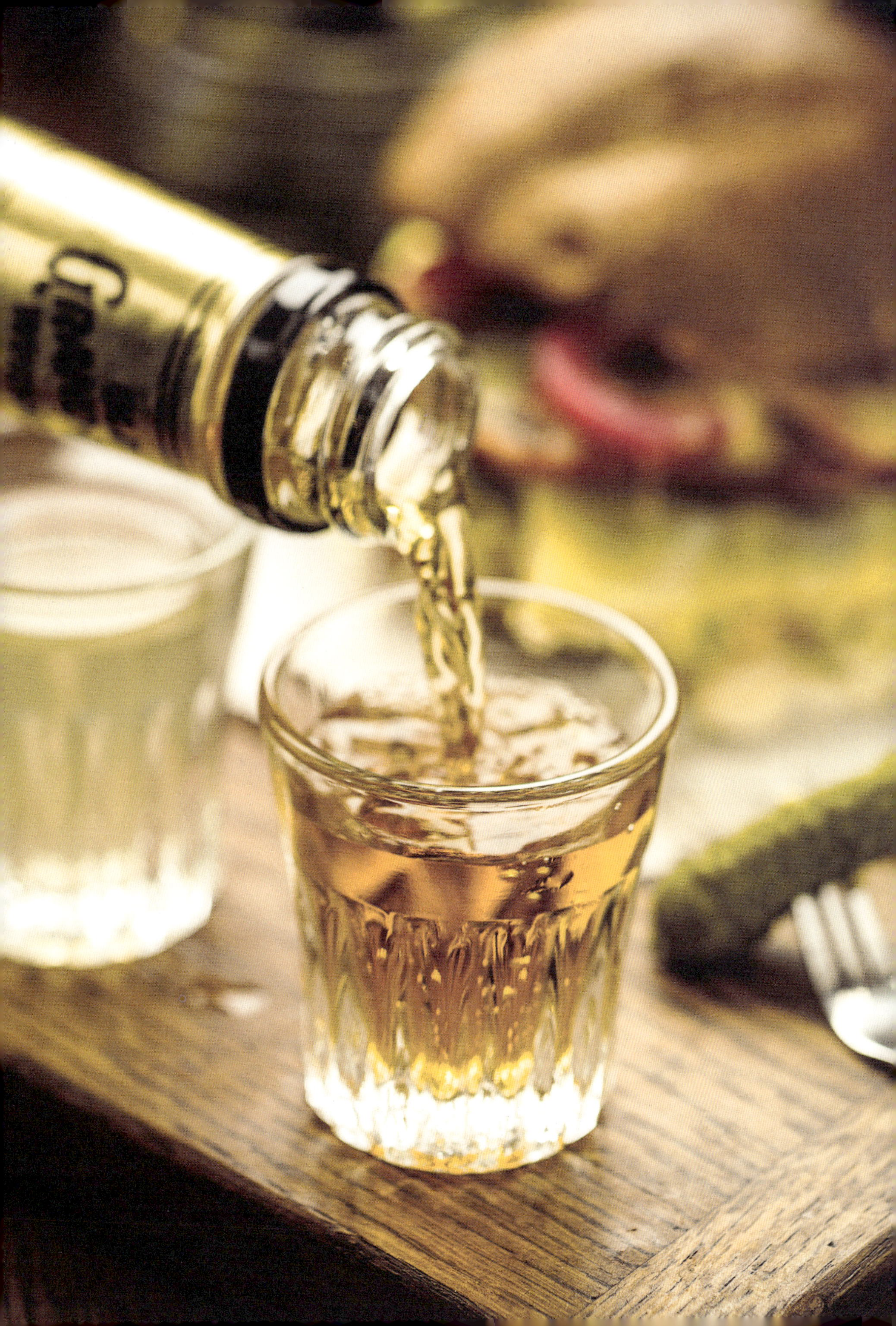

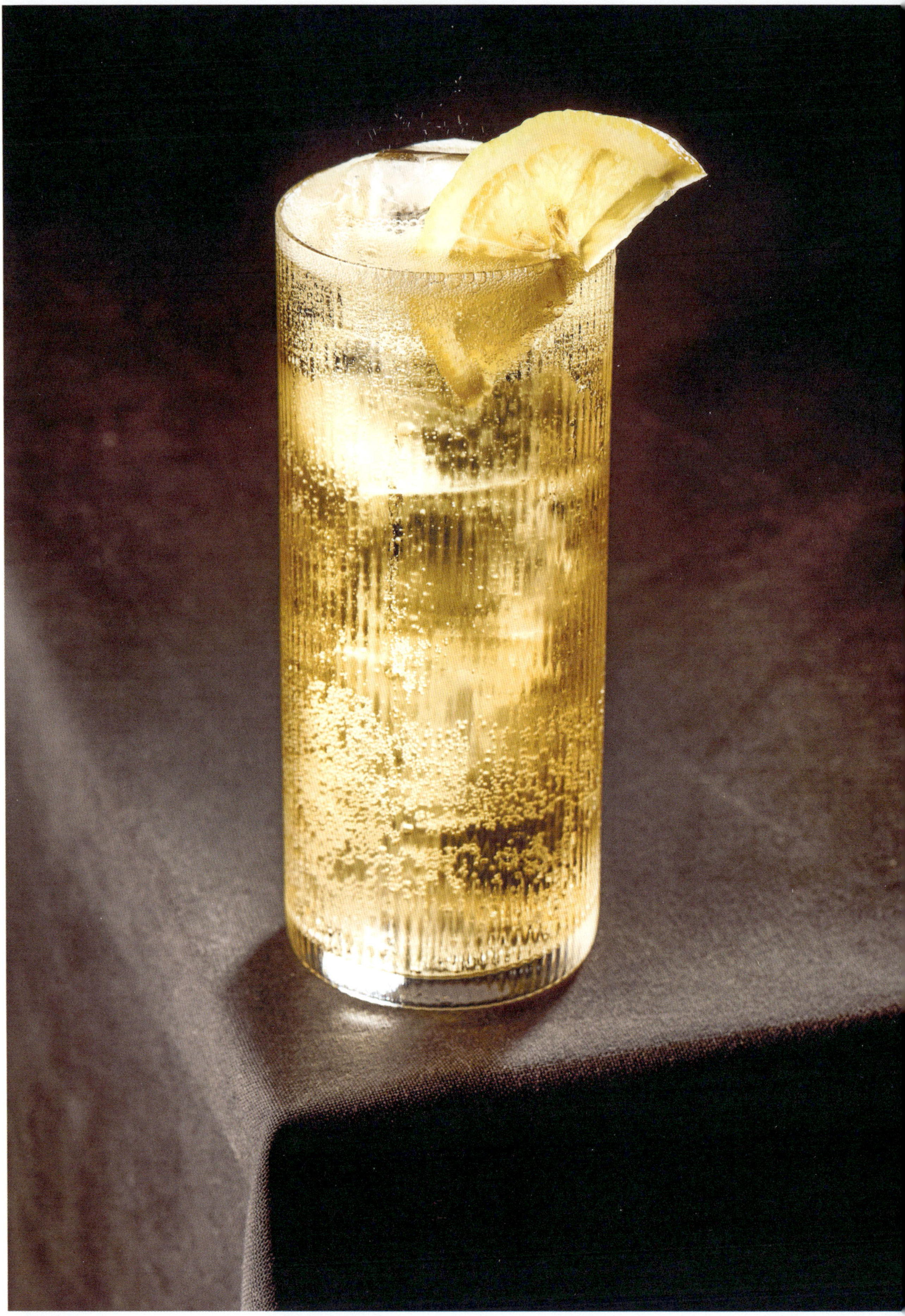

威士忌高球

40毫升 / 1⅓液量盎司科瓦尔四谷物威士忌
120毫升 / 4液量盎司冰苏打水
用柠檬片装饰

•

将威士忌加入装有冰块的冰镇高球杯中稍加调和，加满苏打水，再轻柔地调和几下。用一片柠檬装饰。

❧

　　我是高球鸡尾酒的拥趸，并且认为它们是品鉴威士忌的最佳入门途径之一。小口慢品美味的黑麦或单一麦芽威士忌并欣赏其酿造工艺的独特性是让我喜欢的事情了，但我同样喜欢的事情之一就是在温暖的下午享受一杯冰镇的泡腾高球鸡尾酒。

　　这款鸡尾酒其实起源于英国。最初的高球是以白兰地为基酒的鸡尾酒，于19世纪中叶在欧洲流行起来。后来，苏格兰威士忌开始流行起来，进而取代了白兰地成为基酒。纽约酒保帕特里克·达菲（Patrick Duffy）声称，高球是演员E. J. 拉特克利夫（E. J. Ratcliffe，1863—1948年）于1894年从英国带到美国的。达菲在其1934年出版的《官方调酒师手册》（*The Official Mixer's Manual*）中写道，"我最大的希望之一是高球能够再次成为主导的美式鸡尾酒"。

　　20世纪中叶，这款酒的人气达到顶峰，频繁出现在英国电视上，从温斯顿·丘吉尔到詹姆斯·邦德（在弗莱明的小说中，邦德喝的高杯比"马提尼"还多），大家都在喝这款酒。然而，它并没有像达菲所希望的那样在美国重新流行起来，哪怕在英国，如今也不再流行。

　　不过，这种情况有望改变。我相信高球是调制饮料中的下一个热门。不相信我？那么不妨自己动手调制一杯，然后告诉我它有多美味……

罗伯洛伊

50毫升 / 1⅔液量盎司苏格兰威士忌
25毫升 / ¾液量盎司马提尼罗索味美思
2甩橙味苦精
1甩糖浆（见第17页，可选）
用橙皮装饰

•

将所有配料加入有冰块的调酒烧杯中调和约90秒，滤入已经冰镇的碟形香槟杯，并用少许橙皮装饰。

注意：如果你喜欢甜食，或者你使用的是苏格兰威士忌，那么你可能需要添加一点糖浆。

罗伯洛伊·麦克格雷格（盖尔语中的Raibeart Ruadh，意思是"红色罗伯特"）是18世纪早期的亡命之徒，据大家所说，他是苏格兰版的罗宾汉（即他擅长使用弓剑，并且容易和比他更有钱的人打架——也可能是每个人。）虽然已经尽力，但我还是找不到这个姜黄色头发的男人（"红色罗伯特"便是因此得名）与完美精制的调制饮料之间有任何联系……直到1894年。

红罗伯特去世约150年后，美国作曲家雷金纳德·德·科文（Reginald De Koven）将他的生平故事改编成了轻歌剧。19世纪末，为了纪念新的音乐剧或戏剧而制作饮品是很常见的。这种趋势一直延续到电影业的早期，出现了"血与沙"（见第122页）、"葛丽泰·嘉宝"和"梅·韦斯特"等饮品。这款"罗伯洛伊"被认为是在位于纽约市先驱广场拐角处的华尔道夫酒店发明的，罗伯洛伊秀在那里首次开幕。

"罗伯洛伊"和"曼哈顿"（见第105页）之间的一个明显区别是，前者历来需要橙味苦精，而不是"曼哈顿"中使用的安格仕苦精或波克苦精。这为饮品增添了一丝清新的气息，根据你所使用的苏格兰威士忌的不同，它能出色地提升饮品的明亮度，还能避免曼哈顿鸡尾酒有时容易出现的过于甜腻的香料味的情况。

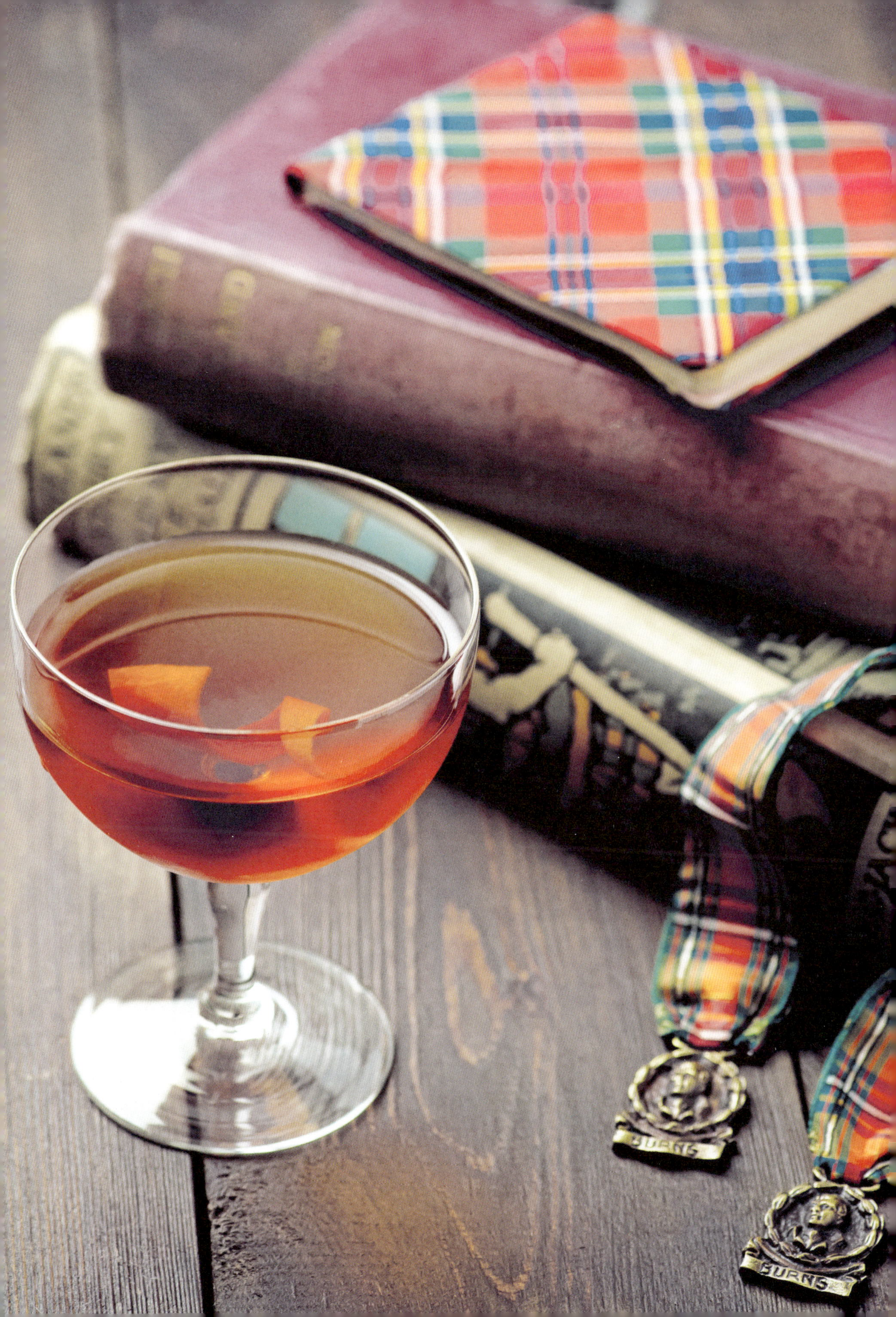
BURNS
BURNS

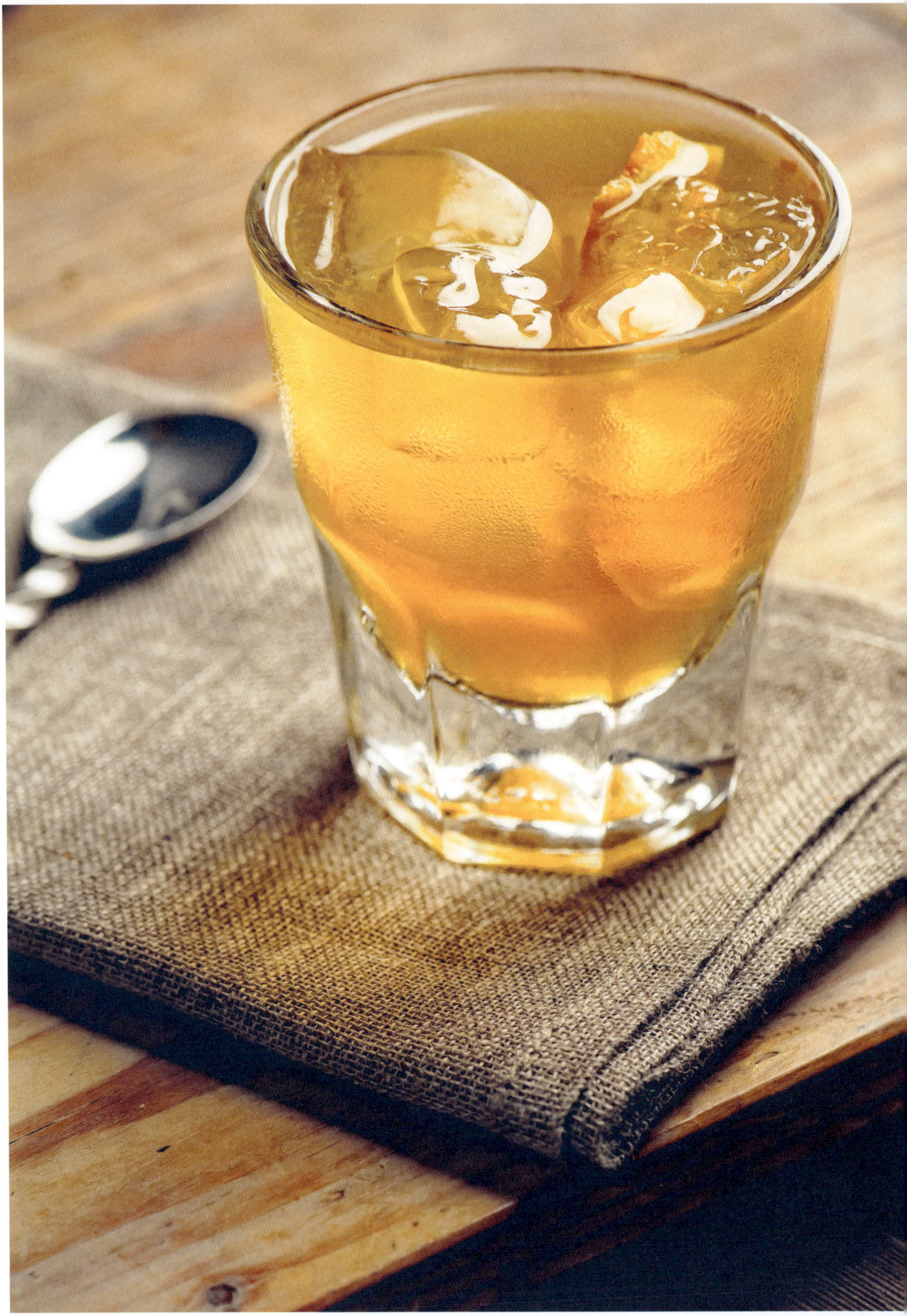

古典

60毫升 / 2液量盎司老爷帽宾夕法尼亚黑麦威士忌
10毫升 / ⅓液量盎司红糖糖浆（见第17页）
10毫升 / ⅓液量盎司水
1甩安格仕苦精
用橙皮或马拉斯奇诺鸡尾酒樱桃装饰

•

将所有配料添加到装有冰块的古典杯中，充分调和1~2分钟。用橙皮或鸡尾酒樱桃装饰。

"鸡尾酒"一词最早出现在1798年的伦敦，但我们只能猜测这种饮料可能含有哪些成分……几年后，1806年5月，纽约哈德逊市《天平和哥伦布知识库》(The Balance and Columbian Repositor) 杂志的编辑哈里·克罗斯威尔（Harry Croswell）告诉我们：

> 鸡尾酒是一种刺激性烈酒，由任何种类的烈酒、糖、水和苦精调制而成。

如果你了解自己的饮品，你会立即意识到，这在本质上就是"古典"鸡尾酒的配方（其中的水是通过冰融化获得的）。这是因为，在当时，我们所知道的"古典"被简单地称为"威士忌鸡尾酒"，因为根据定义，它就是这样称呼的。一晃50年过去后，鸡尾酒的品种越来越多，调制手法越来越复杂，许多鸡尾酒都添加了果汁和高档进口烈酒进行改良。到那时，你的祖父母辈喝的酒（如威士忌鸡尾酒）似乎有点古怪，而且……过时了。

有些人喜欢在这款酒中添加砂糖，但直接在冷酒精饮料中加糖可能不易溶解，会令人沮丧，所以我选择添加糖浆。一些调酒师坚持在他们的"古典"酒中加入水果（樱桃、橙子……甚至菠萝）。我非常反对这种做法，因为既破坏了这款酒的外观，而且对味道也没有好处。

"古典"是一种非常简单、令人放心的烈性饮料，而不是水果沙拉。如果你喜欢水果，可以把它当早餐吃。

老广场

35毫升 / 1¼液量盎司野火鸡纯黑麦威士忌
15毫升 / ½液量盎司VSOP级干邑白兰地
25毫升 / ¾液量盎司仙山露罗索味美思
5毫升 / 1茶匙本笃会DOM利口酒
1甩裴乔氏苦精
1甩安格仕苦精
用柠檬皮装饰

•

将所有配料倒入装有冰块的调酒烧杯中调和1分钟,滤入装满冰块的低球杯中。用一点卷曲的柠檬皮装饰。

与名称相反,新奥尔良"法国区"最古老的建筑实际上是在西班牙占领期间(1762—1802年)建造的。但1788—1794年间的火灾摧毁了"第一代"法国克里奥尔人的财产,因此我们今天看到的大多数建筑都是在19世纪初被美国占据后建造的。当时,密西西比州的汽船促进了同更多北部州之间的贸易,墨西哥湾提供了跨大西洋贸易的门户,使新奥尔良成为南部最大的港口。整个19世纪,这座城市以惊人的速度发展,仅仅在50年内,人口就从1.7万猛增至17万。随着人口的增长,财富滚滚而来,对豪华酒店和享乐酒吧的需求日盛。

商务(The Commercial)酒店就是其中之一,由安东尼奥·蒙特莱昂内(Antonio Monteleone)于1886年在皇家街和沙特尔街的拐角处创立。从那时起,这家位于法国区的酒店一直由蒙泰莱奥内(Monteleone)家族所有,并进行了多次扩建,直到1954年大部分被拆除并重建成现在的状态。也许这家酒店最显著的特色便是旋转木马酒吧(Carousel Bar),该酒吧始建于1949年。这家酒吧是圆形"岛"的结构,可容纳25名顾客,以每15分钟旋转一圈的速度旋转,这个转速足够慢,不至于让人感到头晕,但又足够快,可以让人失去方向感(尤其是在喝了几杯鸡尾酒之后)。

说到鸡尾酒,它是旋转木马酒吧的早期非旋转时的替代品,"老广场"便是在这里首次调制出来的。20世纪30年代,沃尔特·伯杰龙(Walter Bergeron)是这家酒吧的首席调酒师,在这款饮品诞生后,这款鸡尾酒在1937年出版的《新奥尔良著名饮品及其调制方法》(Famous New Orleans Drinks and How to Mix 'em)杂志中得到了专题报道。

在结构上来看,这款酒介于"曼哈顿"(见第105页)和"萨泽拉克"(见第192页)之间。不过,这款酒的配料搭配也颇具挑衅性:黑麦与白兰地相互较量,两种苦精一起对决。从很多方面来看,这款酒既是"曼哈顿"也是"萨泽拉克",只不过苦艾酒被换成了本笃会利口酒。然而,这种利口酒正是"老广场"成功的关键因素,因为它带来了甜味,并将花香、果香干邑白兰地与黑麦的香味融为一体。

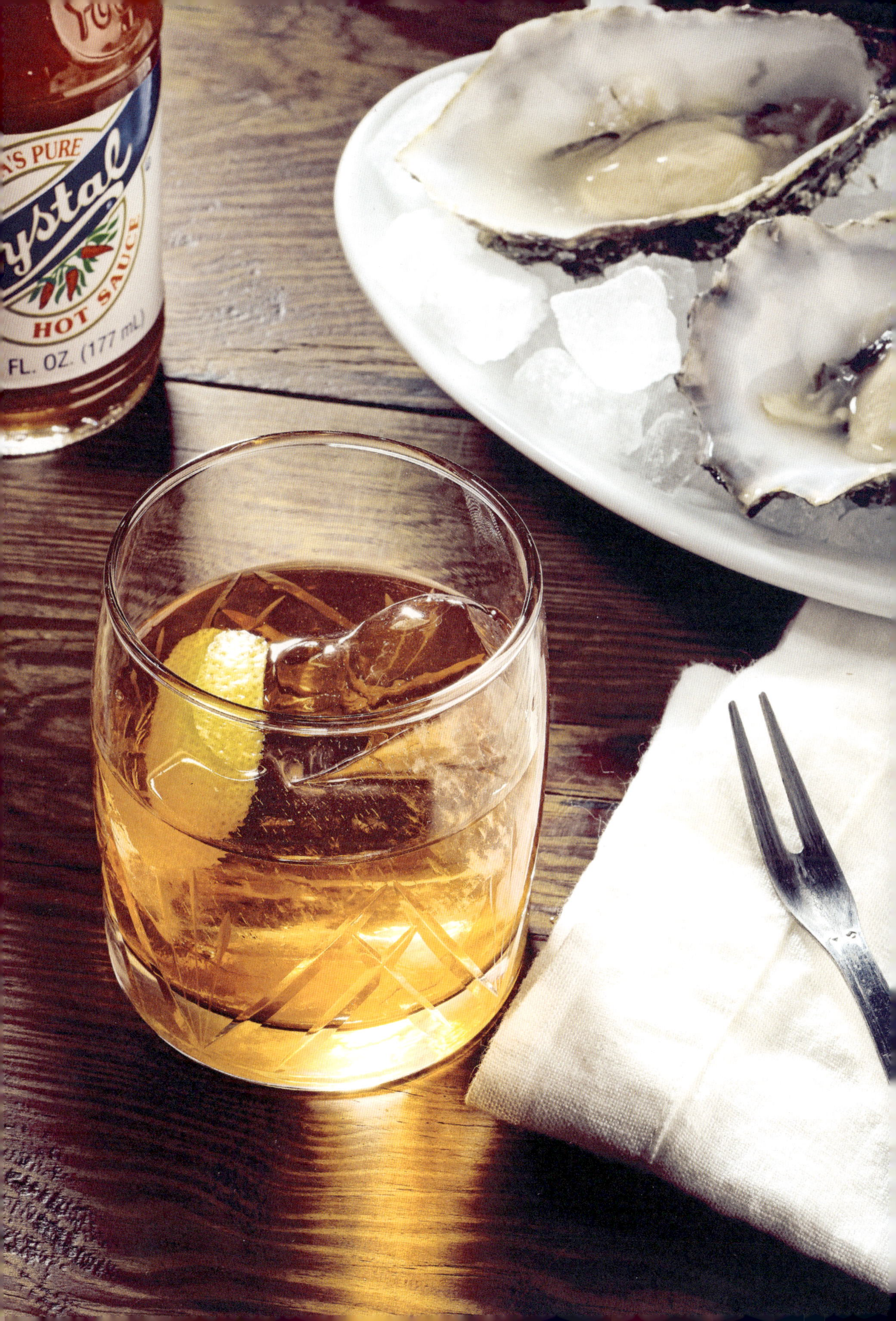

'S PURE
ystal
HOT SAUCE
FL. OZ. (177 mL)

STONE'S
ORIGINAL
GREEN GINGER WINE
13.5% VOL
Dewar's
TRUE SCOTCH
Aged 12 Years
The Ancestor
BLENDED SCOTCH WHISKY
John Dewar & Sons Ltd

威士忌麦克

45毫升 / 1½液量盎司艾柏迪12年苏格兰威士忌
30毫升 / 1液量盎司丝彤纯正姜汁酒

•

将所有配料添加到装有冰块的低球杯中，调和1分钟即可。

有一小类调制饮料很少出现在鸡尾酒菜单上，但几乎所有喝过酒的人都知道它们。这些鸡尾酒无须介绍，也不必大惊小怪。它们就好比是饮料界的"灯芯绒"（永远不会过时，但也永远不会流行）：熟悉且容易获得，但又并未得到足够的重视。就像灯芯绒一样，在极少数情况下，我们确实会尝试选择它，因为它非常合适。"威士忌麦克"便是这样一款鸡尾酒。你最近一次在酒吧点酒是什么时候？你可能从来没有点过这款酒，但你听说过它，知道它是威士忌和生姜的味道。

大多数"威士忌麦克"的配方都需要使用丝彤纯正姜汁酒作为这款鸡尾酒的生姜成分。我怀疑，除了丝彤这个品牌外，"威士忌麦克"还用过其他品牌来调制。对于还没有尝试过丝彤纯正姜酒的人，我可以告诉你，它不完全是一种葡萄酒，也不完全是一种利口酒。

它是通过发酵过熟的葡萄和生姜，然后加入烈酒、甜味剂和调味剂制成的。重点是甜味剂。当酒精度为13.9%时，更有可能是糖在酒精之前让你醉倒。不过，丝彤这个品牌的味道很棒，就像你吃过的每一种生姜一样，比如寿司中的薄片姜，蜜饯生姜，生姜坚果饼干。与具有相似口味飘仙（Pimm's）等产品一样，丝彤也是可靠的英国开胃酒大品牌之一。

与"教父"（苏格兰威士忌和杏仁酒）和"生锈钉"（见第109页）类似，"威士忌麦克"有点像自制苏格兰威士忌利口酒。不同之处在于，生姜和苏格兰威士忌这两种配料是天作之合。我虽说是天作之合，但这当然是设计使然。生姜的芳香与苏格兰威士忌的搭配比我能想到的任何其他配料都更好。诀窍是选择合适的苏格兰威士忌。

我会避免任何泥炭特征，并且坚持使用清淡风味的麦芽或调和威士忌。理想情况下，我们应该会调配出一种既有蜂蜜香味，又充满绿色特征，或许还有一点香料味的鸡尾酒。这将与姜汁酒的风味相辅相成，并创造出一种和谐平衡的口感。

最终的效果不应该是苏格兰威士忌和生姜的味道，而是一种全新饮品的味道。这款你刚刚调制的鸡尾酒，永远不会再以同样的方式重现。正是通过这些饮品，我们才能发现什么才是真正上佳的鸡尾酒，即整体风味要比单个原料的总和更好的鸡尾酒。

血与沙

35毫升 / 1¼液量盎司帝王白威士忌
35毫升 / 1¼液量盎司希琳樱桃利口酒
35毫升 / 1¼液量盎司马提尼罗索味美思
35毫升 / 1¼液量盎司鲜橙汁

•

将鸡尾酒调酒壶中的所有配料与冰块一起摇和，然后滤入经过冰镇的马提尼杯中。

这款酒出现在我工作的第一家鸡尾酒吧的菜单上。在我们提供的所有鸡尾酒中，这是我最不喜欢的一款酒，因为我清楚地记得它让我想起了呕吐物。然而，后来我开始转变了观念。相较于大多数人，我更认为这款酒名副其实。既然卖得这么好，我们就来说说这款酒的来历和配料吧！

这款酒以1922年鲁道夫·瓦伦蒂诺（Rudolf Valentino）的同名电影命名。这是一部关于斗牛士的无声电影，完整地诠释了血与沙的联系。具体是谁发明了这款鸡尾酒尚不清楚，但与许多其他鸡尾酒一样，它的配方首次出版是在哈里·克拉多克的《萨沃伊鸡尾酒手册》（1930年）中。

这款鸡尾酒需要等量的苏格兰威士忌、樱桃白兰地、甜味美思和橙汁。这可能在某种程度上解释了我最初的厌恶之情——这些配料不是你想象中能很好搭配的配料。事实上，负责的调酒师似乎犯了按颜色而不是味道调配鸡尾酒的大忌，因为味美思和樱桃白兰地都是红色（血色），而苏格兰威士忌和橙汁都是橙色的（沙）。然而，意外发现带来的惊喜永远不应该被低估——毕竟，聚四氟乙烯、塑料甚至紫红色都是偶然发明的！幸运之神也同样光顾了"血与沙"的发明者。他原本大概只是想调配一款颜色好看的饮品，而最终却偶然得到了一款既美味又好看的酒。威士忌是这款鸡尾酒的主要成分，但你也可以期待酸度、甜味以及所有浓烈芳香之间的相互作用。

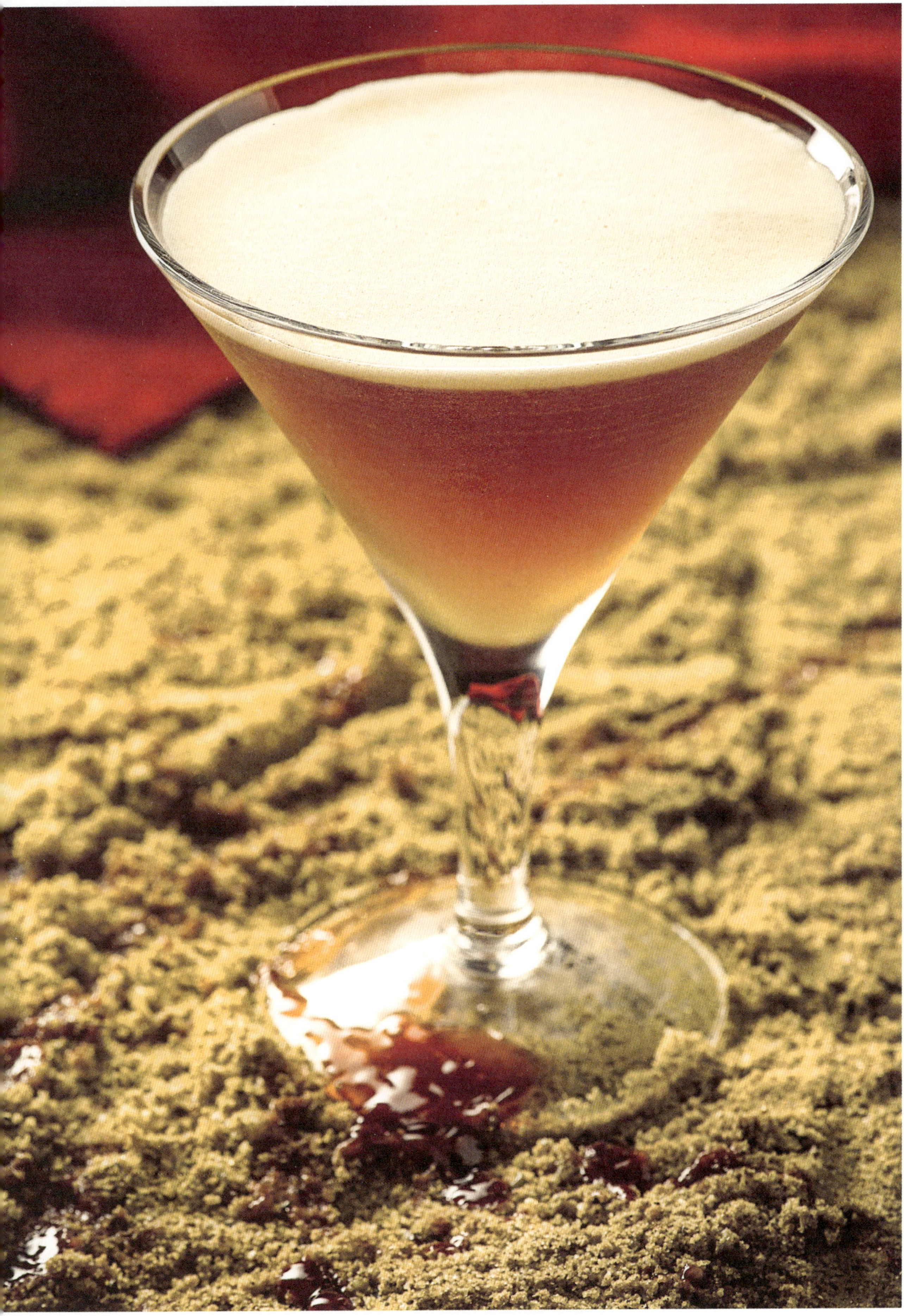

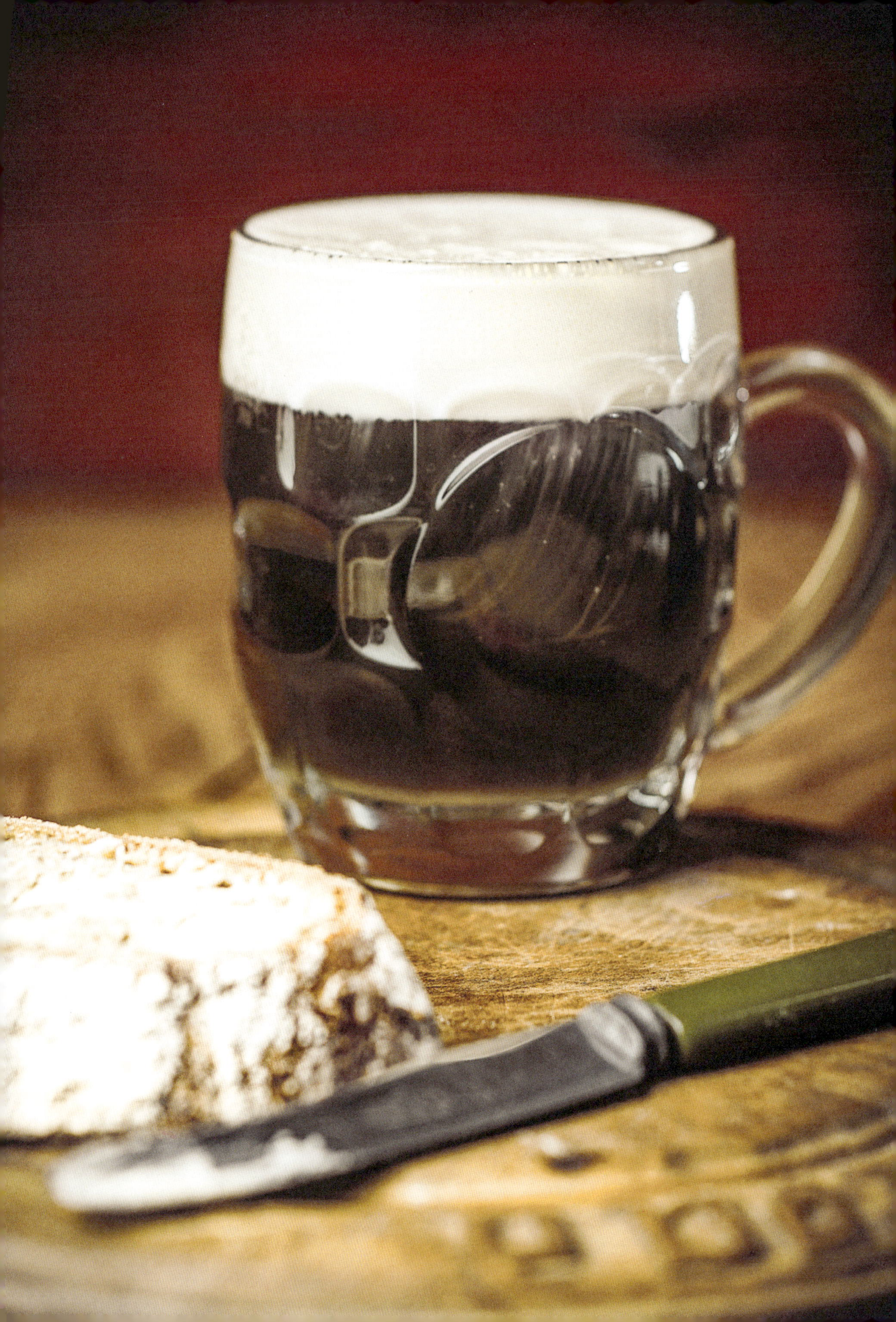

爱尔兰咖啡

60毫升 / 2液量盎司浓重奶油
150毫升 / 5液量盎司冲泡咖啡（我推荐花香和桃香的咖啡）
35毫升 / 1¼液量盎司绿点爱尔兰威士忌
1茶匙糖

•

将奶油放入奶油打发器中（或在不锈钢碗中用手打发），然后在另一个盛满热水的碗中加热30分钟。
冲泡咖啡，将其倒入热饮杯中，然后加入糖和威士忌，并在杯中冷却5~10分钟。
将热奶油涂在酒液表面即可饮用。

我一直宣扬"爱尔兰咖啡"是世界上最令人讨厌的东西之一。事实上，即使是最好的爱尔兰威士忌和最美味的咖啡也能两两相克，导致略带酒精的咖啡带有一种特殊的"木质"味道。

既然我已经否定了"爱尔兰咖啡"的整个概念，那么现在是时候揭晓唯一能把这两种配料和谐搭配在一起的配方了。为了说明这一点，我们首先来看看"爱尔兰咖啡"的起源，以了解它诞生的原因。

在1942年那个臭名昭著的潮湿冬季，爱尔兰香农机场的飞机因此停飞，误机的乘客只能躲在机场酒吧里等待。调酒师乔·谢里丹（Joe Sheridan）眼见这些顾客疲惫不堪，于是便采取了许多调酒师都无法做到的，前所未有的操作方法，发明了一种经典鸡尾酒。无论他是否知道，但糖、脂肪、酒精和咖啡因这样的组合确实提供了身体在极度需要提神的情况下所需的一切。

要调制出色的"爱尔兰咖啡"鸡尾酒，第一个关键因素在于将咖啡和威士忌完美搭配。为此，我们首先必须找到这两者之间的共同特点。例如，这种共同点可能在于知更鸟12年咖啡和来自危地马拉的单一产地咖啡所共有的焦糖特征。我还相信，清淡的威士忌和咖啡往往效果更好，这也是继续使用爱尔兰威士忌的一个很好的理由。

第二个重要的考虑因素是温度。如果这款酒温度太高，那么它的酒精味会过重，影响口感，需要更多的糖来抵消酒精的干燥感。奶油应该放在这款酒的表面，起到平衡的作用，在饮用者的嘴唇与杯中主要酒液之间形成一层屏障。我更喜欢让奶油和咖啡保持相同的温度。我强烈建议在咖啡壶/法式滤压壶中冲泡咖啡，这样可以让杯子达到最高的透明度，并让咖啡的味道散发出来。另外，建议使用白糖，而不是红糖，以免使咖啡和威士忌变味。

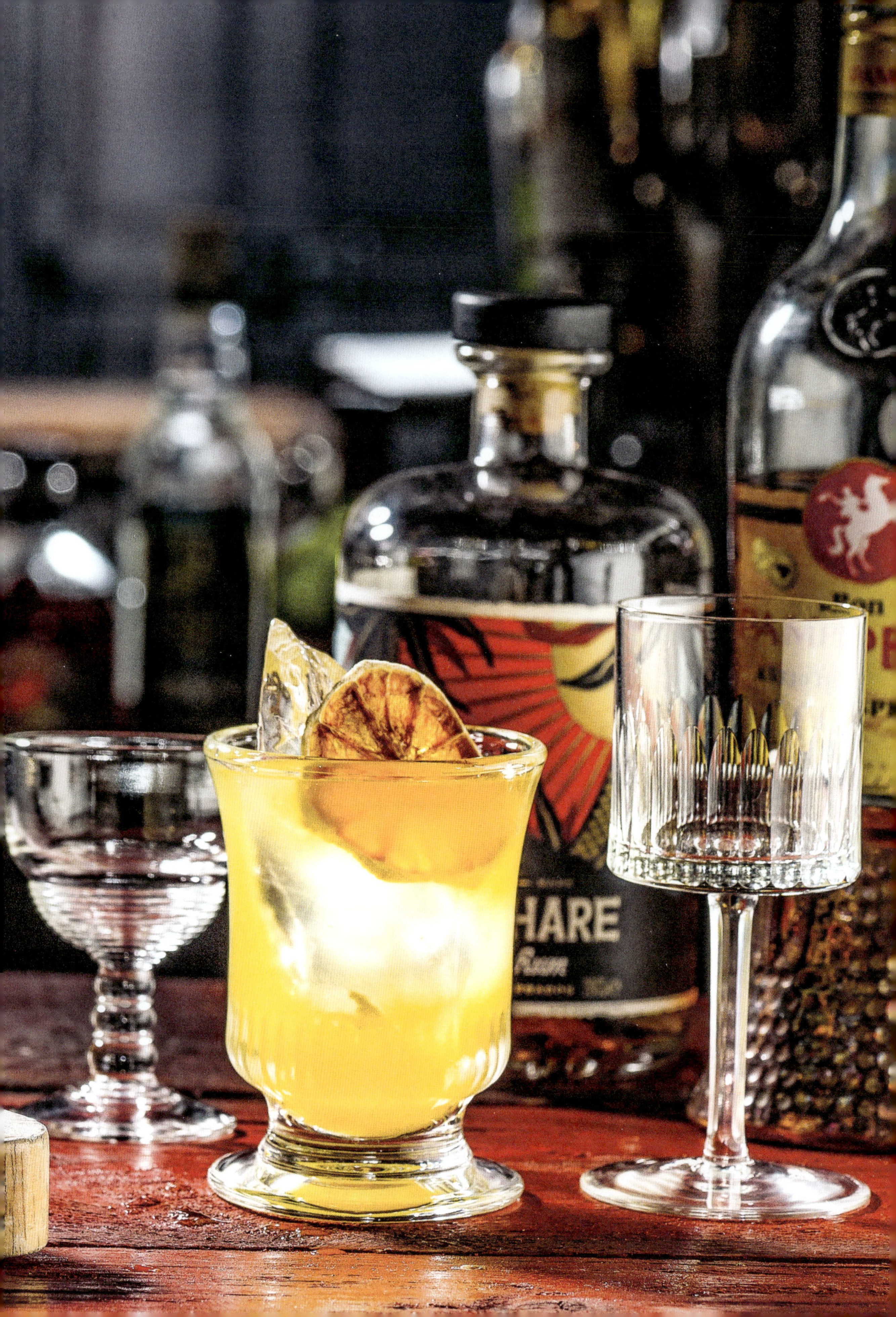
HARE

朗姆酒

朗姆酒素有"革命性烈酒"的美誉,
是经典古巴饮品"莫吉托"的基本要素,
也是有趣"提基"风格运动鸡尾酒(从"迈泰"到"僵尸")的关键。

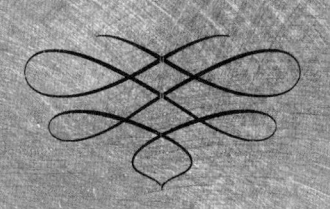

康宁油

50毫升 / 1⅔液量盎司陈年巴巴多斯朗姆酒
10毫升 / ⅓液量盎司新鲜青柠汁
10毫升 / ⅓液量盎司约翰·泰勒天鹅绒法勒纳姆利口酒
几甩安格仕苦精
用青柠块装饰

•

在鸡尾酒调酒壶中加入冰块，将除苦精以外的所有配料加入壶中进行调和，然后滤入装有冰块的坦布勒杯中。将苦精放在酒液表面，并用一块青柠进行装饰。

从这款酒的名字来看，它似乎是在诉说大自然，诉说更简单的时光，也许是在农场里辛勤劳作的一天？它提醒我们，鸡尾酒的名称不一定是对其配料的字面描述，也可以由不在其配方中的配料组成。"康宁油"（玉米油）的英文名是"Corn'n'Oil"，然而这款酒中并不存在玉米（Corn），甚至没有用玉米调制的烈酒，也没有油（oil）。

"康宁油"实际上只是一种朗姆酒酸酒，其中添加了一种叫做法勒纳姆的甜酸香味利口酒。我能找到的最早提及法勒纳姆的文献来自小查尔斯·狄更斯（Charles Dickens, Jr.）拥有和编辑的文学杂志《一年四季》（All the Year Round）。在1892年的一期中，一位未透露姓名的作者将这款鸡尾酒描述为"一种由朗姆酒和青柠汁调配而成的奇特利口酒"。1896年8月2日《费城问询报》（The Philadelphia Inquirer）上发表的一篇题为"法勒纳姆"的文章中再次提到了这种利口酒。这一次，我们得到的配方比较明确，它基本符合经典的潘趣比例，但改变了酸和甜的比例，形成了一种潘趣利口酒：

1份青柠汁、2份糖浆、3份朗姆酒、4份水

加入杏仁（杏仁提取物），让混合物静置一周。静置后装瓶，在碎冰上浇上1茶匙艾草苦精或其他优质苦精。

在我对"康宁油"鸡尾酒历史的研究过程中，了解得越多，就越发觉得，这种酒实际上就是法勒纳姆的配方，但矛盾的点在于，法勒纳姆的配方中含有法勒纳姆。这就引出了一个问题——"康宁油"这个名字到底从何而来？大多数调酒师都认同，这个名字中的"油"来自于将黑朗姆酒或苦精漂浮在酒上模拟石油泄漏的做法。但无人知晓"corn"从何而来，所以往往不会被提及。应该说，没人知道……

与大多数加勒比殖民地一样，巴巴多斯到19世纪已变得非常虔诚。之所以出现这样的变化，一方面要归功于欧洲传教士的频繁来访，另一方面是因为殖民地生活非常残酷，证明了魔鬼的存在，所以民众才会相信上帝的存在。法勒纳姆利口酒可能是通过其中一位传教士或其他同样博学的个人而得名的，因为它听起来似乎接近传说中的法勒纳姆葡萄酒，而该葡萄酒是在耶稣时代的法勒努斯山的山坡上生产的。

我之所以提到这一点，是因为教会的命名政策可能也渗透到了"康宁油"这款鸡尾酒的命名中。我仔细查看了《圣经》，发现《申命记》中有这样一段话："我必按时降下雨水在你们的地上，就是秋雨和春雨，使你们可以收获五谷、新酒和新的油。"

无论你将"酒"的部分理解为朗姆酒还是法勒纳姆，玉米和油将是这款鸡尾酒所需的最后两种风味。所以它便得到了这个名字："康宁油"——来自天堂的酒精甘露。

BARBADOS
1981
1984
1989
COCKSPUR
EST'D
1884
REGISTERED TRADE MARK
FINE RUM
PRODUCT OF BARBADOS
DISTILLED, BLENDED AND EXPORTED BY
COCKSPUR RUM COMPANY
BARBADOS
37.5% vol.

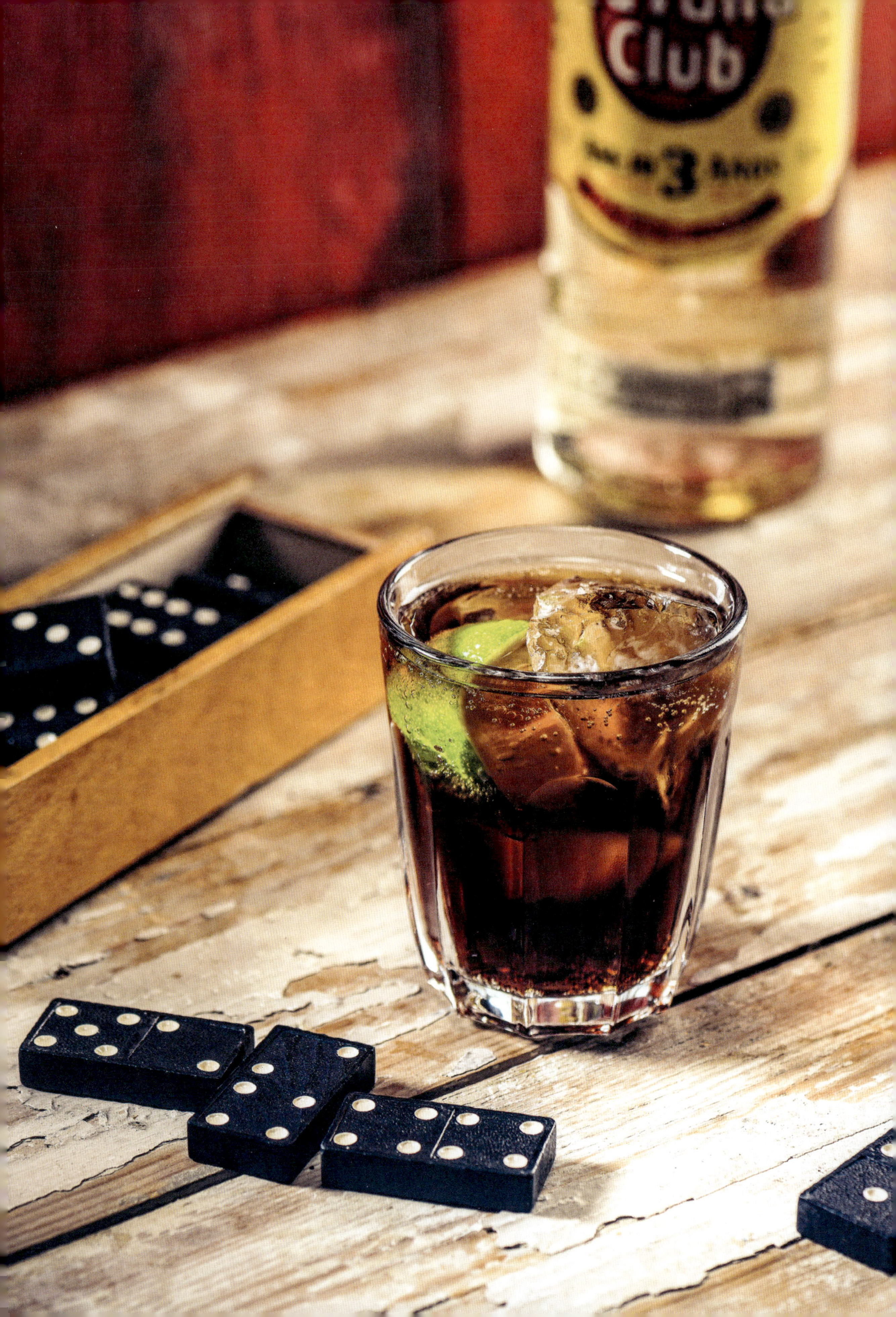
Club

自由古巴

半个青柠
50毫升 / 1⅔液量盎司陈年白朗姆酒
120毫升 / 4液量盎司冰镇可口可乐

•

根据查尔斯·H. 贝克（Charles H. Baker）在《绅士伴侣》（*Gentleman's Companion*，1939年）中对这款鸡尾酒的描述，我强烈主张调制这款酒的第一步是将青柠捣成糊状。将青柠汁挤入一个单独的容器中，然后将挤完汁的青柠壳放入高球杯中。将壳压扁，去除油脂，然后加入冰块、朗姆酒、青柠汁和可乐。用吧勺充分调和，并根据需要添加更多的冰或可乐。

❦

通常，最简单的饮品就是最好的。"自由古巴"便是这样一款酒，它只包含两种配料和一种非常必要的装饰。有些人会认为它根本不是鸡尾酒，而是一种烈酒和混合酒。但是，这些人没有认识到可口可乐作为一种又苦又甜的配料的精髓，也没有认识到其成分的复杂性。快速浏览一下可口可乐的主要口味——柠檬、橙子、青柠、肉桂、肉豆蔻、薰衣草、香菜和橙花，就不难发现，在潘趣酒和其他鸡尾酒中，一系列配料一向都是与朗姆酒调配在一起的。这意味着，朗姆酒和可乐之间的完美契合其实是妙手偶得。

自由古巴当然是以古巴独立战争命名的。我们可以肯定，古巴在此之前并不存在这款鸡尾酒，因为可口可乐直到这场战争后才在古巴上市，1899年才装瓶出口。"自由古巴"鸡尾酒的诞生年份是1900年。一位名叫福斯托·罗德里格斯（Fausto Rodriguez）的人于1960年在一份法律宣誓书上宣誓了这一点，堪称史无前例。罗德里格斯是美国陆军信号兵团的一名信使，他声称自己在1900年走进哈瓦那的一家酒吧，目睹了一位名叫拉塞尔（Russell）的上尉的军官点了一杯百加得和冰可口可乐，并用一块青柠装饰。又来了更多士兵，大家又点了第二轮酒，调酒师建议大家干一杯"自由古巴"（Por Cuba Libre）。后来发现，罗德里格斯是百加得的雇员，而这份宣誓书只是由于百加得1966年在《生活》杂志上刊登了一则整版广告才被曝光的。我怀疑酒吧的故事有几分真实。至于品牌，则只是猜测而已。

无论起源如何，这款鸡尾酒后来向北流传到了美国，并迅速在南部各州流行起来。到1920年，可口可乐已拥有1000家装瓶厂，朗姆酒是首选的掺假工厂。这种做法在禁酒令期间得以延续，因为加勒比海朗姆酒是少数跨越美国边境的烈酒之一。"自由古巴"因此成为最可靠的饮料，尤其是在战时配给的情况下。第二次世界大战期间，可乐被分发给士兵，因此与朗姆酒调配在一起非常便捷。

1945年，明尼苏达州三人组合安德鲁斯姐妹（Andrews Sisters）的热门歌曲《朗姆酒和可口可乐》证实了这款饮料的火爆程度。这首歌此前曾作为特立尼达作曲家莱昂内尔·贝拉斯科（Lionel Belasco）的一首名为"L'Armée Passee"的歌曲发表，而该歌曲又是根据马提尼克的一首民歌改编。《朗姆酒和可口可乐》的歌词由来自特立尼达的卡里普索音乐家鲁珀特·格兰特［Rupert Grant，艺名"入侵者勋爵"（Lord Invader）］提供。他对歌曲进行了调整，以对应美国士兵下班后的活动。尽管安德鲁斯姐妹操着假加勒比口音、情色暗示、歌颂饮酒以及为可口可乐做免费广告，但这首歌还是在当地人中广为流传。虽然歌词怪异和口音违和，但也许就是这首歌的变革性本质。也许只是因为朗姆酒和可乐本身就是很棒的饮料。

黛绮莉

60毫升 / 2液量盎司百加得白朗姆酒
15毫升 / ½液量盎司新鲜青柠汁
10毫升 / 2茶匙糖浆（见第17页）

•

将所有配料添加到鸡尾酒调酒壶中，并用冰块剧烈调和至少30秒，滤入冷冻碟形香槟杯。
不用装饰——没有意义——在你注意到它的存在之前，这杯酒就已经喝完了。

1898年的美西战争期间，数千英亩的古巴甘蔗种植园落入美国人手中。美国对采矿业的控制也有所扩大，导致大量美国工人在19世纪末涌入古巴。詹宁斯·考克斯（Jennings Cox）就是其中之一。他是一名美国采矿工程师，1896年在临近古巴圣地亚哥的黛绮莉村附近的西班牙—美国钢铁公司工作。古巴马埃斯特拉山脉地区的条件艰苦（黄热病非常流行），工人得到了（部分）烟草和百加得白朗姆酒口粮作为补偿。

故事是这样的，有一天晚上，考克斯的金酒用完了，但他正在用鸡尾酒招待一些朋友。由于不想提前结束聚会，于是他要了一瓶百加得朗姆酒，将其与糖、柠檬和水调配到一起，然后倒入装有冰块的高脚玻璃杯中。考克斯先生将这个"黛绮莉"的配方记录在一张手写纸上。他的原始配方与当今接受的标准"黛绮莉"之间存在一些明显差异。最值得注意的是，这款鸡尾酒的饮用时间很长，但随着20世纪初"马提尼"的同时兴起，"黛绮莉"似乎已经改用碟形香槟杯盛装。考克斯的版本还要求用柠檬汁代替青柠，但实际要比表面上看到的要复杂一些。当时，青柠在古巴比柠檬更常见（现在仍然如此），并且被古巴人称为柠檬，所以考克斯真正指的很可能是青柠。虽然这款酒的诞生故事似乎最可信，但还有许多其他故事宣称美国军官甚至唐·法昆多·百加得·马索（Don Facundo Bacardí Massó）当时也在场（他已于1886年去世，可能是以鬼魂的形式出现）。这些故事着实有点愚蠢，即使不是采矿工程师也能看出，这么简单的一款饮料可能比詹宁斯·考克斯更早出现，不过是名字不同罢了。肯定存在许多仅含有朗姆酒、青柠、糖和水的朗姆酒潘趣？你只需看看巴西"卡琵莉亚"鸡尾酒就能发现，这款酒与"黛绮莉"沾亲带故，两者的配料大致相同，且都是加冰饮用。

黛绮莉在配方上的微妙变化并不容易被人接受，而它最让我头疼的一点就是它和酸酒混淆在一起。现在，酸酒系列鸡尾酒的配方比较简单：四份烈酒、两份柑橘、一份糖，很难出错。然而，这并非正确的"黛绮莉"调制流程，因为清淡的古巴风格朗姆酒很容易被酸甜味喧宾夺主。这款鸡尾酒讲究谨慎和细腻，要恰当平衡口味，则需提高朗姆酒的比例：八份朗姆酒、一份青柠和略多于一份的糖（具体取决于所用糖浆的甜度）。如果采用这种配方，那么这款酒会变得更清澈一些，并且似乎散发着柔和的蓝绿色光泽。口感也大幅改善，因为那些柔和的茴香酒香气被温和地甜化，优雅地穿透了多汁的柑橘。此外，淡淡的酸味意味着你可以一口气连喝三杯，而不会因为喝了太多酸甜鸡尾酒而发腻。

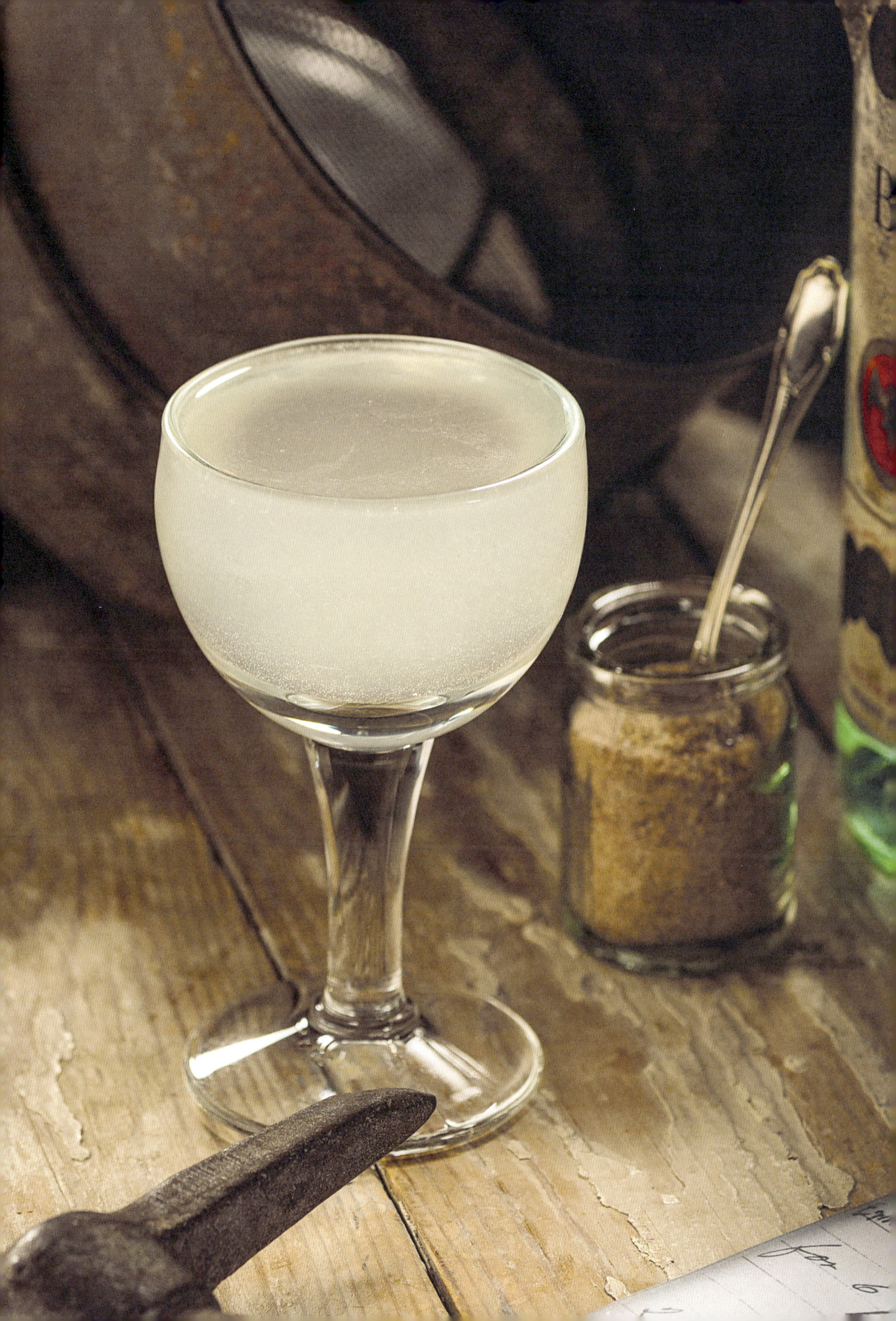

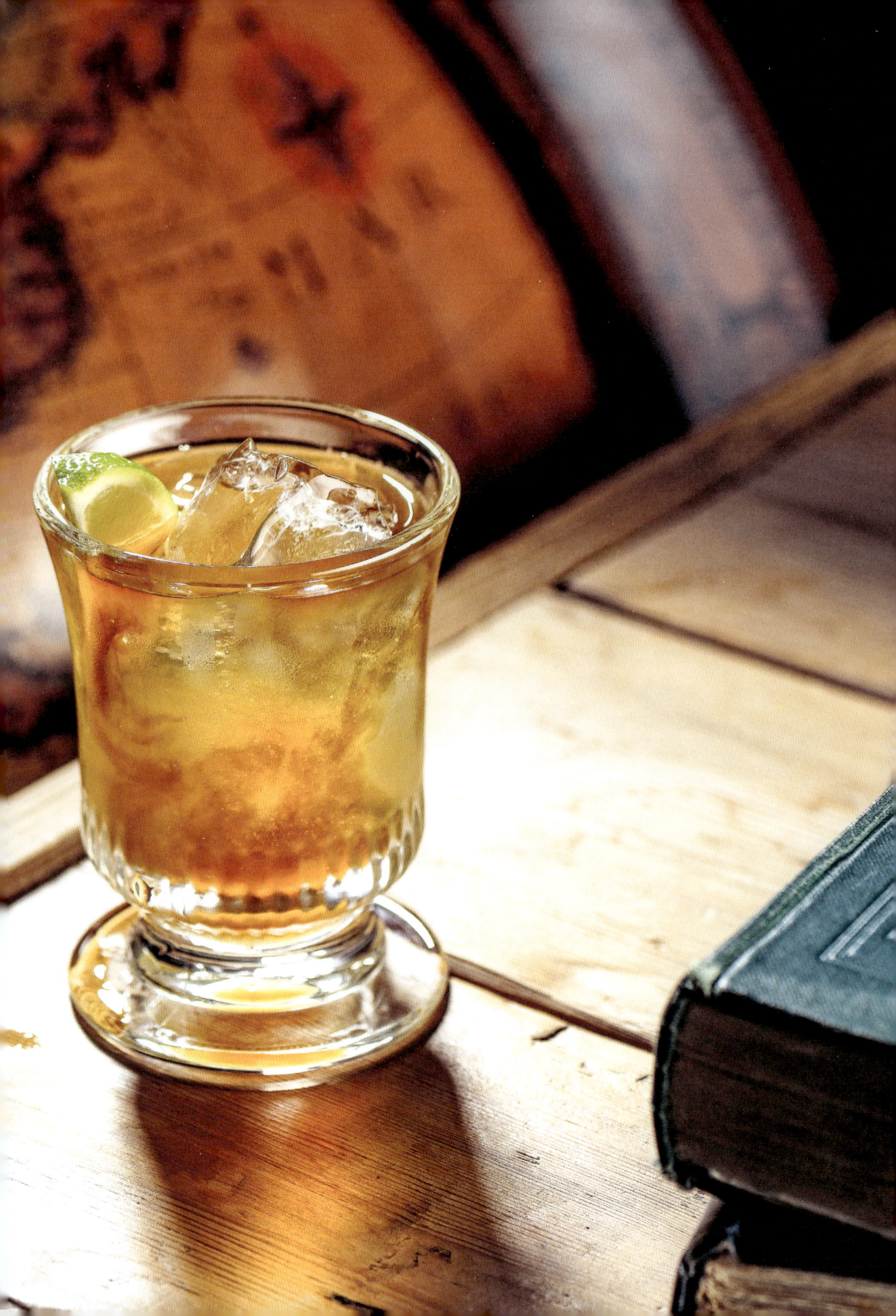

月黑风高

120毫升 / 4液量盎司LUSCOMBE ORGANIC热姜汁啤酒
50毫升 / 1⅓液量盎司戈斯林黑海豹朗姆酒
一块青柠

•

将酒液兑入装有大量冰块的高球杯中。这款酒的调制顺序与大多数鸡尾酒不同，
最后才将朗姆酒与压碎的青柠块添加到玻璃杯中。这意味着，当轻液体和重液体争相分离时，
将充分呈现风暴的效果。

世界上只有少数几种鸡尾酒是合法注册商标的，并且出于未知的原因，除了其中一种（萨泽拉克）之外，其他鸡尾酒都是用朗姆酒为基酒调制的。"月黑风高"就是这样一款合法注册的鸡尾酒，由戈斯林黑海豹朗姆酒、姜汁啤酒制成，偶尔还会添加青柠汁。自从在第一次世界大战期间首次问世以来，这款鸡尾酒一直由百慕大的戈斯林兄弟公司（Gosling Brothers）管理。这种风味搭配的历史更为悠久，当然，你可以称之为深色朗姆酒或者姜酒，全凭个人喜好，但如果你在鸡尾酒菜单甚至书中使用"月黑风高"这个名称，则法律上你有义务在配方中使用戈斯林。要做到这一点不是什么大问题，因为黑海豹是一款以牙买加朗姆酒和甜美的圭亚那酒为特色的典型混合酒，上面加了一小块烈酒焦糖来增加风味。20世纪70年代末，戈斯林兄弟公司首次为这款鸡尾酒注册了商标，从那时起，百慕大就成为它的非官方所在地。当然，它的精神家园还是在海上，于是百慕大成为一个不错的选择，因为它距离最近的陆地近1000千米（620英里）。

到19世纪末，格林纳达等一些加勒比岛屿的香料贸易已经超过了糖贸易。商船水手往返于加勒比海和不列颠群岛的热门港口之间进行贸易，他们会定期在运送香料的同时运送朗姆酒。有了这些香料，调酒师们将其用来给朗姆酒调味，还用来制作苏打水和药用补品。姜汁啤酒是维多利亚时代英国的风味，就像茶一样，用来庆祝大英帝国的海外征服活动。英国皇家海军对姜汁啤酒产生了浓厚的兴趣，并开始在他们的船上供应这种酒。之所以这样做，也许是为了减少船员的酗酒行为，或者是为了缓解晕船的症状，或者甚至是为了让人想起家乡的味道。不过无论出于何种原因，姜汁啤酒都很受欢迎，以至于1860—1920年间，位于爱尔兰岛（百慕大）的皇家海军造船厂有了自己的姜汁啤酒装瓶厂。尽管没有书面证据证明这一点，但也可以毫不夸张地说，一些水手尝试过将朗姆酒与姜汁啤酒调配在一起。

而在伦敦这座城市，姜汁啤酒已经盛行于大街小巷，街头小贩们兜售着自己独特的配方。其中一位小贩威廉·约翰·巴里特（William John Barritt）于1874年前往百慕大，并在汉密尔顿开设了商店。即使在经历了五代人的今天，巴里特家族仍然保持着强劲的发展势头。戈斯林公司自己也涉足了一款名为"戈斯林暴风姜汁啤酒"的姜汁啤酒，并且吹捧其为"唯一一款严格为'月黑风高'鸡尾酒而酿造的姜汁啤酒"。这没什么问题，但如果你四处寻找，可以找到更好的版本。我个人更喜欢瓶装发酵的款式。

至于这款酒的名字，很可能是考虑到它阴郁的外观——酒精和香料的乌云相互吞噬，令人惴惴不安。但"月黑风高"这个词可能出自爱德华·布尔沃—利顿（Edward Bulwer-Lytton）于1830年出版的畅销小说《保罗·克利福德》（*Paul Clifford*）。这本小说的开篇这样写道："那是在一个月黑风高之夜，大雨倾盆而下……"在小说创作中，它常常被当作煽情情节的典型范例。

大总统

50毫升 / 1⅔液量盎司陈年调和朗姆酒
35毫升 / 1¼液量盎司杜凌尚贝里白味美思
5毫升 / 1茶匙皮埃尔·费朗橙味干库拉索酒

•

将配料倒入加冰块的调酒烧杯中，用吧勺进行调和，滤入经过冰镇的碟形香槟杯中。

"大总统"是一款未得到充分认可的鸡尾酒，点这款酒的顾客也为数不多，是古巴坎蒂诺斯俱乐部（Club de Cantineros）黄金时代一颗蒙尘的遗珠。这款鸡尾酒在美国禁酒令期间的某个时间诞生于古巴哈瓦那，可能是以格拉多·马查多（Gerardo Machado）的名字命名。1925—1933年期间，马查多担任古巴总统，是拉丁美洲臭名昭著的独裁分子。许多历史学家指出哈瓦那赛马俱乐部（Jockey Club）的美国调酒师埃迪·沃尔克（Eddie Woelke）发明了"大总统"和"玛丽·碧克馥"鸡尾酒（朗姆酒、菠萝、马拉斯奇诺酒和红石榴糖浆）。

这款鸡尾酒后来成为纽约格林威治村埃尔奇科俱乐部（Club El Chico）的招牌饮品，该俱乐部由西班牙移民贝尼托·科拉达（Benito Collada）经营。禁令实施后，埃尔奇科俱乐部将其自有品牌的古巴朗姆酒装瓶用于饮料中。1949年，《〈时尚先生〉主持人手册》（Esquire's Handbook for Hosts）评论道："曼哈顿"鉴赏家的先锋们发现了这个村的埃尔奇科俱乐部常客们早就知道的事情："大总统"鸡尾酒是化解疲劳的灵丹妙药。

对于许多人来说，"大总统"是朗姆酒版本的"曼哈顿"或"罗伯洛伊"鸡尾酒（威士忌、味美思和苦精），然而一旦你深入了解这款酒，你就会意识到，它在鸡尾酒家族中自成一派。首先，它没有添加苦精，而是添加了橙味库拉索酒，偶尔还加入红石榴糖浆作为调节剂。但事实上，这两种配料都非常甜，而且朗姆酒和味美思也都容易发甜，这意味着"大总统"这款酒很可能会因调酒的人不同而产生巨大差异。

1935年出版的《La Floridita酒吧鸡尾酒手册》（*La Floridita Cocktail Boo*k）将这款酒的调制方法简单地列为等份百加得金朗姆酒和尚贝里味美思，以及一茶匙橙味库拉索酒，然后放在冰上调和，并用樱桃和橙皮装饰。这里重要的区别是使用尚贝里白味美思，这是一种无色的甜味美思，比意大利罗索味美思更有香草味，不那么辣。它最初是由尚贝里生产商杜凌进行商业化生产的，这家生产商拥有其原产地命名控制权。

这款鸡尾酒后来的版本增加了库拉索酒用量，并加入了一些红石榴糖浆，这可能是为了对抗20世纪中叶流行的不太甜的干味美思。

碰巧的是，原来的配方（非常接近）是正确的，所以假设你能买到白味美思，那就完全不用担心红石榴糖浆的问题。不过，就我的口味而言，我更喜欢稍微降低味美思的比例。

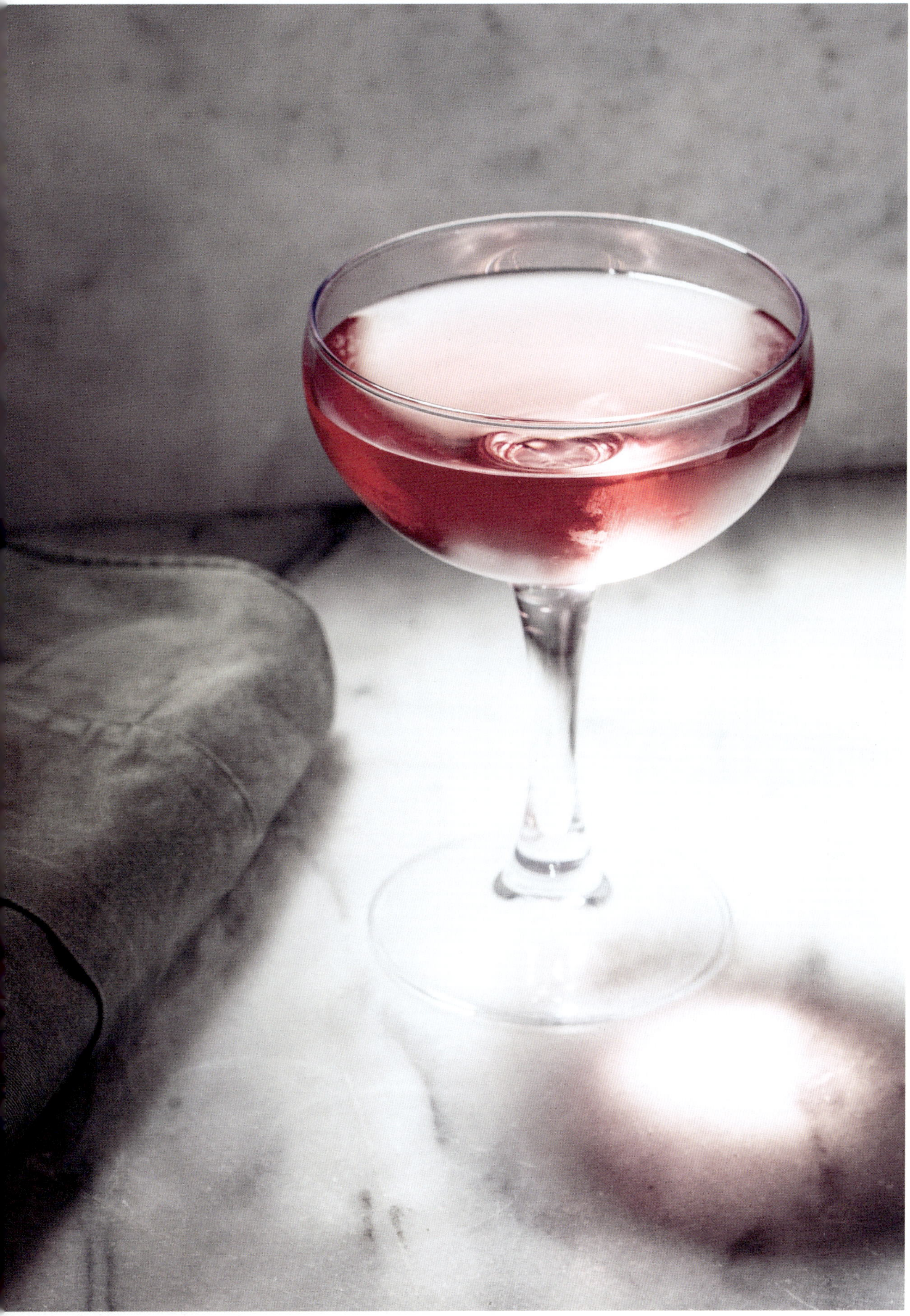

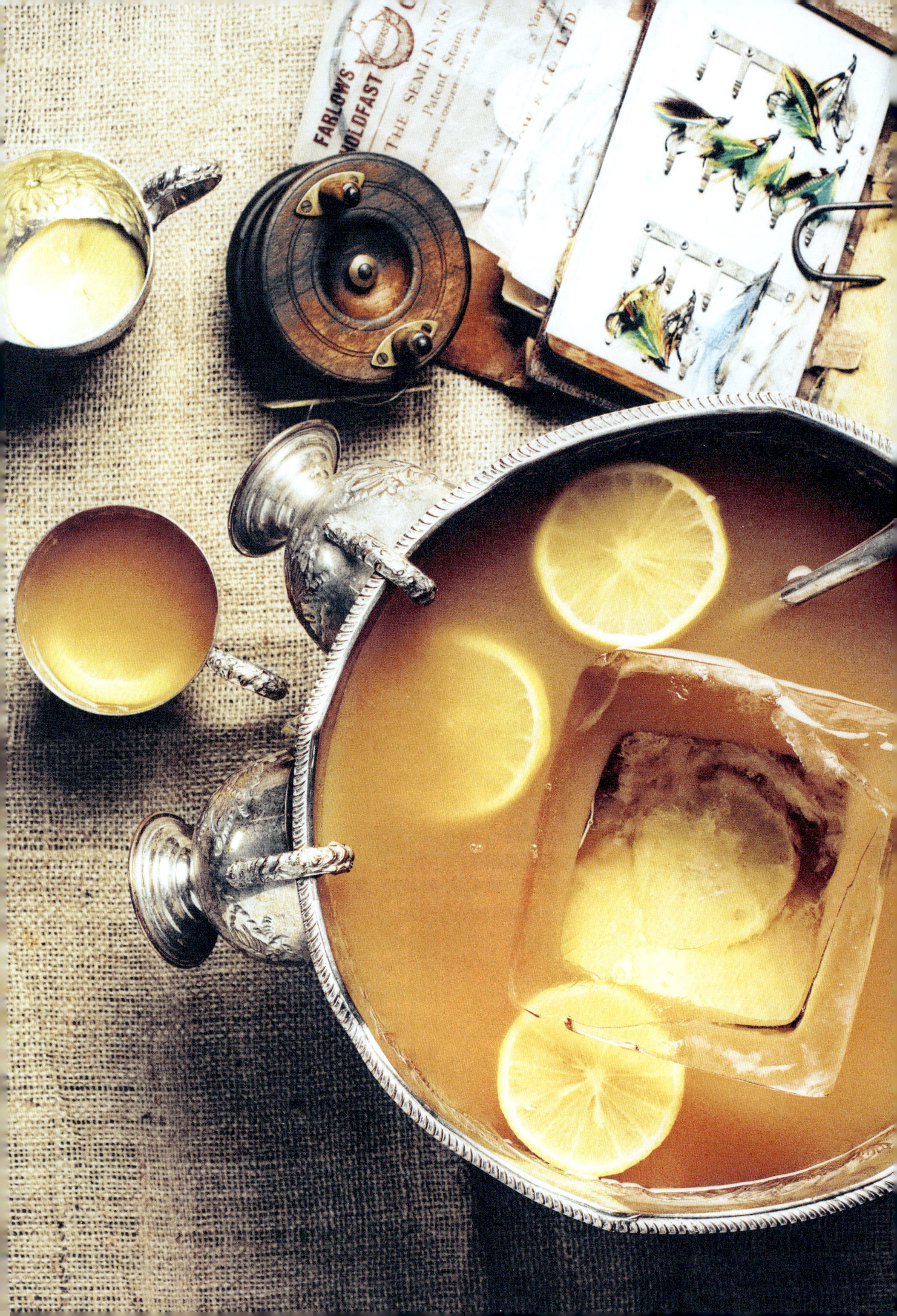
FARLOW'S
HOLDFAST

鱼库潘趣

120克 / ⅔杯糖
400毫升 / 13½液量盎司水
200毫升 / 6¾液量盎司新鲜柠檬汁
400毫升 / 13½液量盎司阿普尔顿庄园V/X朗姆酒
200毫升 / 6¾液量盎司轩尼诗精选干邑白兰地
35毫升 / 1¼液量盎司桃子白兰地
用柠檬片装饰

•

这个配方的分量为20人份。在调制这款酒的前一天,准备一大块冰。调制鸡尾酒时,在潘趣酒碗中加入糖、水和柠檬汁,搅打至糖全部溶解,随后加入准备好的冰块,然后加入朗姆酒、干邑白兰地和桃子白兰地。将所有材料充分调和,添加几片柠檬,然后盛入潘趣杯中。

一款鸡尾酒的成功和长久有时取决于它的名字。如果真是如此,那么"鱼库潘趣"一定是一款美味的鸡尾酒,这款酒之所以经久不衰,肯定不是依靠它的名字。

潘趣酒比"鸡尾酒"早了整整200年。这个名字可能来自印地语单词panche,意思是"五",指的是标准潘趣酒配方中的配料数量。掰着手指头数一下,你通常会准备以下配料:烈性配料(烈酒)、单一配料(茶、水、果汁)、甜味配料(糖、利口酒)、酸味配料(柑橘)和香配料(苦精、香草、香料)。历史上曾有各种各样的潘趣酒配方,其中一些与特定的社会、文化和垂钓俱乐部有关。

早在1732年,一群来自费城的上流社会人士聚集在一起,成立了一个名为"斯古吉尔州渔业公司"的俱乐部。俱乐部会所位于斯古吉尔河畔,他们通过调配一种潘趣来庆祝其自诩的水生野兽掌握能力。"鱼库潘趣"由此诞生。

传统上,"鱼库潘趣"应该盛在一个大的潘趣酒碗中,再加上一大块冰。然而,这个配方与潘趣酒碗的大小不符,这是一种相当浓烈的酒。

关于桃子白兰地的简短说明:桃子白兰地与桃子利口酒截然不同。桃子白兰地更加干,并且确实是用真正的桃子酿造的,而许多桃子利口酒则不然。

菲利普

50毫升 / 1⅔液量盎司百加得8年朗姆酒
200毫升 / 6¾液量盎司黑啤酒
10克 / ⅓盎司糖
10克 / ⅓盎司糖蜜
新鲜现磨肉豆蔻

•

将所有配料倒入一个大的耐热金属耳杯中，确保杯中留出至少2.5厘米的顶部空间，以适应酒液膨胀。在明火、烧烤炉或煤气炉/火炉上加热拨火棍直至发红。

重要安全提示：戴上护目镜进行防护，戴上耐热手套处理拨火棍。

将拨火棍插入酒液中心，然后随着酒液起泡而缓慢调和。这种气味本身就令人难以置信。等酒液凉到可以喝的时候饮用即可。

"菲利普"可能是朗姆酒在混合饮料中的最早应用。"菲利普"的历史可以追溯到17世纪中期美国的殖民地酒馆（后来的称谓），并成为新世界殖民地饮酒文化的主要组成部分。

"菲利普"的配方几经演变，现今的版本通常是用全蛋调制而成，之前的版本是温热且不含鸡蛋的。那么后来为何要添加鸡蛋呢？最初版本的"菲利普"是由一个大碗盛装，其中添加了朗姆酒、糖（或糖蜜）、麦芽酒和香料。将混合物加以调和，然后用热拨火棍加热。拨火棍可通过多种方式影响这款酒，其中一个方式就是增加泡沫，形成奶油质地。后来，当热拨火棍似乎有点不切实际时，为了达到同样的奶油稠度，人们便用一个鸡蛋取而代之。

但是，在调制鸡尾酒的过程中，没有什么可以代替拨火棍，它影响着这款酒的质地和温度。

在啤酒中添加啤酒花的做法还不普遍的时代，"菲利普"大受欢迎。许多啤酒喝起来清淡乏味，于是人们偶尔会加入苦味配料，包括树根、树皮和艾草。在"菲利普"这款酒中，这一点并不是那么重要，因为剧烈加热这款混合饮料会产生焦糖化的效果，这会反过来增加这款酒的平衡性和协调性。在炉灶/火炉上加热达不到使用烧红的拨火棍所产生的相同效果。对酒液猛烈加热也在一定程度上对这款酒进行了消毒杀菌（无论如何，啤酒通常比水更无菌）。这也意味着后续出现问题的可能性更小。

再配上芳香的香料、浓郁的朗姆酒，这款酒的口感会非常温暖丝滑。在寒冷的冬日，无论是这款酒的新版本还是旧版本，都非常适合在餐桌上适量饮用。

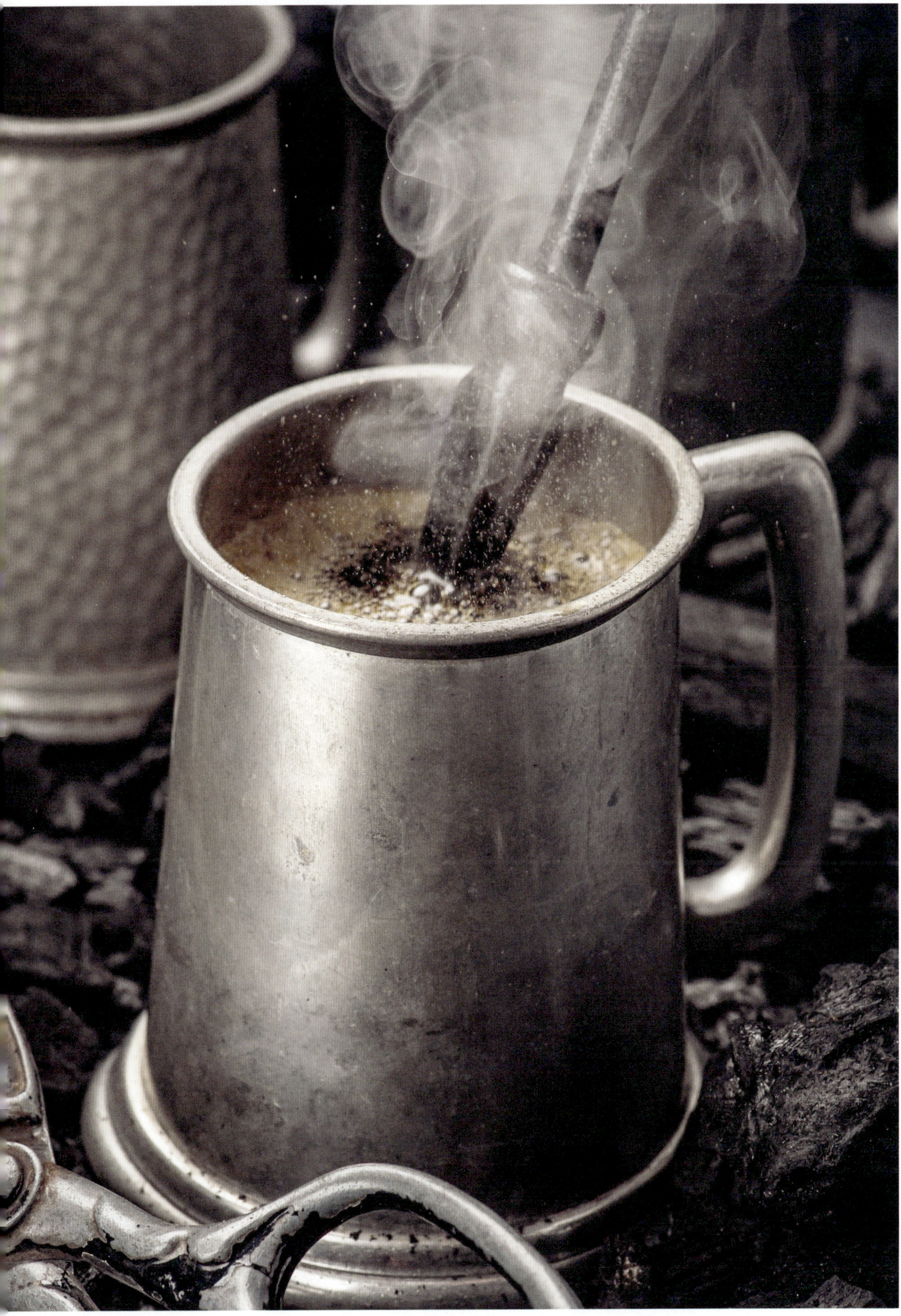

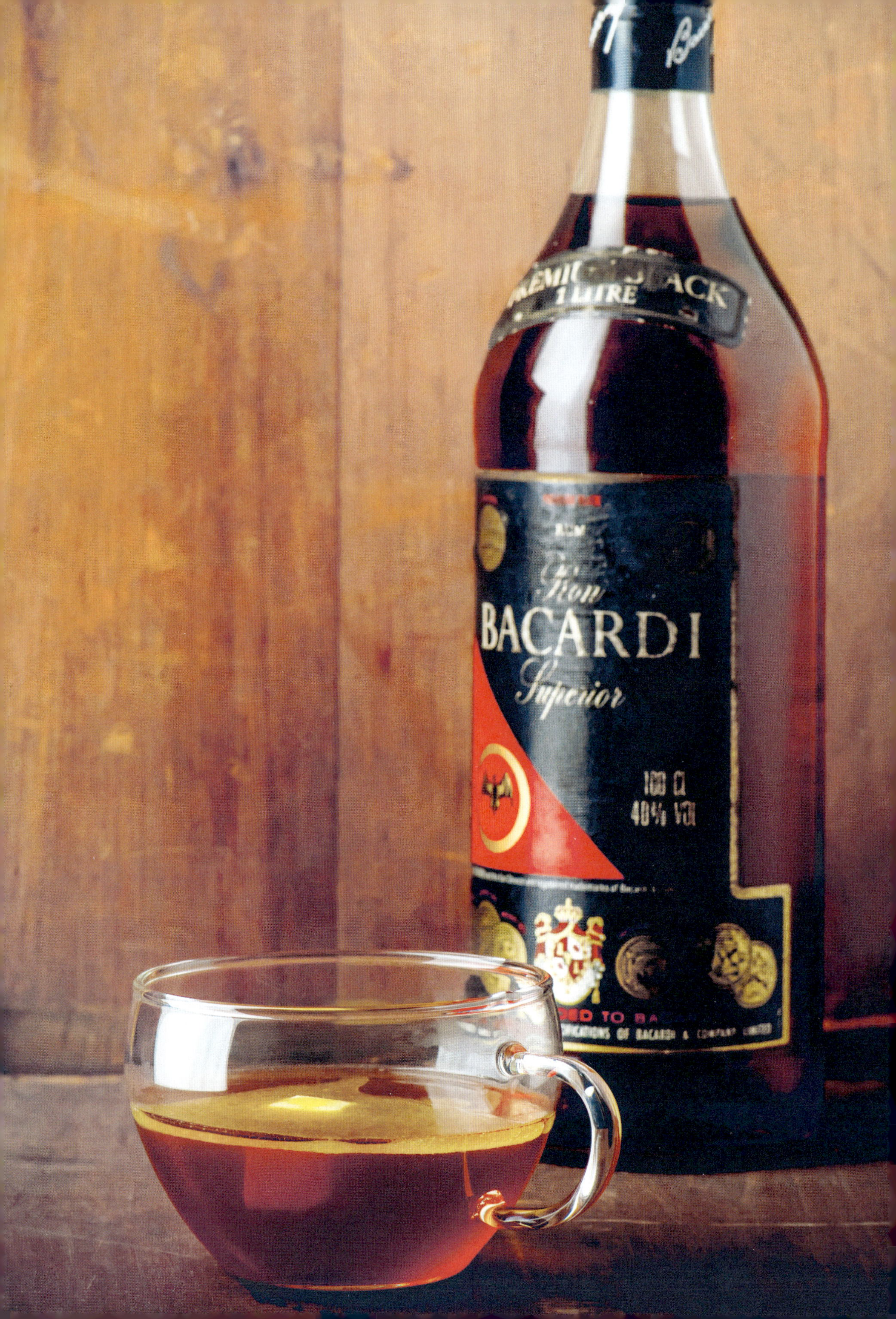
1 LITRE
Ron
BACARDI
Superior

热黄油朗姆酒

50毫升 / 1⅗液量盎司百加得8年朗姆酒

15克 / ½盎司软红糖

150毫升 / 5液量盎司热水

1汤匙黄油

新鲜现磨肉豆蔻

•

在一个带手柄的高脚玻璃杯中调配朗姆酒、糖和热水，直至糖溶解。在酒液表面加上黄油，然后现磨一点肉豆蔻。黄油融化后就可以开始喝了。如果不想一口喝下去全是黄油脂肪，可以搅拌一下……

过去，我最喜欢调制饮料的原因之一便是其中添加了乳制品。牛奶、奶油和黄油是近代和殖民时期许多饮品的必加之物，那为何如此呢？

部分原因肯定是这些配料比较容易获得。如今，我们理所当然地认为，柚子汁可以送货上门，水果市场在售的樱桃品种五花八门。然而，当时的交通和航运网络至少可以说是落后的，而且人们会优先考虑运输烟草、棉花、武器和酒等必需品。在冰箱或冰柜发明之前，将新鲜、易腐烂的产品运送到世界各地几乎是不可能的，因此当时的调酒师还是依赖于当地能找到的配料。

那么让我们来看看美国殖民地时期典型的冬季酒吧后台都是什么样子……后台有一些朗姆酒，是隔壁的人蒸馏出来的，【闻一下】不太好闻，需要加点水（热的，因为现在外面很冷）。【喝一口】嗯，味道尝起来有点寡淡，那就加点六个月前购入的干香料吧……【啜饮】味道好了一些，不过得加点糖来缓解一下……【大口喝下】味道比之前更好了……只需要最后再润色一下……加一些软化它的东西……那它的口感更顺滑一些……那就加入黄油吧！【大口咕噜】。

事实上，如果你是一个很有创意的人，但储藏室的空间又有限，那么你很可能会尝试将为数不多的现有配料进行各种搭配。如果我只有五种配料，而其中一种是老鼠唾液，那么我也可能会试一试！而且人类是一种适应性很强的物种，能迅速跟上潮流，忽略那些美中不足，尤其是在涉及酒精的时候，因此也不难理解人们为何会喜欢喝热黄油朗姆酒了。

提到朗姆酒，我们通常会想到牙买加、巴巴多斯和波多黎各等国家，但美国一些殖民地也蒸馏、交易和饮用大量朗姆酒。美国新英格兰等地区在用人类劳工换取朗姆酒和糖蜜的三角贸易中扮演了重要角色。事实上，许多美国殖民地的朗姆酒品牌比加勒比群岛大量生产的、容易引起胃部不适的劣质朗姆酒更受欢迎。这是事实。在美国赢得独立并经历内战之时，朗姆酒的生产几乎陷入停滞。波旁威士忌是美国的招牌酒，毕竟，它没有任何"英国渊源"，而且可以用南部各州种植的大量玉米酿成。

因此，最近美国有几家酿酒厂开始生产朗姆酒，包括田纳西州的普里查德酒厂、德克萨斯州的雷林酒厂和科罗拉多州的蒙塔尼亚酒厂，是个令人振奋的好消息。

飓风

60毫升 / 2液量盎司陈年调和朗姆酒
25毫升 / ¾液量盎司
15毫升 / ½液量盎司新鲜青柠汁
25毫升 / ¾液量盎司百香果糖浆（商店买的东西往往相当不错）
10毫升 / ⅓液量盎司红石榴糖浆
用菠萝叶装饰

•

将所有配料添加到装有冰块的鸡尾酒调酒壶中，摇和10秒，然后滤入装有冰块的低球杯或飓风杯中。用菠萝叶装饰。

"飓风"可能是整个"提基"系列鸡尾酒中分量最大且最有趣的一种。这是一款重要饮品，因为它的名字来源于同名的玻璃器皿。帕特·奥布莱恩（Pat O'Brien）在新奥尔良法国区开的爱尔兰酒吧不太可能是这款酒的诞生地。新奥尔良诞生的经典鸡尾酒可能比世界上任何其他城市都要多（纽约和伦敦可能除外）。如今的新奥尔良堪称大杂烩，既有殖民时期的法式餐厅，也有镶着木板的大酒店，还有地板黏糊糊的卡拉OK和通宵营业的廉价酒吧。臭名昭著的波旁威士忌街便处于这一切的中心：一条长长的、肮脏的霓虹灯带，掩映着美国鸡尾酒史上最伟大的多家酒吧。但其中一些酒吧比其他酒吧更伟大。就帕特·奥布莱恩酒吧而言，我们对爱尔兰酒吧概念的诠释可能堪称抽象。据称，这家酒吧最初只是一家非法经营的地下酒吧，名字叫"奥布莱恩先生的蒂珀雷里俱乐部"，听起来并无可疑之处。进入这家酒吧的口令是"山雨欲来风满楼"。禁酒令结束后，奥布莱恩探索了各种方法来甩卖20世纪20年代偷运到新奥尔良的所有劣质朗姆酒。据说，他将几种配料（朗姆酒、青柠、橙子和百香果）调配到一起，并将其装在与飓风灯形状相同的玻璃杯中向水手推销。

这款酒越来越受欢迎，酒吧的人气也水涨船高。帕特·奥布莱恩现在拥有波旁威士忌街附近的一处古老的殖民地建筑，欢乐的气氛蔓延到了后院，那里有火焰喷泉和花花绿绿的灯光。然而，俗气的灯光并不能分散人们对眼前酒水的注意力。那些酒水名气大过自身名气的酒吧也经常出现这种情况，这是最糟糕的诠释。帕特·奥布莱恩的"飓风"鸡尾酒就像一打融化的冰棒，里面加了变质的朗姆酒。这款酒的颜色像糖渍樱桃/樱桃蜜饯，杯子有小腿那么大，里面塞满了糖和人工香料。大多数人没有足够的体力或意愿来完成一件事情——如果你有任何自我价值感，我会恳求你不要这样做。人们普遍认为"飓风"是一种烈性酒，虽然新奥尔良原版可能含有大量酒精，但在这种情况下，这款酒完全被果汁和糖浆所掩盖。但是，帕特·奥布莱恩却靠着经营酒吧和出售小袋装的飓风混合饮料做起了正经生意，赚得盆满钵满。这些小袋装的饮品非常适合在舒适的家中排解那些令人厌烦的事情。奥布莱恩甚至将自己的朗姆酒装瓶出售（所以你不需要浪费一个像样的饮料品牌）。很少有酒吧能如此充分地利用单一饮品的关联性来提升自身价值。

我提供的这个"飓风"配方保持了简单的风格，减少了分量，因此喝起来更像是用百香果和石榴改良过的长饮"黛绮莉"。这款酒历来是用陈年朗姆酒和未陈年朗姆酒搅和调制的，但是如果你一开始就选择了恰当的朗姆酒，那么只选一种朗姆酒就可以了。

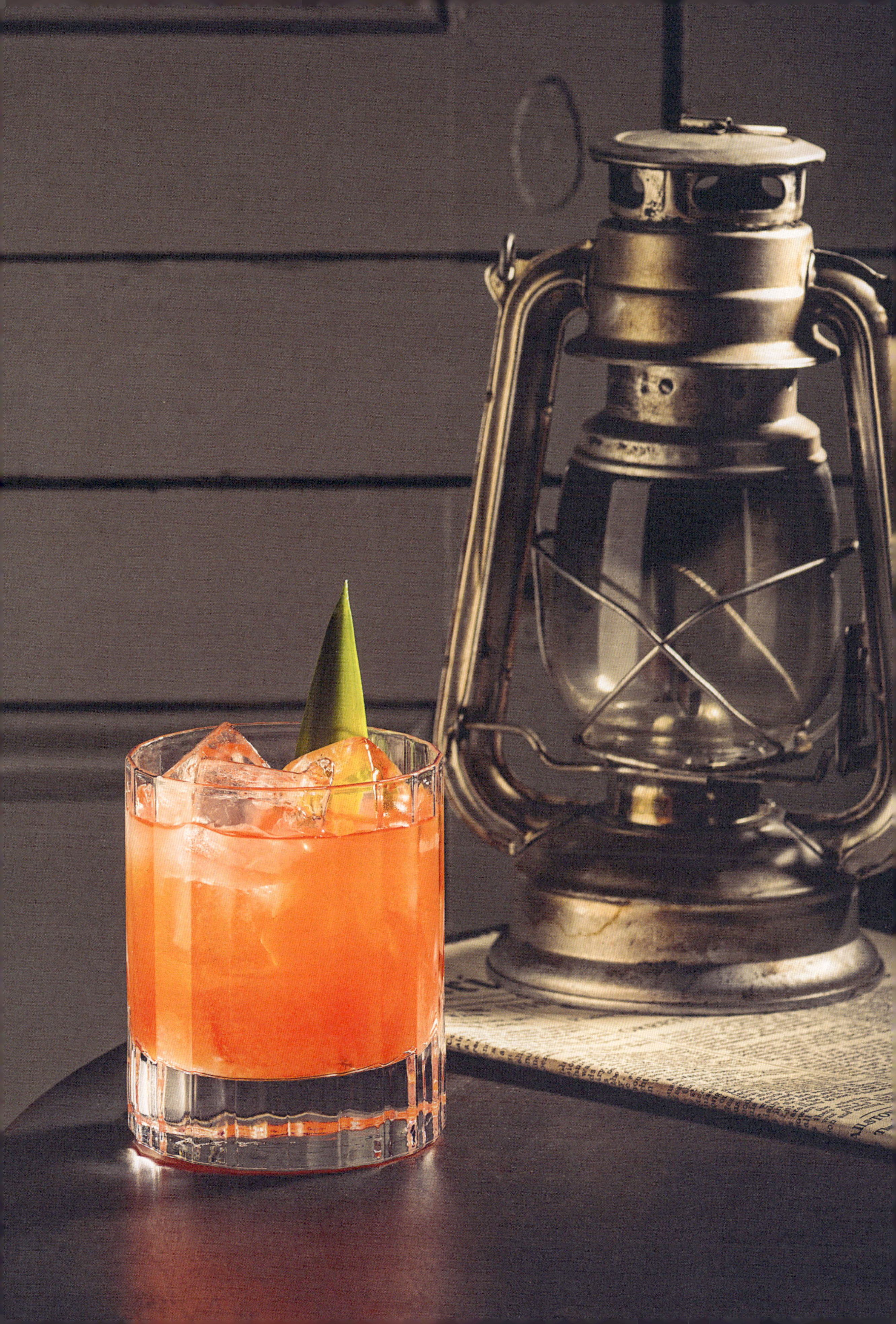

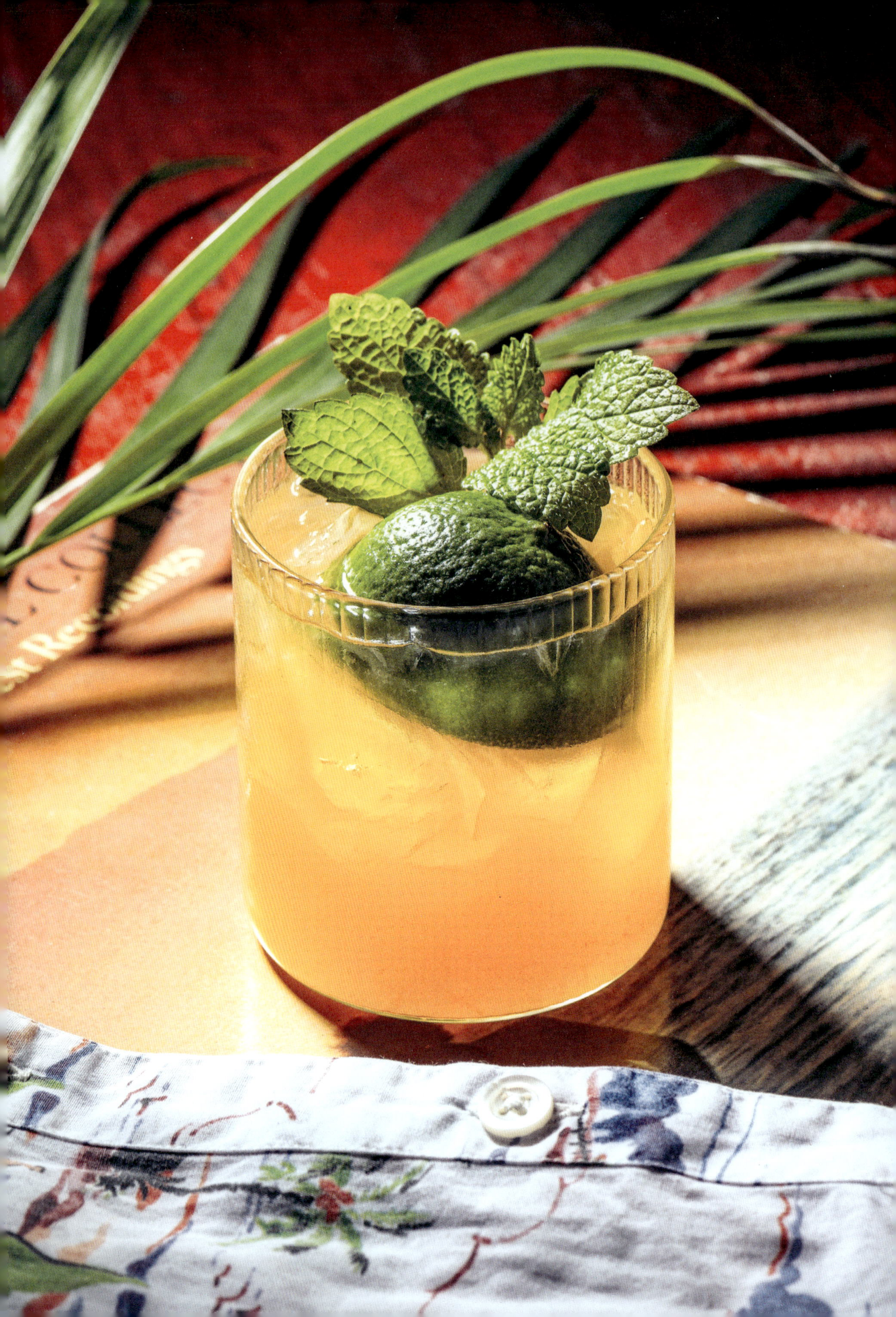

迈泰

60毫升 / 1⅓液量盎司特陈壶式蒸馏器朗姆酒
25毫升 / ¾液量盎司新鲜青柠汁
10毫升 / ⅓液量盎司皮埃尔·费朗橙味干库拉索酒
10毫升 / ⅓液量盎司冰糖糖浆（见下文）
10毫升 / ⅓液量盎司杏仁糖浆
一枝薄荷

•

如果你愿意，可以直接在玻璃杯中搅拌这款酒，但正确的方法是摇和。将这些配料与200克（7盎司）碎冰一起添加到鸡尾酒调酒壶中，充分摇和，然后将调酒壶的全部内容物倒入一个大号低球杯中。用挤完汁的青柠壳装饰杯口，并添加一小枝薄荷进行装饰。然后即可享用！

虽然"迈泰"是"提基"系列鸡尾酒中最受欢迎的品种之一，但遗憾的是，它也是热带口味鸡尾酒系列中热带口味最淡的一款。这款酒不加菠萝汁，不加百香果，没有红石榴糖浆，也没有椰子。这已经足以让酒精度过高的朗姆酒变得清淡！事实上，这款传奇饮品的原始版本是由提基岛传奇连锁酒吧维克贸易商（Trader Vic）发明的，最终只不过是在以朗姆酒为基酒的"玛格丽特"中加入了杏仁糖浆。正是得益于这种简单，这款鸡尾酒才得以脱颖而出，并且在朗姆酒鸡尾酒中的名气仅次于"黛绮莉"。

1944年，维克·伯杰龙（Vic Bergeron）在维克贸易商最初的苏克汉姆分店发明了这款酒。当时，伯杰龙正在为两位大溪地朋友伊沙姆（Easham）和嘉莉·吉尔德（Carrie Guild）调制饮料，他将Wray & Nephew 17年朗姆酒与"新鲜青柠、荷兰橙味库拉索酒、一甩冰糖糖浆和一块法式杏仁糖浆混合在一起，以增添微妙的杏仁风味"。在调制这款酒的时候"加入大量刨冰，用手剧烈摇和"。据维克说，嘉莉喝了一口之后说了一句"Maita'i Roa A'e"，这在大溪地语中的意思是"绝无仅有"或"非常好"。

这款酒传遍了维克的连锁餐厅，后来又传到了整个美国，在此过程中消耗了Wray & Nephew 17年朗姆酒的库存。当这款朗姆酒的库存耗尽后，他改用了Wray & Nephew 15年朗姆酒，直到这款酒的库存也开始枯竭。

于是维克决定将剩余的朗姆酒与红心朗姆酒（当时是牙买加混合物）和科鲁巴朗姆酒（来自牙买加的黑朗姆酒）混合在一起。20世纪50年代中叶，维克已完全弃用Wray & Nephew朗姆酒，转而使用牙买加朗姆酒与马提尼岛农业朗姆酒的混合酒。

如今，点一杯"迈泰"，喝到的味道是好是坏，通常是看运气。有些配方需要添加苦精，而另一些则使用菠萝汁，而且通常情况下，你得到的朗姆酒酒精度会超标。最初的版本是迄今为止最好的版本，但问题是传奇的Wray & Nephew 17年朗姆酒现在不容易得到，难度并不比20世纪50年代高……所以直接把它换掉就可以了，对吧？然而，并没那么容易。这是将"迈泰"从平淡无奇提升到波利尼西亚阳光普照热带风情的关键因素。目前，Wray & Nephew 17年朗姆酒的存量很少，且大部分未开封。多亏杰克·汉堡（Jake Burger），我曾有幸品尝过这款朗姆酒的原汁原味，味道非常正宗。如今市面上几乎没有任何朗姆酒能模仿它的独特风味，这意味着，要调制一款口味纯正的"迈泰"鸡尾酒绝非易事。

至于其他关键配料，冰糖糖浆是通过将两桶糖和一份水加热，并在锅中熬煮5分钟进行浓缩。如果你试着用德梅拉拉糖或淡黑糖来制作，成品饮料的味道会更丰富。另外，维克贸易商也出售他们自己品牌的产品。

莫吉托

12片新鲜薄荷叶

50毫升 / 1⅗液量盎司哈瓦那俱乐部3年朗姆酒

20毫升 / ⅗液量盎司新鲜青柠汁

10毫升 / ⅓液量盎司糖浆（见第17页）

用冰镇苏打水加满

用一块青柠和一枝薄荷装饰

•

取一个矮胖的高球杯，把薄荷叶扔进去，用捣棒轻轻捣压薄荷叶。请注意，动作一定要轻柔，不要压碎叶子，否则会将苦味的叶绿素释放到酒中。将叶子浸入朗姆酒中并充分调和，然后加入青柠汁和糖浆。将一勺碎冰放入其中，然后用吧勺充分搅拌。在酒液表面加入更多的冰，再次调和，然后用苏打水填充空隙。再次调和，添加更多冰（如果需要），然后用一块青柠和一小枝薄荷装饰。

这款酒不易调制成平衡状态。许多调酒师都会犯一个错误，那就是将整块青柠捣入/压碎到酒中。这个策略非常糟糕，因为青柠的汁液量差异很大，除非糖分得到相应的平衡，否则调制出来的酒会淡而无味或者太酸。

没有多少鸡尾酒比"莫吉托"更能与朗姆酒产生共鸣。它是改头换面的古巴魔酒，能够完美搭配上等古巴雪茄的浓烈香辛味。这款酒清新、提神、充满活力。

最早提及"莫吉托"鸡尾酒的是邋遢乔（Sloppy Joe）哈瓦那酒吧，该酒吧在1931年向顾客赠送了一本鸡尾酒纪念小册子，上面介绍了"莫吉托"鸡尾酒的配方。这本小册子实际上列出了这款酒的两个版本，一个版本列在"百加得鸡尾酒"之下，另一个版本列在"哥顿金酒鸡尾酒"之下。当然，第二个版本是用金酒代替朗姆酒，而第一个版本则是以百加得为基酒，大体跟我们今天喝的版本差不多（不过如果你在哈瓦那喝的话，那就不是搭配百加得了）。小佛罗里达酒吧1939年出版的传奇鸡尾酒书中再次提供了两个版本，一个是"莫吉托克里奥罗1号"（搭配朗姆酒），另一个是"莫吉托克里奥罗2号"（搭配金酒）。两个版本的"莫吉托"让一些酒吧历史学家认为，最初的鸡尾酒实际上是以一种名为"南方"的美国饮料为基酒。

从时间来判断，确实有这个可能，因为最早提到"南方"的故事来自19世纪90年代长岛的南方运动员俱乐部。当时，起泡酒非常流行，有一天，一位富有冒险精神的调酒师在"金菲士"中加入了薄荷叶，于是"南方"就此诞生。

虽然听起来很简单，但它本身就是这么简单。事实上，这种将青柠、水、烈酒和薄荷调配到一起的做法非常简单，其历史远比"南方"和"莫吉托"悠久。这个做法的已知最早示例实际上是海军格罗格酒的早期形式，其被命名为"El Draque"，以英国私掠船船长弗朗西斯·德雷克（Francis Drake）的西班牙语昵称命名。这款火热的混合饮品由甘蔗酒、青柠、糖和薄荷制成，很可能更接近于"小潘趣"（见第159页），而不是"莫吉托"，但显然同宗同源。德雷克到底是否喝过这些东西值得怀疑，因为他生活在16世纪晚期，当时在巴西以外的地方很难见到甘蔗酒。另外，他那个时代最伟大的探险家之一也是世界上第一位调酒师，这似乎是一个令人难以置信的巧合。但如果德雷克确实参与了这款鸡尾酒的构思，那么他就有充足的理由声称这款酒是世界上最古老的鸡尾酒。

不管诞生的过程是怎样的，这款鸡尾酒的确在19世纪初期广泛流行于古巴农民阶层，大约比"南方"

或"黛绮莉"（见第132页，据说是其起源的另一款鸡尾酒）的发明时间早了90年。同样是在19世纪下半叶，El Draque（作为"小龙"）出现在古巴诗人/小说家拉蒙·德·卡帕尔马（Ramón de Palma）的小说《哈瓦那霍乱》（El Colera en la Habana）中。

"莫吉托"的词源尚不完全清楚，可能来自西班牙语单词mojadito（意思是"有点湿"），也可能是从"Mojo"（一种以青柠和薄荷为基础的莎莎酱）的配方演变而来。

布兰奇·Z. 德巴拉特（Blanche Z. De Baralt）的《古巴烹饪：热带美食秘诀，古巴饮品附录》（Cuban Cookery: Gastronomic Secrets of the Tropics, with an Appendix on Cuban Drinks，1931年）中收录了"朗姆鸡尾酒（古巴魔酒）"的配方和制作正宗"莫吉托"的说明。

如果说La Floridita酒吧是"黛绮莉"的摇篮，那么哈瓦那老城的五分钱酒馆（La Bodeguita Del Medio）就是"莫吉托"的发源地（众所周知，海明威曾用文字表达过同样的意思）。这家不起眼的小酒馆是哈瓦那酒吧界的后起之秀，一位名叫安吉尔·马丁内斯（Angel Martinez）的农民于1942年在Empedrado街道开设了这家酒吧。这家酒吧很快就以其低调的风格在当地人中声名鹊起，海明威和巴勃罗·聂鲁达（Pablo Neruda）等名人都曾光顾过该酒吧。如今，这家酒吧的墙上还贴着数十年来的手写信息，而且这里的调酒师每分钟可以调制出多达十几杯莫吉托。如果这样的流水产量都不能让你警铃大作，敬而远之，那么我可以明确地告诉你：如果你追求的是美酒，就最好不要去五分钱酒馆。

就像鸡尾酒和发明鸡尾酒的酒吧的不幸常态一样，这里的旅游业繁荣起来之后，从前曾经存在（或不存在）的任何品质迹象都已消失殆尽。我对这款酒的模糊记忆便是预包装的青柠汁、薄荷茎和哈瓦那俱乐部3年朗姆酒的过量消耗。

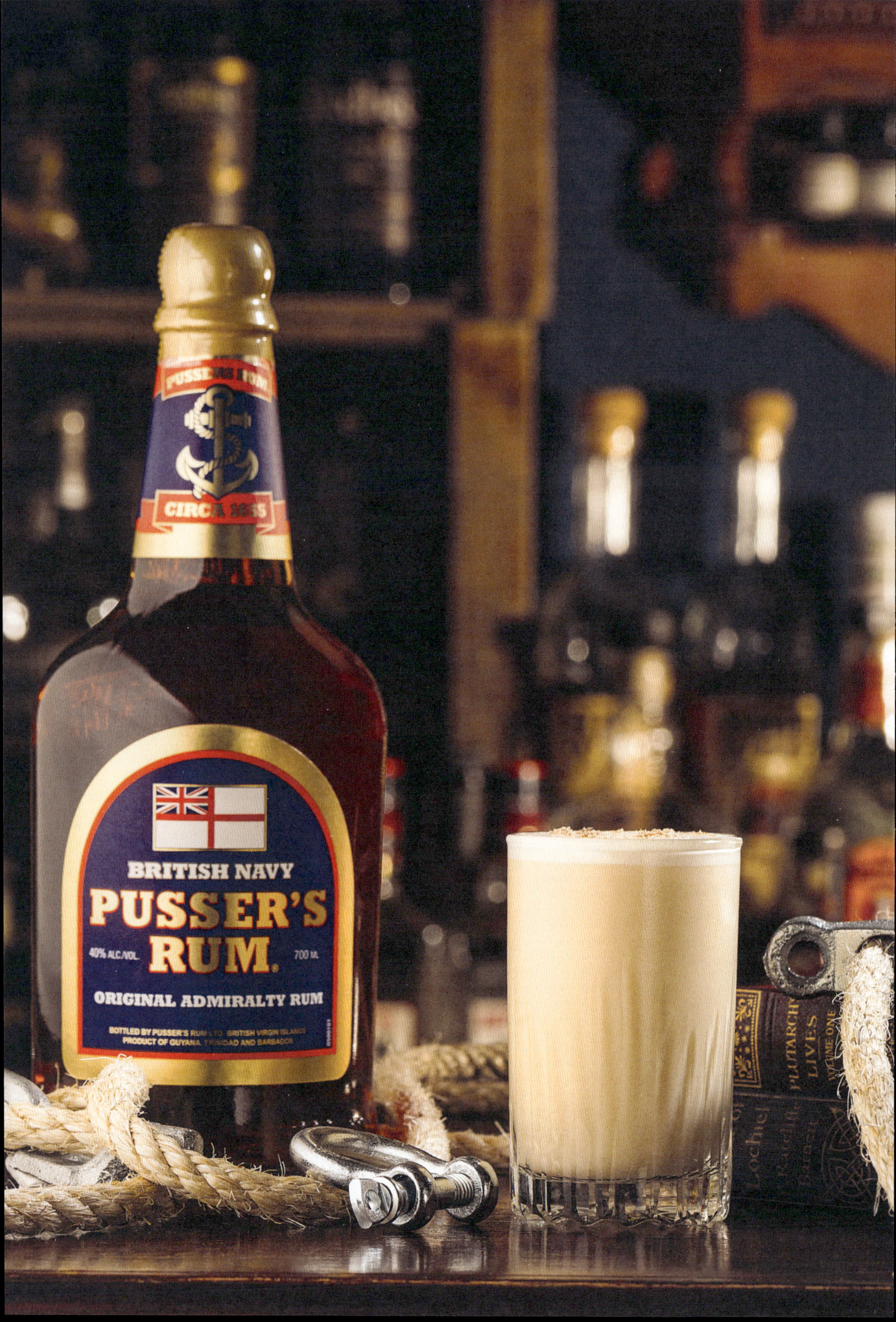
BRITISH NAVY
PUSSER'S
RUM
ORIGINAL ADMIRALTY RUM

止痛药

50毫升 / 1⅓液量盎司帕萨姿朗姆酒
50毫升 / 1⅓液量盎司压榨菠萝汁
25毫升 / ⅔液量盎司椰油
10毫升 / ⅓液量盎司鲜橙汁
5毫升 / 1茶匙糖浆（见第17页）
将肉桂粉和新鲜现磨肉豆蔻撒在上面

•

将所有配料添加到装有冰块的鸡尾酒调酒壶中进行摇和。接下来，倒掉冰块并再次摇和鸡尾酒（不加冰）——这样可以让酒更蓬松，口感更清透。使用手持式奶泡器甚至搅拌器也可以实现同样的效果。倒入高球杯中，撒上香料收尾。

就像"月黑风高"（见第135页）一样，"止痛药"是已进行过商标注册的精选鸡尾酒品种之一。这个商标属于帕萨姿（Pusser's），如果你想用不同的朗姆酒品牌来制作这款鸡尾酒，那么将涉嫌违法。从字面上看，这款鸡尾酒与"椰林飘香"相差无几（见第152页）。但与"椰林飘香"不同的是，这款酒不是兑和而是搅和而成的，最后需要撒上肉桂和肉豆蔻粉收尾。正是这些与"椰林飘香"的细微偏差，再加上所需的浓郁朗姆酒，才让悠闲的游船之旅变成了穿越险山恶水的危险之旅。

有时，我想知道"止痛药"（Painkiller）鸡尾酒的发明者是否在其名称中遗漏了逗号，因为"止，痛"（Pain, Killer）这个名称可能更贴切。有一次，在英属维尔京群岛甘蔗园湾的一家沙滩酒吧里，我和几个澳大利亚人痛饮了一阵"止痛药"鸡尾酒，这完全是在受虐。无论口感好坏，这家酒吧都自称是"止痛药"的神圣守护者。后来，我兴高采烈地回到了住处。这款酒的酒精含量相当高，高到令我始料不及，以至于第二天我大部分时间都卧床不起。这就是"痛"的部分。

当我在同一天回到同一家酒吧，又点了一杯"止痛药"时，"止"的部分便发生了。

与世界上所有最危险的饮品一样，这款酒的问题也在于很容易入口。这确实是"提基"系列鸡尾酒的一大特点，但"止痛药"堪称一款真正的精品佳作。对于许多人来说，能够成功隐藏酒味的鸡尾酒才能算作一款佳作。这样的观点我不敢苟同；酒精与饮品的良好融合可以集中风味、延长余味、平衡甜味，并提醒饮用者细细品味。然而，如果我们根据鸡尾酒隐藏酒味的能力对鸡尾酒进行评级，那么"止痛药"将是其中的佼佼者。

我提供的这个配方版本比经典版本更短，远离了"椰林飘香"风格，更贴近"蜜糖"（见第160页）。你会发现，酒精的微微热度恰到好处，令人倍感亲切，菠萝的浓郁风味与香料也相得益彰。

如果你还是喜欢调制经典版本，那么我建议按2∶1∶1∶1的比例来搭配菠萝汁。无论如何选择，请一定要选用你能买到的最优质的菠萝汁。

椰林飘香

25毫升 / ¾液量盎司唐Q水晶白朗姆酒

25毫升 / ¾液量盎司百加得8年朗姆酒

50毫升 / 1⅔液量盎司椰奶（如果喜欢，可高压烹制，见下文）

60毫升 / 2液量盎司压榨菠萝汁

10毫升 / ⅓液量盎司新鲜青柠汁

一小撮盐

用一块菠萝和新鲜樱桃装饰

•

将所有配料与100克/3½盎司碎冰（每份）一起倒入搅拌器中，快速搅拌30秒，或者搅拌到酒液如丝般光滑，没有结块。立即用吸管盛入飓风杯中，并用一块菠萝和一颗新鲜樱桃装饰。

如果可以将海滩度假的浓缩风味装瓶，那么它的味道可能会像"椰林飘香"。也难怪防晒霜制造商会借用菠萝和椰子的经典组合来给产品增香。"椰林飘香"的外观甚至看起来就像一个假期，而且是一个慵懒的假期，让人不免沉湎于清凉和黏糊的状态，其膨胀的比例和招摇的装饰也非常滑稽。

世界上只有两种人：爱"椰林飘香"的人和不承认爱"椰林飘香"的人。在无人注意的时候享用这款酒是一种有罪恶感的快乐，而且比起混合饮料，这款酒更像是一种碰巧含有酒精的甜点。一杯上好的"椰林飘香"可以轻松下肚，其中所含的朗姆酒几乎完全不易察觉。然而，对许多人来说，"椰林飘香"才是最权威的鸡尾酒——它最能代表汤姆·克鲁斯（Tom Cruise）在1988年主演的电影《鸡尾酒》中的调酒风格。无论这款酒多么不切实际，这样的怀旧情绪都是很难打破的情绪。

好消息是，这款酒的调制非常简单，只需三种配料（朗姆酒、椰奶和菠萝汁），外加冰块和搅拌器。当然，如果你有机会使用冰沙机，那就更好了。如今，波多黎各圣胡安的巴拉奇纳就是这样调制的，据说这款鸡尾酒就是在那里发明的。每天光顾这家酒吧的游客络绎不绝，工作人员会快速调制这款鸡尾酒，售价高达7.81美元（6.30英镑）。1963年，雷蒙·波塔斯·明戈（Ramón Portas Mingot）在巴拉奇纳发明了这款酒，最初发明的配方还包含了炼乳。和大多数饮品一样，这一说法也受到了另一位雷蒙的质疑：雷蒙·马雷罗（Ramón Marrero）。据称，1954年，他在圣胡安的卡里波希尔顿酒店（Caribe Hilton）工作时发明了这款鸡尾酒。1948年，波多黎各推出了可可洛佩兹牌椰奶，正是得益于此，"椰林飘香"才得以问世。"椰林飘香"现在是波多黎各的国饮，并在7月10日的全国"椰林飘香"日进行庆祝。

经典的"椰林飘香"配方需要添加淡色的朗姆酒、菠萝汁和椰油。我建议淡色和深色朗姆酒搭配使用，并稍微减少菠萝汁的用量。如果想要意外之喜，你可以将密封的椰奶罐放入高压锅中以最高的温度加热1小时左右。这样处理方式可以制作出烘烤过的、饼干味的、近似黄油一样的椰奶，让普通的椰奶相形见绌。无论如何处理，都不要吝惜菠萝汁——买你能找到的最好的菠萝汁，并根据你的口味加甜。

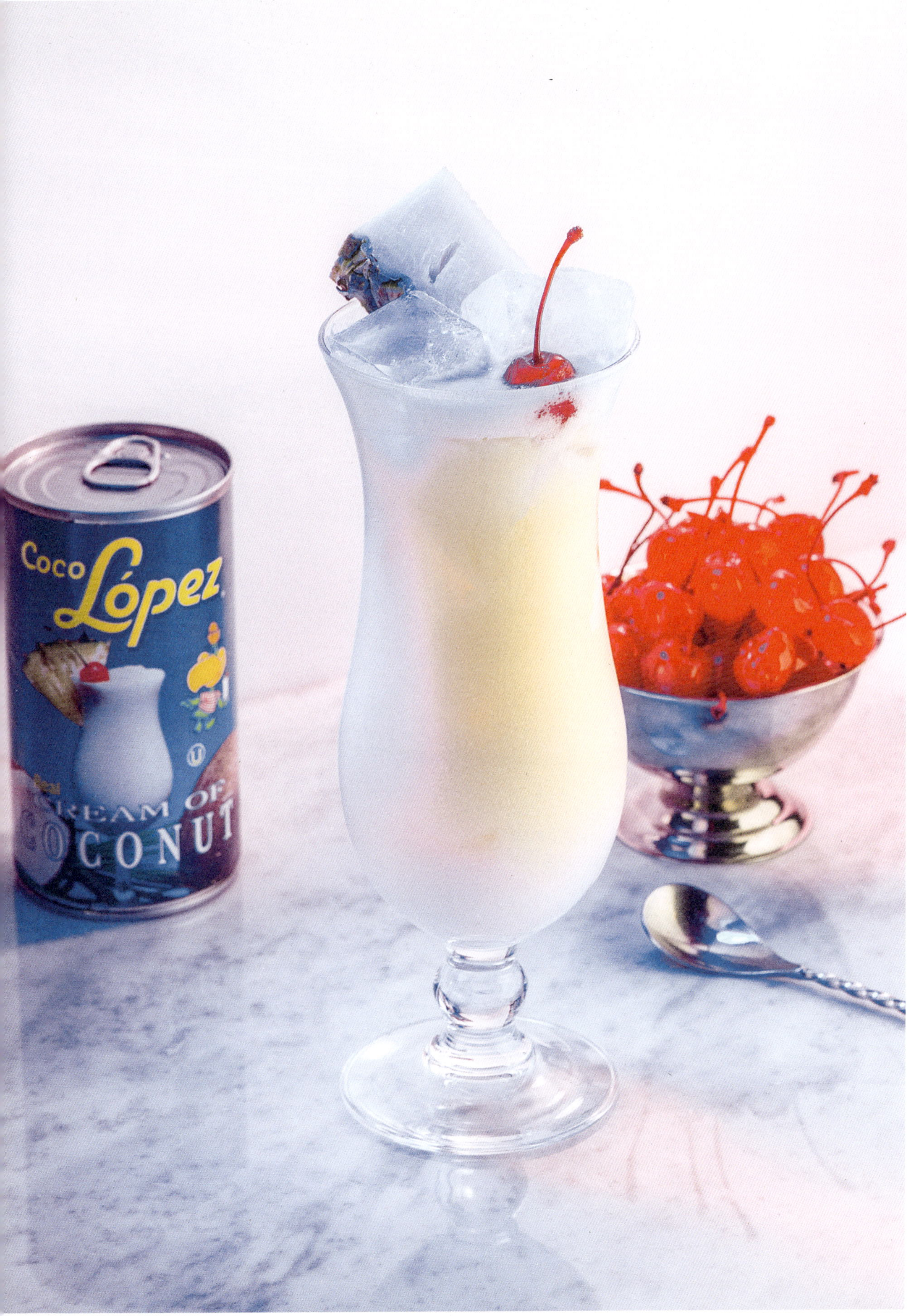
Coco López
CREAM OF
COCONUT

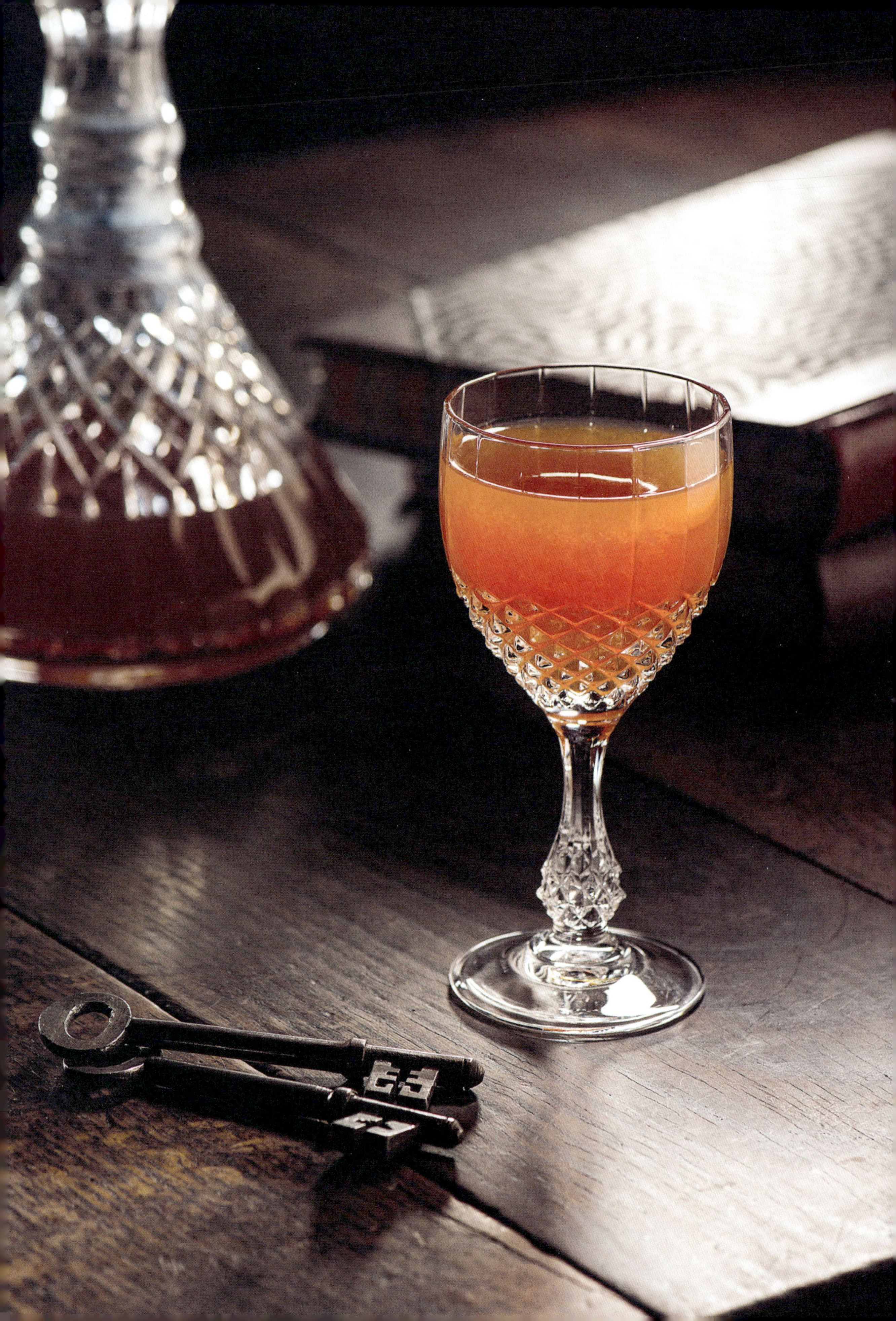

庄园主潘趣

400毫升 / 14液量盎司冲泡大吉岭茶
120克 / ½杯德梅拉拉糖
⅛茶匙盐
150毫升 / 5液量盎司新鲜青柠汁
50毫升 / 1⅔液量盎司新鲜葡萄柚汁
300毫升 / 10液量盎司陈年壶式蒸馏器朗姆酒

•

先冲泡茶（又好又浓），待茶冷却后，将糖和盐溶解到其中。将柑橘类水果榨汁，滤出果肉，然后与朗姆酒混合。茶冷却后，将所有配料混合在一起，装入瓶中（此配方的分量为1升），然后放入冰箱保存，按需取用——最多可存放2周。倒入玻璃杯中即可享用，如果喜欢的话还可以加冰。

潘趣酒的历史比鸡尾酒早了至少200年，是酸酒和起泡鸡尾酒系列的基础。有些潘趣酒的配方非常具体，而另一些则更具概念性；"庄园主潘趣"肯定属于后一类。在哈里·克拉多克于1930年出版的《萨沃伊鸡尾酒手册》中，这款酒被称为"牙买加朗姆潘趣"，而英国小说家亚历克·沃（Alec Waugh）则将这款酒称为"克里奥尔潘趣"。它最初可能是由壶式蒸馏器朗姆酒、柑橘、糖和水调配而成。

如今，在"庄园主潘趣"中添加利口酒、红石榴糖浆、橙汁或百香果的情况并不罕见。这一次，我会建议你自行决定如何制作你的潘趣酒。只要你坚持"两份酸，一份甜，三份浓朗姆酒，四份淡朗姆酒"的经典比例，你就不会出错。

你会知道这个比例是否奏效，因为你会忍不住接二连三喝个不停，欲罢不能。这就是潘趣酒的核心所在——如果用大杯盛装，会显得荒诞不经，如果用小杯盛装且只喝一杯，又无疑会不那么尽兴。当然，效果可能不会立竿见影，正如作家帕特里克·夏莫瓦索（Patrick Chamoiseau）提醒我们的那样："一杯朗姆潘趣需要整整六个小时才能渗透灵魂。从避开烈日骄阳的中午到晚上喝汤之前的这六个小时，这款酒的效果都一直在持续。"

过去，潘趣是用一种被称为"塔糖"的糖制成的，这种糖之所以得名，是因为这种糖高高的，看起来有点像导弹弹头。其形状是由于将融化的糖倒入陶器模具中凝固而形成。塔糖按质量分级，白色糖（与我们现代的食糖不同）仅供富裕阶层使用。大多数普通人只能买得起淡黑糖或"德梅拉拉"糖等级之内的塔糖，就潘趣酒而言，这并不是一件坏事，因为这些糖提供了风味和甜味。

至于朗姆酒本身，这不是回避味道的场合。在英国壶式蒸馏器酒泛滥的年代，潘趣酒和朗姆酒共同存在。因此，潘趣酒中略带"怪味"只会显得更为真实。

朗姆碎冰

40毫升 / 1⅓液量盎司史密斯克斯朗姆酒
50毫升 / 1⅓液量盎司新鲜菠萝汁
15毫升 / ½液量盎司新鲜青柠汁
10毫升 / ⅓液量盎司简单糖浆（见第17页）
2甩安格仕苦精
用新鲜薄荷和青柠片装饰

•

将所有配料加入低球杯或高球杯中，并加入大量碎冰，搅拌10秒，然后用新鲜薄荷和一片青柠装饰。

碎冰酒是一系列酸酒风格的鸡尾酒，与潘趣酒有关，但用碎冰调制，通常用调酒棒"搅拌"。真正的调酒棒是从一种拉丁名为Quararibea turbinata的常绿树上砍下来制作的，但其俗称为"调酒棒树"。这种树的侧枝分叉成五簇或六簇，与次级枝呈90°，一旦修剪得当，就会形成一个比例完美的天然搅拌工具，可谓是大自然的鬼斧神工！

搅拌起源于加勒比海和中美洲的饮食制作方式，可能源于用搅棒调和盛有面糊和面团的烧瓶的做法，或者源自用于制作热巧克力的传统墨西哥莫利尼略搅拌器。目前尚不清楚"碎冰"这个词到底从何而来，也不清楚是这种树还是这种饮料最先被命名。1894年，《南方杂志》(The Southern Magazine)的一位记者这样评价这种饮料："它的名字可能源自'调酒棒'，或者'调酒棒'的名字源自'碎冰'，对此当局并不清楚。"

文献资料表明，到19世纪40年代，"碎冰鸡尾酒"在西印度群岛很常见，这实际上使"碎冰鸡尾酒"成为继潘趣酒和茱莉普之后古老的调制饮料系列之一。虽然不赞同，但我确实听说，碎冰鸡尾酒的前身是switchel，一种由醋、水和香料组成的非酒精饮料，在北美殖民时期风靡一时。

根据爱德华·伦道夫·爱默生（Edward Randolph Emerson）1909年出版的《饮料的前世今生：生产历史简述》(Beverages, Past and Present: An Historical Sketch of Their Production)的记述，"碎冰鸡尾酒是由六份水、一份朗姆酒和芳香调味料调制组成"。配方的最后一部分相当开放，因为芳香调味料可以是任何具有芳香的配料。这给了碎冰鸡尾酒爱好者们足够的创意空间去尝试使用任何他们认为合适的水果或草药，但菠萝汁和柑橘的组合在当代似乎最受认可。

如果你要调配百慕大朗姆碎冰，这一点尤为重要。与其他地方相比，碎冰酒似乎在百慕大更加如鱼得水。然而，尽管百慕大具有热带风情，有短裤和三角裤，但这个温带大西洋岛屿既没有"调酒棒"树，也没有菠萝坑。的确，与其说百慕大是一个闷热的乐土，倒不如说它更像一片英格兰乡村（恰好从最近的合理大小的陆地向外延伸了1000千米）。

使用吧勺可以轻松调制碎冰鸡尾酒，但如果你能拿到真正的调酒棒，你就不会后悔，因为调酒棒的自然形状会在酒液和冰之间产生无与伦比的交锋。诀窍是将调酒棒的尖头浸入冰镇鸡尾酒中，然后用手掌夹住调酒棒。这样一来，当你用手揉搓调酒棒时，调酒棒就会快速来回旋转，产生大量泡沫（主要得益于菠萝汁）并迅速冷却。

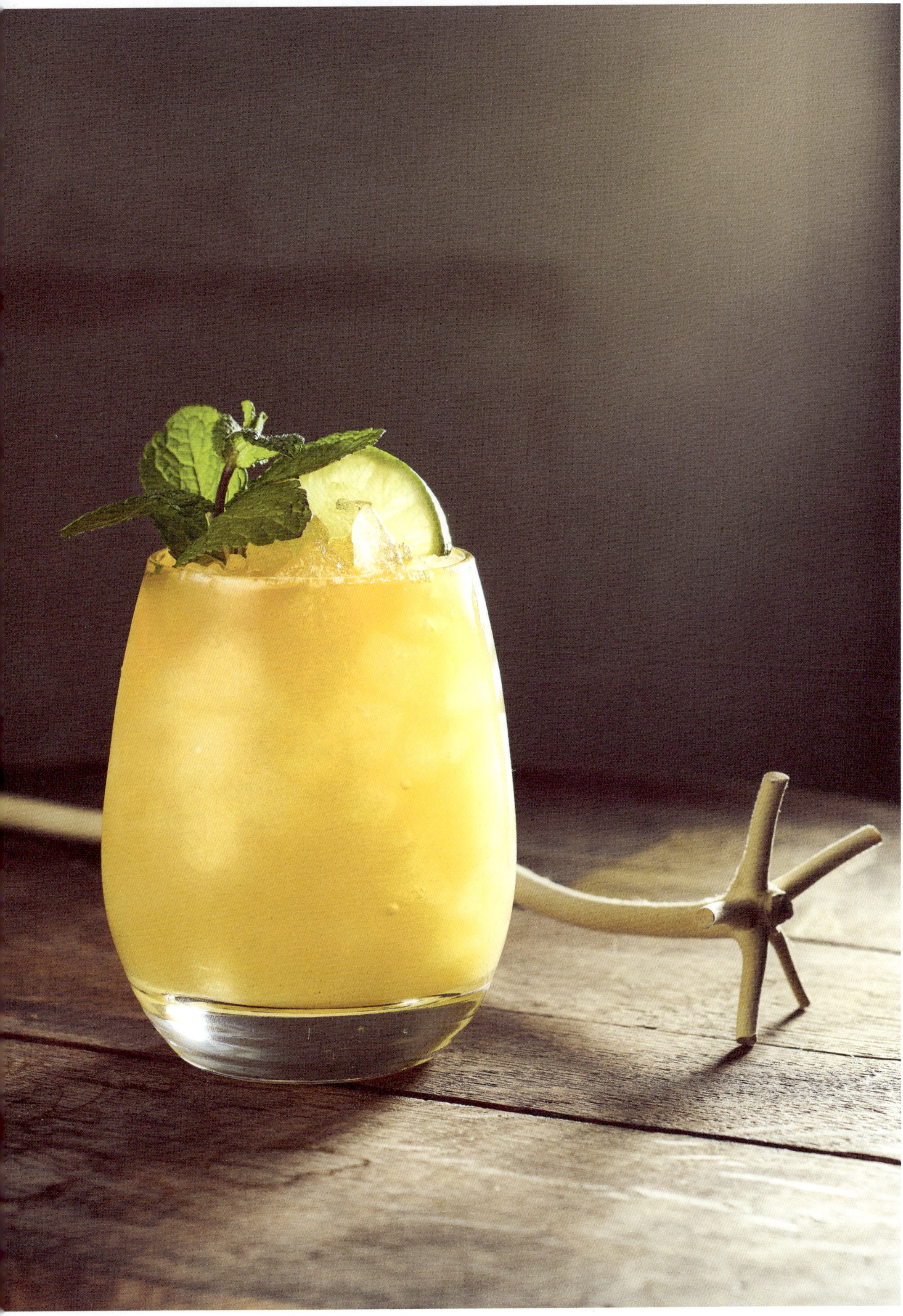

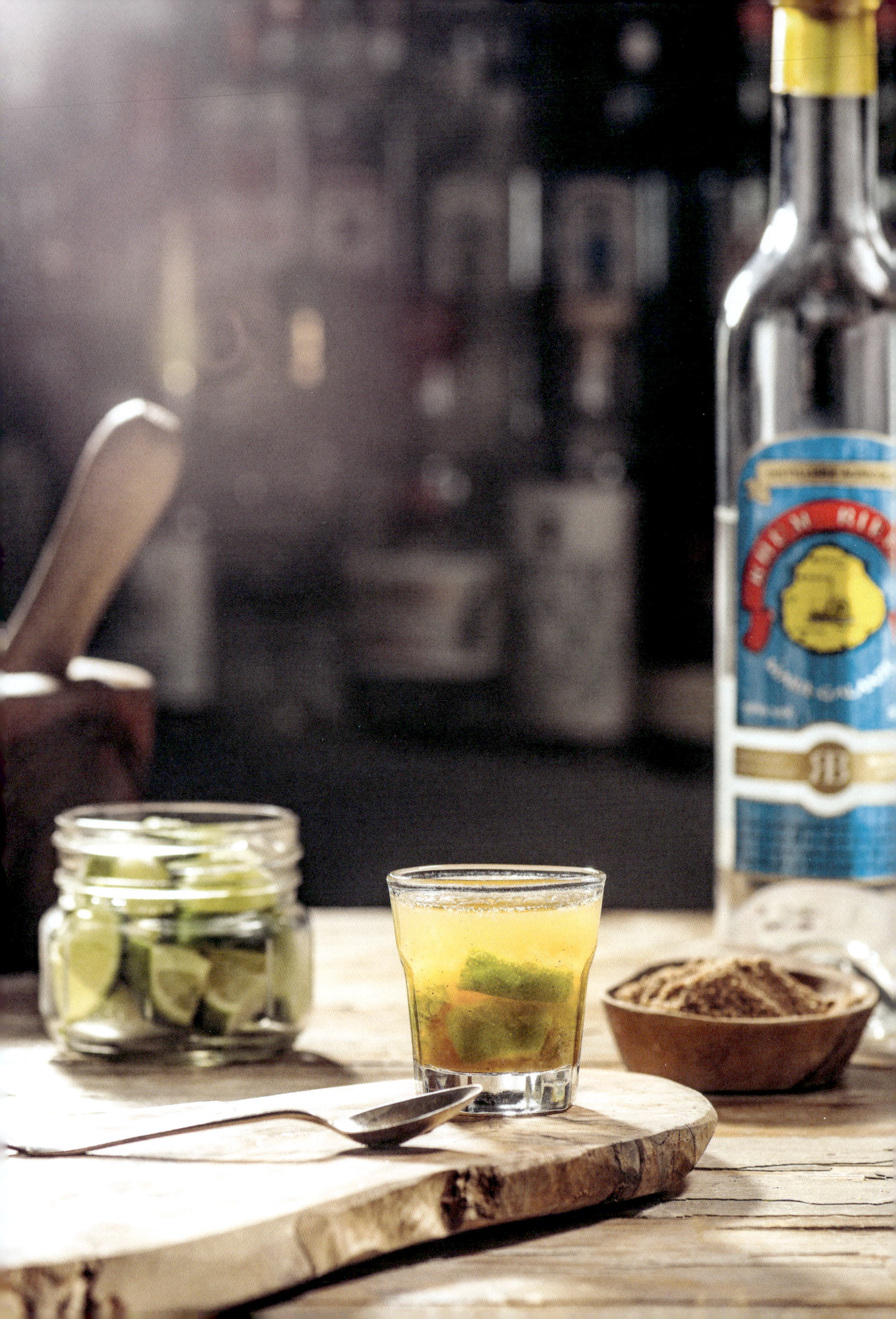

小潘趣

50毫升 / 1⅗液量盎司古贝塔高级白朗姆酒
（任何农业朗姆酒都可以，但这是我最爱的其中一款）
一小块青柠
1茶匙红糖

•

将青柠放入小低球杯中，然后用吧勺的背面轻轻压碎，接下来添加朗姆酒和糖，充分调和，直到所有糖溶解。如果你愿意，你可以制作红糖浆（见第17页）且不进行调和，但法国人倾向于选择砂糖，因为这样会吸收更多的青柠油。

"小潘趣"（发音为tee-pawnch）是一种源自西印度群岛法属岛屿的饮品，与当地农业朗姆酒同义。从很多方面来说，这种"小潘趣"不仅仅是一种混合饮料或鸡尾酒。对于许多人来说，这是制作朗姆酒的最后阶段，就好像瓶子里的液体从来都不是"按原样"供应，而是用柠檬汁调味，小心地加一勺糖使其变甜，然后调和、啜饮并享用。

"小潘趣"不加冰是饮用惯例，这款酒与典型的高浓度农业朗姆酒搭配在一起之后，可以制成一种风味十足的小饮品。可能正是由于这个原因，人们才决定让这款酒变得小巧紧凑。有些甚至只有一口的量，小巧得有些可笑。我的朋友帕特里夏（Patricia）住在瓜德罗普岛的皮特尔角城，她会用比蛋托大不了多少的蓝色小玻璃杯制作小潘趣。这款酒会在几分钟内喝完，然后她会继续调制，把小青柠片搅在一起，慢慢地把糖溶解在朗姆酒里。也许正是经过压、舀、倒和调和这一系列处理，才使得这款酒如此令人回味。相较于其他鸡尾酒，这款酒是最难调制的饮品之一，但就像一杯浓缩咖啡一样，回报当然也是值得的。

如果你走进法属加勒比海地区的酒吧并点上一杯"小潘趣"，那么他们通常会为你提供一整瓶朗姆酒、青柠块、糖和一个空玻璃杯，然后邀请你自行调制。这意味着你可以亲自动手调制，自行调整配料的比例，以达到你自己喜欢的强度、酸度和甜度。这也意味着事情会迅速升级，半瓶酒精度为50%的酒在几分钟内就会被你喝下肚。在这种情况下，调酒师会测算你喝了多少，然后向你收费。届时你会心甘情愿地掏腰包。

"小潘趣"的调制方法非常简单，冰块用完之时，这款酒是个绝佳备用计划。但请谨记一点，必须使用农业朗姆酒。至于其他配料，你可以自行选择是用柠檬还是青柠，是用白糖还是红糖。我个人偏向于选用青柠和红糖。

如果你愿意，你可以使用vieux（陈年）朗姆酒，但我认为这款酒更适合选用野性芳香的农业白朗姆酒。

蜜糖

50毫升 / 1⅔液量盎司陈年壶式蒸馏器朗姆酒
20毫升 / ⅔液量盎司苹果汁（浓缩汁）
10毫升 / ⅓液量盎司糖浆（见第17页）
2甩安格仕苦精
用柠檬皮装饰

•

将所有配料加入装有一大勺冰块的低球杯中，调和1分钟，然后用少许柠檬皮装饰。

食物和饮料的命名本身就是一种烹饪艺术形式，在酒吧文化中体现得最为明显。对于食物来说，名字最多只是描述性的，但对于鸡尾酒来说，名字有机会真正唤起人们的回忆。以"蜜糖"为例，你可能以前从未喝过这款酒，但这个名字非常生动形象，很容易让人联想到一种甜、黏稠、也许还有一点果味的东西。这也正是"蜜糖"的本质。

这款酒是由英国已故的伟大调酒传奇人物迪克·布拉德塞尔（Dick Bradsell）发明的。这位调酒师几乎是凭一己之力推动了20世纪80年代末的伦敦鸡尾酒文化复兴。与迪克调制的大多数鸡尾酒一样，"蜜糖"低调朴实且易于搭配。这款酒以"古典"鸡尾酒（波旁威士忌、糖和苦精，见第117页）为基酒，但威士忌被壶式蒸馏器朗姆酒取代，并添加了一点苹果汁，让整个酒充满活力。

迪克坚持认为这款鸡尾酒只能用廉价的（棕色）苹果汁制成，而不是昂贵的压榨苹果汁。如果用后者替换前者的话，会产生另一款完全不同的鸡尾酒。两款酒都很美味，但选用便宜苹果汁的话，酒的质地更光滑，更接近蜜糖。

至于朗姆酒，建议选用浓郁而时髦的品种来驾驭苹果的味道。牙买加朗姆酒无疑是上佳之选，但如果你追求的是正宗"蜜糖"风味，那么选用德梅拉拉朗姆酒的效果也同样不错。是否感觉在做实验？那么何不将两者混合在一起呢？你还可以尝试将糖浆中的糖换成深色糖或枫糖浆，甚至蜂蜜。

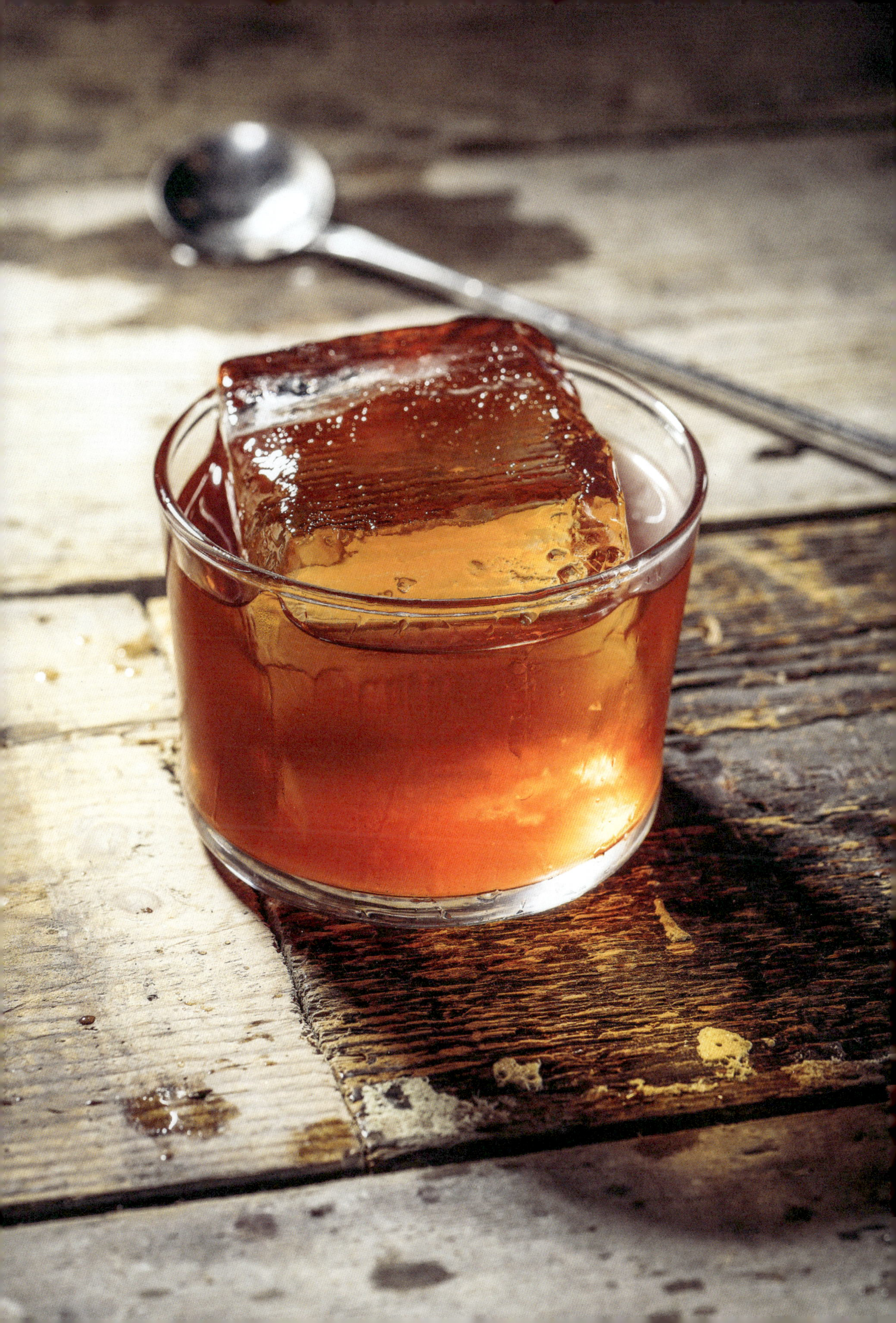

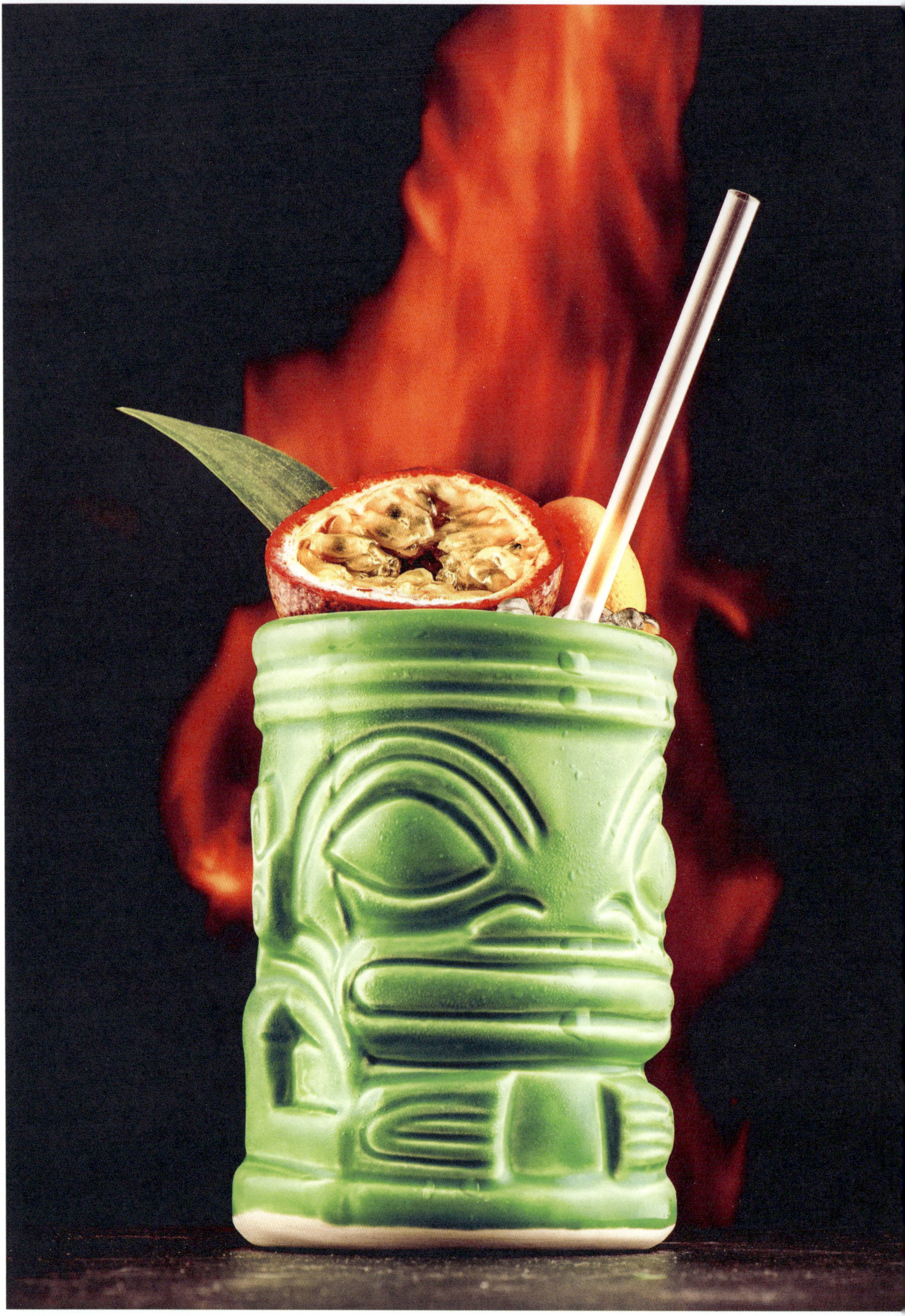

僵尸

35毫升 / 1¼液量盎司牙买加黑朗姆酒

35毫升 / 1¼液量盎司百加得金朗姆酒

25毫升 / ⅞液量盎司德梅拉拉151朗姆酒

20毫升 / ⅔液量盎司新鲜青柠汁

15毫升 / ½液量盎司法勒纳姆

10毫升 / ⅓液量盎司新鲜葡萄柚汁

5毫升 / 1茶匙肉桂糖浆

2甩安格仕苦精

少许苦艾酒

少许红石榴糖浆

用半个百香果、一片菠萝叶和橙皮装饰

•

你可以采用搅和或兑和的方式来调制这款鸡尾酒。如果采用搅和法,酒精味要淡得多,只需将所有配料放入加了一勺碎冰的搅拌器中快速搅拌,然后将混合酒液倒入提基马克杯或长玻璃杯中。如果采用兑和法,则将除德梅拉拉朗姆酒之外的所有配料添加到装有冰块的提基马克杯或高球杯中,加以调和,最后将德梅拉拉朗姆酒浮在酒液表面。

无论采用哪种方法,都用百香果、菠萝叶和橙皮装饰。

世界上有很多类似于僵尸这样的不死且衣衫褴褛的物种的传说,而围绕这款鸡尾酒的神秘恐怖故事几乎一样多。多年来,由于酒精含量极高、起源神秘和酒劲颇大,僵尸酒已经名声大噪,任何疯狂/勇敢的人都想喝上一杯。

真正的"僵尸"应含有约75毫升(3液量盎司)朗姆酒以及另外15毫升(½液量盎司)高酒精度朗姆酒。大多数酒吧对这款酒的收费很高,但许多酒吧会将朗姆酒的分量减少到更合理的程度,并用额外的果汁来凑数。如果你喝的是高球版的"僵尸",不要将其误以为是一杯稀释过的长饮鸡尾酒,其实杯中主要装的是朗姆酒!正是由于这个原因,"僵尸"鸡尾酒"每人最多喝一杯"的警告屡见不鲜。

这款"僵尸"通常被认为是由欧内斯特·雷蒙德·博蒙特·甘特(Ernest Raymond Beaumont Gantt),又名唐·比奇科默(Don Beachcomber)在1934年发明。

虽然并无任何证据可以佐证这个说法,但唐在自己的书中宣称发明了这款鸡尾酒:"自1934年以来,我发明了这款酒,并将其列入酒单……任何不这么说的人都是骗子!"

一本1937年的笔记本在某种程度上证实了这个故事:这款酒的所有者是唐的一名服务员,并且确实列出了"僵尸"的配方。"僵尸"的配方以脚注形式发表在帕特里克·加文·达菲(Patrick Gavin Duffy)于1934年出版的《官方调酒师手册》(*The Official Mixer's Manual*)中。尽管达菲的配方不尽相同,但无疑有明显的相似之处。

无论这款酒的真正发明者是谁,"僵尸"鸡尾酒无疑在整个20世纪40年代和50年代"提基"热潮兴起过程中发挥了主导作用(它在1939年纽约世界博览会上广为人知)。这在很大程度上归功于唐·比奇科默餐厅帝国的成功。

AÑEJO
1942 TEQUILA
TEQUILA DON JULIO
TEQUILA
RESERVA DE
DonJulio
100% de Agave
HECHO EN MEXICO
alc.38%vol.
70 cl e
AÑEJO
PRODUCCION LIMITADA
033215

特基拉

抛却"龙舌兰酒是一种刺激性烈酒"的成见,深入探索一下,
你会发现,龙舌兰酒不仅可以用来调制你最爱的"玛格丽特",
还可以用来调制诸如"白兰鸽"和"巴坦加"等美味清爽的鸡尾酒。

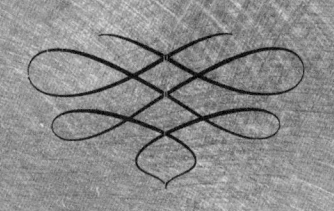

巴坦加

粗海盐片
60毫升 / 2液量盎司唐胡里奥牌白色特基拉酒
150毫升 / 5液量盎司可口可乐
用一块青柠装饰

•

在高球杯的边缘铺上粗海盐片。在杯中装入一些冰块，然后加入龙舌兰酒和可乐。充分进行调和——最好是用刀，这是唐·哈维尔（Don Javier）喜欢的方式——然后将一块青柠的汁挤入酒中，再把青柠块放入酒杯。

在我们详细介绍这款鸡尾酒（了解其中的成分）之前，请允许我承认一些事情。在我开始写这本书之前，我只喝过八杯"巴坦加"，而且都是在一个酒吧一次喝完的。那家酒吧名为"拉卡皮亚"，位于墨西哥特基拉镇的老城区。

特基拉酒因这个小镇而得名，这个小镇在19世纪因其生产优质的龙舌兰烈酒而闻名。"拉卡皮亚"是该镇现存最古老的酒吧，名字意为"教堂"。前往这座神圣殿堂墙壁朝圣的人们有很多值得高兴的事情。不是因为"拉卡皮亚"是一个美丽的地方，也不是因为这里的饮品世上绝无仅有，而是因为"拉卡皮亚"是一个精华之地，符合人们理想中的酒吧的样子：舒适、友好，留存着无数杯饮品、笑话和精神振奋的记忆。

这家酒吧的司仪和圣餐分发员是原主人的孙子唐·哈维尔·德尔加多·科罗纳（Don Javier Delgado Corona），他已经年过90岁。唐·哈维尔是酒吧界的当代传奇人物，不仅在于他对每个人的热情欢迎，还因为他发明了两种最好的以特基拉酒为基酒的鸡尾酒："白兰鸽"和"巴坦加"。

除非你住在墨西哥或在酒吧工作，否则你可能从来没有将特基拉酒和可乐搭配到一起。这两者之间的搭配非常成功，烈酒的香料和植物特性与可乐的柑橘、肉豆蔻和肉桂相得益彰。在墨西哥，喝这款鸡尾酒是不二之选，因为墨西哥人均碳酸饮料消费量比其他任何国家都高（每人每天半升）。他们对特基拉酒的热爱也不遑多让。

要调制一杯正宗的"巴坦加"，你最好能买到墨西哥可口可乐。与世界其他地方的可口可乐配方略有不同，墨西哥可口可乐用蔗糖而不是高果糖玉米糖浆制成，且其钠含量约为其他可口可乐的2倍。

墨西哥可口可乐的味道更好是一种普遍共识，但研究证明，大多数人实际上更喜欢美国版的可口可乐。墨西哥产品的优势在于人们的认知，以及它是用玻璃瓶而不是塑料瓶装的。经过口味测试发现，人们更喜欢用玻璃杯装可乐。墨西哥可口可乐的味道确实带有一种根汁啤酒的风味（可能是我的大脑欺骗了我），不免让人联想到薰衣草和茴香，也让人感觉更有气泡感，更有活力。

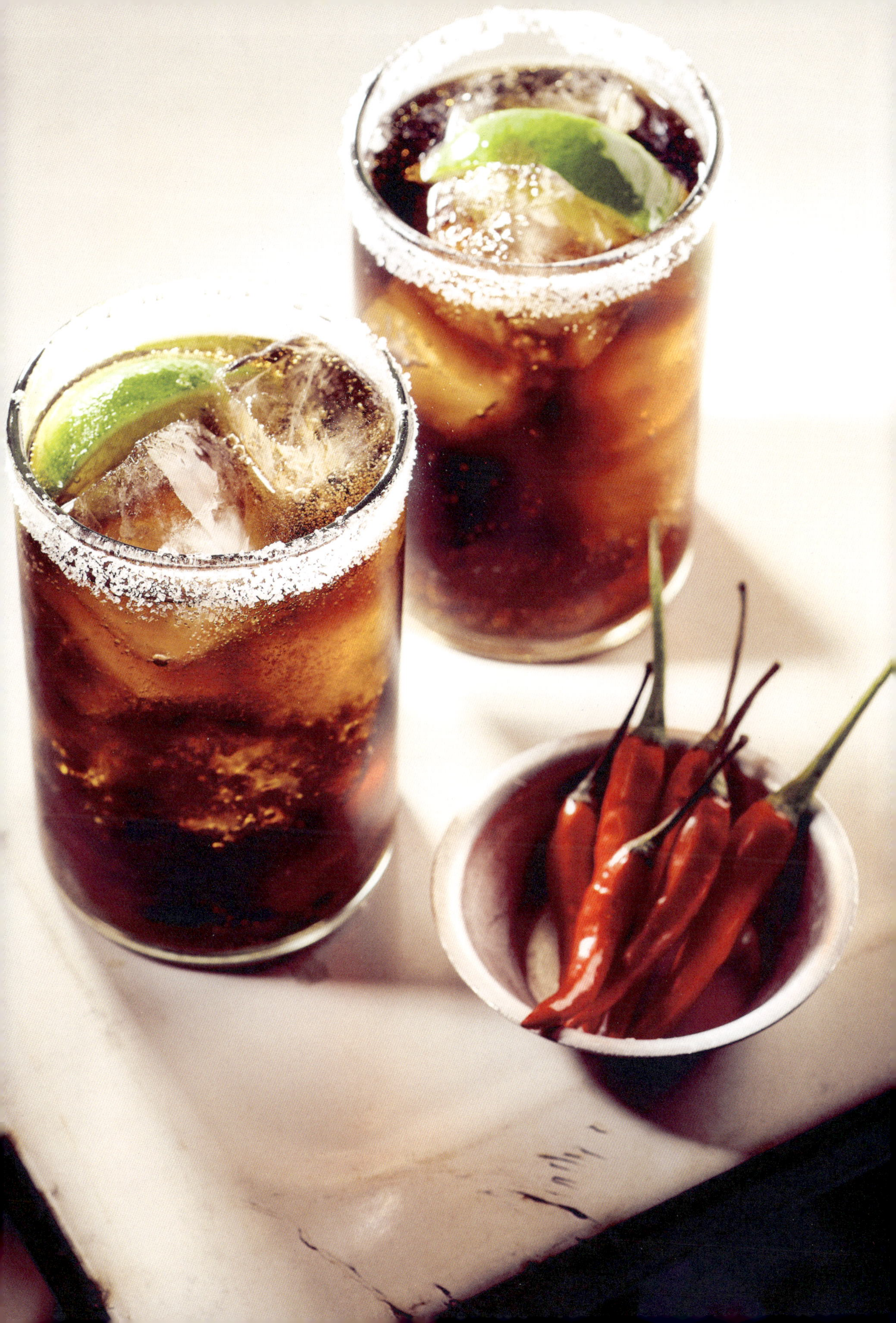

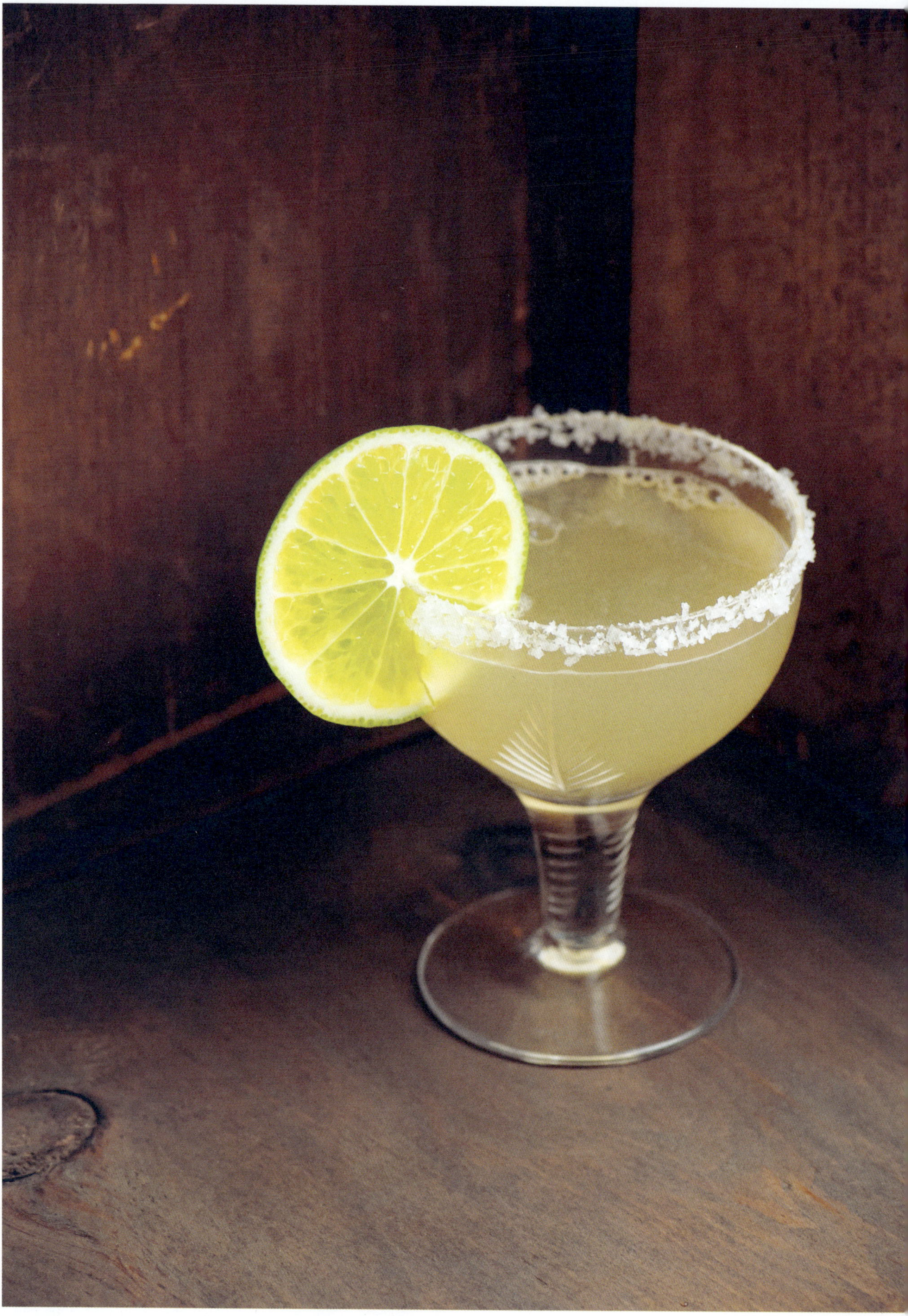

玛格丽特

20毫升 / ⅔液量盎司新鲜青柠汁,加上一块青柠

海盐片

40毫升 / 1⅓液量盎司卡勒23号微陈特基拉酒

20毫升 / ⅔液量盎司橙味干库拉索酒

•

用青柠块润渍碟形香槟杯边缘,然后在杯口(仅外部)蘸上海盐片。
将所有液体配料与冰块一起进行摇和,滤入准备好的玻璃杯并立即饮用。

•

变体:要调制出特别出色的变体,需要用库拉索酒代替10毫升/⅓盎司龙舌兰糖浆,加冰块享用。
这款变体被称为"汤米的玛格丽特",被调酒界广泛接受,比原版更好。

"玛格丽特"属于库拉索酒/酸酒系列鸡尾酒,与"边车"(见第195页)和"大都会"(见第81页)等鸡尾酒同属一个系列。"玛格丽特"无疑是这个多元鸡尾酒系列中最年轻的成员,20世纪70年代之前几乎没有关于这款酒的相关记载。话虽如此,查尔斯·H. 贝克(Charles H. Baker)早在1939年就提到过一种加入青柠的特基拉酒。事实是,20世纪70年代之前出版的鸡尾酒书根本不可能提到特基拉酒。这也并不奇怪,因为直到现代,"100%龙舌兰"标识的优质特基拉酒在北美和欧洲几乎都买不到。

"玛格丽特"鸡尾酒虽然历史并不悠久,杯口有盐渍,并不清透,但这款酒也碰巧得到了更多人的喜爱,是一款更加全面和平衡的鸡尾酒。青柠和特基拉酒的搭配非常适宜,而橙味利口酒/库拉索酒的干橙味很好地提升了优质特酒的植物和泥土风味。盐边可以加也可以不加,但盐可以缓解青柠的酸度,实实在在地缓解舌头发干。如果仅出于这个理由,我认为添加糖的"玛格丽特"不需要盐边。虽说如此,但这并不意味着不含糖的"玛格丽特"就必须有盐边,全凭个人偏好。如果想加盐边,则请使用盐片,而不是食盐,因为食盐太细,会使这款酒尝起来像"渔夫的袜子"。

虽然"玛格丽特"酒也可以采用搅和的方式调制,但摇和才最为合适。好消息是,经典的2∶1∶1比例相当可靠,几乎可以应用于任何特基拉酒/库拉索酒/青柠组合,不限品牌。最终,你将得到一杯让你着迷的鸡尾酒,并且逐渐陷入一种醉醺醺的状态。

暗黑恶魔

半个大青柠
30毫升 / 1液量盎司微陈特基拉酒
15毫升 / ½液量盎司黑醋栗酒
冰镇姜汁汽水（或姜汁啤酒）
用青柠片装饰

•

将半个青柠挤入一个小高球杯底，然后将挤完的青柠壳也放进去。加入特基拉酒和黑醋栗酒，再加入大量冰块，然后充分调和。加入姜汁汽水（如果你愿意，也可以加入姜汁啤酒）接近杯满，然后添加一些冰块，再次快速调和。用一片青柠装饰。

目前尚无任何手册可以让人们了解如何制作特基拉酒。我们大多数人都是以一杯短饮的形式（先舔一点盐，然后吃一口柠檬片）或通过"玛格丽特"接触到特基拉酒。如果是前一种，通常是用质量很差的特基拉酒调配而成，如果是后一种，则通常是"冷冻"的，或者只是调制不当（见第169页关于如何调制一杯优质特基拉酒的说明）。然而，如果真有特基拉酒的制作手册，那么没有比"暗黑恶魔"更合适向人们介绍的酒了。

诚然，这款酒的名字并不能让人对其潜在缺陷充满信心，但事实上，这个名字并不是特别贴切，人们点这款酒可能更多地是因为它的颜色和总体适销性，而不是它的名字。"暗黑恶魔"是一款口感悠长的清爽鸡尾酒，凸显了特基拉酒最大胆的两种口味：朴实的辛辣味和充满活力的水果味。

从本质上讲，"暗黑恶魔"与"莫斯科骡子"（见第90页）或"月黑风高"（见第135页）差不多，其中的苦精已被黑醋栗油和姜汁汽水取代，而不是姜汁啤酒。多汁的黑醋栗让人联想起优质"桑格里塔"的果香（见第174页），既可以使特基拉酒的口感更加柔和，还可以在一定程度上彰显其明亮特质。同时，姜汁汽水增加了这款酒的长度、干燥度和深度。"暗黑恶魔"是一种光是想想就让人垂涎欲滴的鸡尾酒。

就这款鸡尾酒的起源而言，它似乎是由维克贸易商发明的。当然，维克·伯杰龙是20世纪40年代提基运动的先驱之一，该运动以随意使用朗姆酒而闻名。但维克的饮料并不局限于以甘蔗为原料的酒精，偶尔也会将特基拉酒、威士忌和金酒加入其大量制作的鸡尾酒和鸡尾酒菜单中。

"暗黑恶魔"在维克的第一本书《维克贸易商食品与饮料手册》(*Trader Vic's Book of Food and Drink*)（1946年）中有记载。当时它的全名是"墨西哥暗黑恶魔"，这表明这款鸡尾酒曾经存在过一种早期版本，但并不是以特基拉酒为基酒。到20世纪60年代末，维克放弃了"墨西哥"这个前缀；在他1968年出版的《太平洋岛屿食谱》(*Pacific Island Cookbook*) 这本书中，将这款酒简化成了"暗黑恶魔"。后来，事态发生了非同寻常的转变，维克在他修订的1972年《维克贸易商调酒师指南》中发布了"墨西哥暗黑恶魔"和"暗黑恶魔"的配方。两款配方相同，只是结构有所不同，确切来说在于添加冰块和吸管的区别。

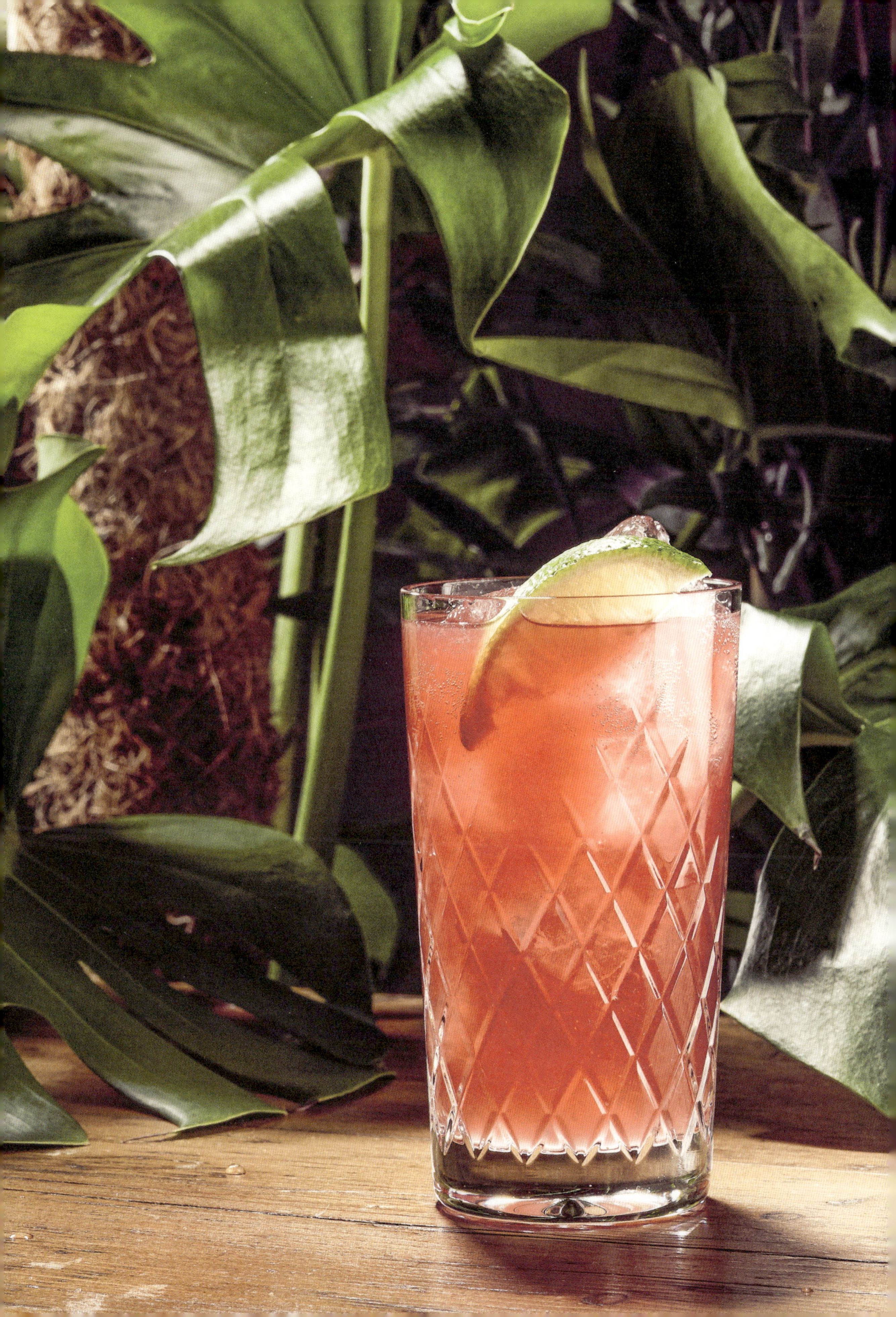

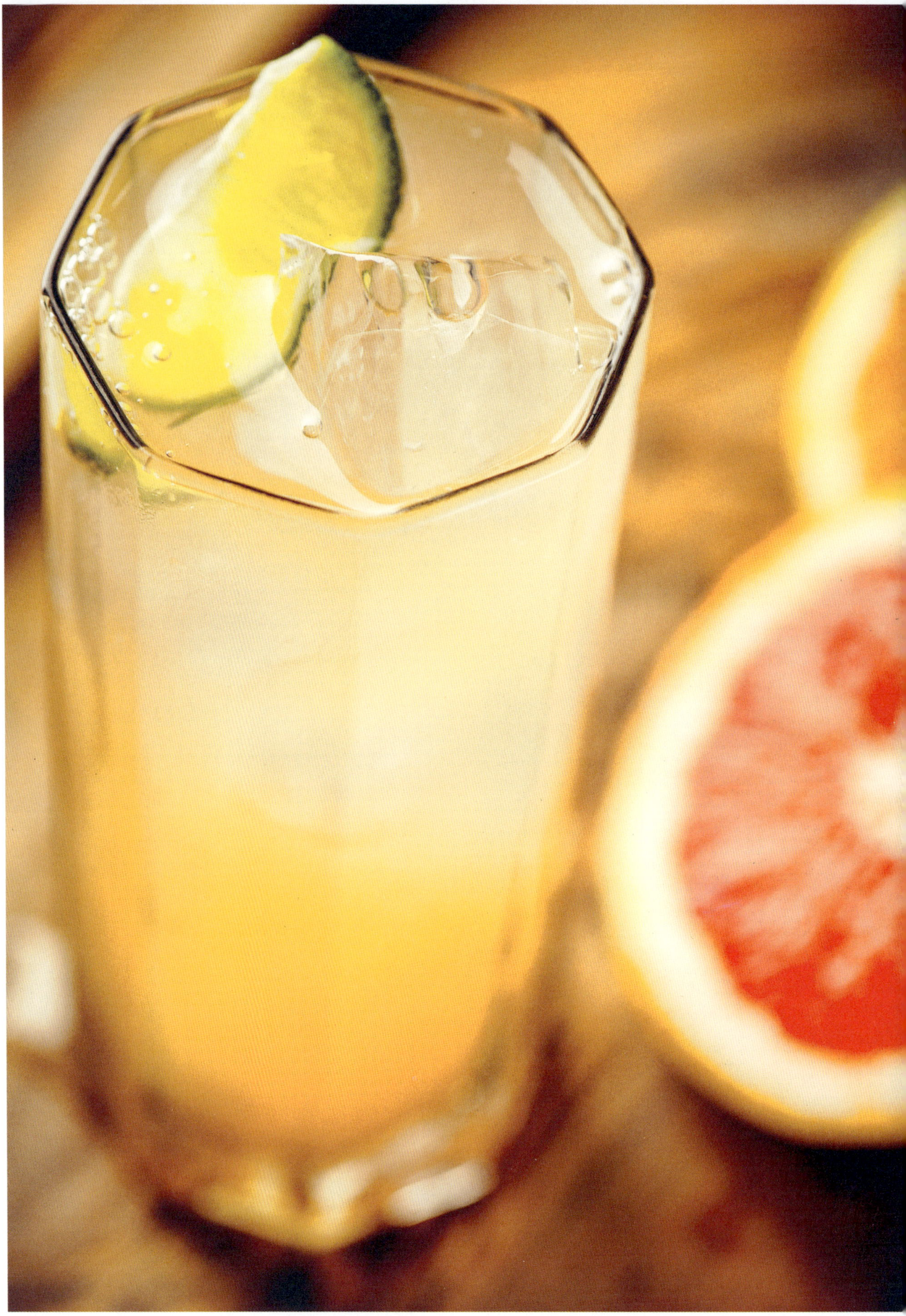

白兰鸽

50毫升 / 1⅔液量盎司田园8号微陈特基拉酒
10毫升 / ⅓液量盎司新鲜青柠汁
用泡腾葡萄柚苏打水加满
用青柠块装饰

•

在冰镇高球杯中放入冰块,将配料倒入冰块之上。用一块青柠装饰。

•

变体:你可以用75毫升/2½液量盎司的新鲜葡萄柚汁、75毫升/2½液量盎司的苏打水和10毫升/⅓液量盎司的糖浆来代替葡萄柚苏打水(见第17页)。

"Paloma"在西班牙语中是"鸽子"的意思。对于一款饮料而言,这个名字很可爱。很长一段时间内,我都在努力寻找这种鸟和这款酒之间的联系。经过广泛的研究,我终于找到了龙舌兰植物和某些品种的鸽子之间的联系,其中包括一些"Paloma"品种。这种鸽子的粪便具有高度腐蚀性,会对龙舌兰种植园造成严重破坏。因此,如果你的龙舌兰种植园中出现了被腐蚀的龙舌兰叶片(这种事情时有发生),那么很可能是这种鸽子导致的。然而,这两者之间的联系有点微弱。

在大多数西方世界,我们在"玛格丽特"鸡尾酒中加入的是特基拉酒(见第169页)或作为某种仪式性的短饮酒(盐和柠檬,或地狱龙舌兰)。然而,在墨西哥,迄今为止最受欢迎的特基拉酒饮用方式(除了直接从瓶子里喝掉外)就是这种精致的饮法。甜味、酸味、苦味和盐味相互融合交织,形成一种清爽的美味,在墨西哥炎热潮湿的雨季,这种美味非常受欢迎。

通常,这款酒由特基拉酒、新鲜青柠、泡腾葡萄柚苏打水和盐(可选)调制而成。在墨西哥,最受欢迎的苏打水品牌是Squirt。还有其他苏打水品牌,其中Jarritos和Ting也比较受欢迎。如果买不到其中任何一个品牌,也可以用等量的新鲜葡萄柚汁和苏打水加一点糖浆。

可悲的是,这款酒的发明者仍然是个未解之谜。有些人认为是唐·哈维尔发明的,他是特基拉镇著名的拉卡皮亚(教堂)酒吧的老板。但这似乎不太可能,唐因发明了一种不太流行(但同样美味)的鸡尾酒而闻名。这款鸡尾酒名为"巴坦加"(见第166页),是用特基拉酒、青柠、可乐和盐调制而成。

特基拉和桑格里塔

50毫升 / 1⅔液量盎司田园8号白色特基拉酒（EL Puertocito）
440毫升 / 15液量盎司瓯柑或小柑橘汁
200毫升 / 6¾液量盎司番茄汁
150毫升 / 5液量盎司石榴汁
100毫升 / 3⅓液量盎司新鲜青柠汁
70毫升 / 2⅓液量盎司简单糖浆（见第17页）
¾茶匙海盐
½茶匙黑胡椒粉
5毫升 / 1茶匙塔巴斯科辣椒酱

•

要调制"桑格里塔"，需先将所有配料（特基拉酒除外）放入合适的干净瓶子中，充分摇和并冷藏12小时。将50毫升/1⅔液量盎司的"桑格里塔"和50毫升/1⅔液量盎司的特基拉酒分别放入两个冰镇的短饮杯中。

依我个人浅见，品尝特基拉酒的最佳方式莫过于同一短饮杯的"桑格里塔"搭配饮用。带有朴实胡椒味的白色特基拉酒与"桑格里塔"的浓郁酸甜水果味相得益彰。然而，令我不解的是，并无很多酒吧提倡将这两种酒搭配起来饮用。这两种截然不同的酒很容易准备，但是搭配在一起却能共同创造出独特清爽的和谐口感。

"桑格里塔"一词翻译为"少量血液"（不要与"桑格利亚"混淆，"桑格利亚"的意思是"流血"）。从历史上看，"桑格里塔"是一个严格保守的秘密。除了墨西哥哈里斯科州的人外，很少有人知道"桑格里塔"的存在，知道配方的人就更少了。然而，随着特基拉酒越来越受欢迎，大品牌不断推广墨西哥文化，其中也包括"桑格里塔"的仪式。人们一贯认为"桑格里塔"是一种"剩菜"饮料，由一种名为"公鸡喙"（与"鸡尾酒"极其相似）的加香料墨西哥莎莎酱中剩下的果汁组成。调制"桑格里塔"的常用水果有芒果、木瓜、石榴、瓯柑和黄瓜。番茄汁如今常用来提供深红色调，但在过去，深红色调则来自新鲜辣椒/智利辣椒和石榴。有人可能会说，欧洲和美国供应的许多"桑格里塔"并不是经典墨西哥"桑格里塔"的真正代表。我认为，与世界各地的其他传统饮酒习俗（我想到的是"莫吉托"和"黛绮莉"）相比，特基拉酒和"桑格里塔"的饮用习俗稍显逊色。

事实是，当涉及"桑格里塔"时，仍然存在一定程度的保密，并非广为人知。许多酒吧并不供应"桑格里塔"或从未听说过这款酒，我把原因归结为需要准备。理想情况下，这款酒并非从头开始，当场准备的饮品。需要甜味、酸度、果味以及最重要的香料味完美平衡。许多提供"桑格里塔"的酒吧都会誓死守护这个配方。向调酒师询问"桑格里塔"配方是鸡尾酒吧的失礼行为，就像问魔术师上一个魔术是怎么变的——他们不会公之于众。

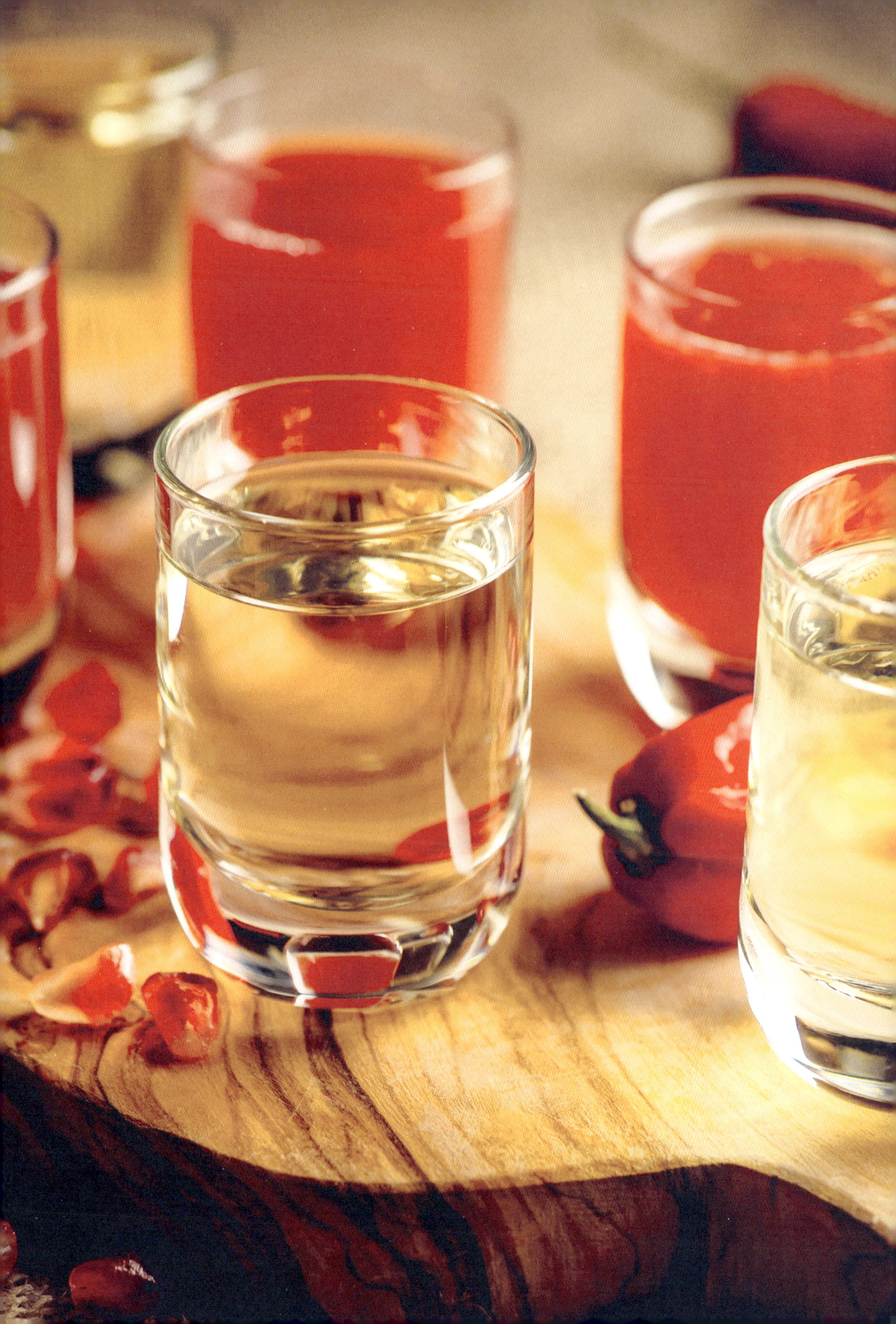

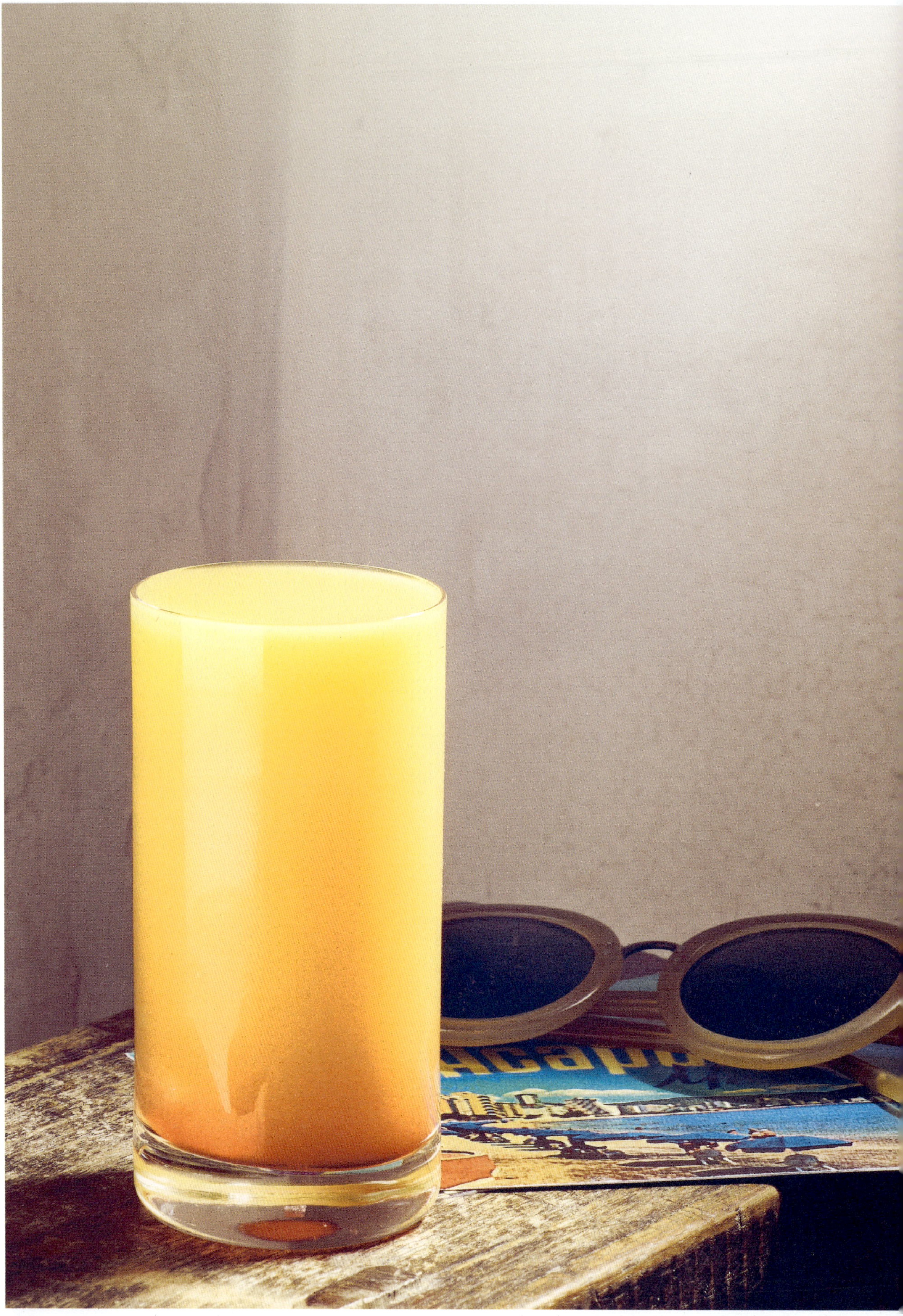

特基拉日出

40毫升 / 1⅓液量盎司田园8号白色特基拉酒
120毫升 / 4液量盎司冰镇、压榨和过滤橙汁
15毫升 / ½液量盎司红石榴糖浆

•

将特基拉酒和橙汁加入调酒杯中,并在冰块上调和1分钟,滤入冰镇的高球杯中。
将红石榴糖浆倒在酒液表面。

美国禁酒令时期,酒类销售和供应属于非法活动,现代地下酒吧让这一时期变得很浪漫。人们都误以为纽约和华盛顿的非法饮酒场所里挤满了衣冠楚楚的顾客,喝着完美调制的"马提尼"和"曼哈顿"。而现实是,待真正有才华的调酒师都去了欧洲后,留下来的调酒师调制出的大多是劣质或假冒的酒。当然,在美国以外的地方,人们仍然可以喝到像样的酒,并且一些经久不衰的经典饮品也在这段时间诞生。这些饮品大多是由在伦敦和巴黎工作的美国调酒师配制的。但在禁酒令时期,至少有一款经典鸡尾酒诞生于北美,就在美国和墨西哥边境的蒂华纳。

20世纪20年代,如果你身在美国西海岸,想找个地方放松一下,那么你可能会去蒂华纳的阿瓜卡连特旅游中心,那里有赌场、酒店、高尔夫球场和赛马场,甚至还有自己的简易机场。如果你去了那里,那么可能会遇到查理·卓别林(Charlie Chaplin)、丽塔·海华丝(Rita Hayworth)或劳莱与哈台(Laurel and Hardy)。阿瓜卡连特靠近美国边境,是一个避开禁酒令的饮酒好去处。正是在这个度假村,"特基拉"和"日出"这两个词首次结合到一起。这倒不是说这款饮料是在那里发明的,而是那里发明了一款同名饮料。

首次提及这款酒的书面文献是《干杯!如何!》(*Bottoms Up*!*Y Como*!),这是阿瓜卡连特度假村1933年出版的一本饮酒手册。在这本书中,"日出特基拉"是由特基拉酒、青柠、红石榴糖浆、黑醋栗酒和苏打水调配而成,听起来非常清爽,更像是"暗黑恶魔"鸡尾酒(见第170页),而不是我们今天所知道的"特基拉日出"。

虽然"特基拉日出"的一个版本可能在禁酒令期间很受欢迎,但在禁酒令被废除后,这款酒却未能立即渗透到美国。1941年,蒂华纳因沙拉而闻名的凯撒酒店刊登了一则广告,对"特基拉日出"进行了宣传,但在20世纪50年代这款鸡尾酒很少出现在任何饮料单上。20世纪60年代,这款鸡尾酒主要演变为一种用红石榴糖浆增甜的特基拉酸酒,直到20世纪70年代,橙汁才开始出现。在去除大部分可取之处后,"特基拉日出"一举成名,享誉全球。

"特基拉日出"之所以广泛流行和掺假,部分归因于人们对特基拉酒的兴趣日益浓厚。相较于伏特加的平庸,特基拉酒个性更为鲜明、更有活力,是更好的替代品。喝伏特加的人穿灰色法兰绒西装,而喝特基拉酒的人什么都不穿。特基拉酒既危险又美味,给敢于饮用它的人带来一种世俗的光环。"玛格丽特"是这次运动的招牌饮品,但"特基拉日出"却是冲锋陷阵的领头羊,推动了以特基拉为基酒的饮品流行。

那么它的味道如何呢?毫不奇怪,它的味道取决于橙汁和特基拉酒的质量。在本书提供的配方中,我建议选用"100%龙舌兰"标识的白色特基拉酒,因为木质的味道与橙汁的亮度不太相配。橙子最好是新鲜压榨的,但一定要过滤掉果肉。我发现现成的红石榴糖浆效果很好。我的最后一个建议是尽可能让这款酒保持冰爽,以便减少糖浆的甜味,避免这款酒乏味且柑橘味过重,令人厌烦。

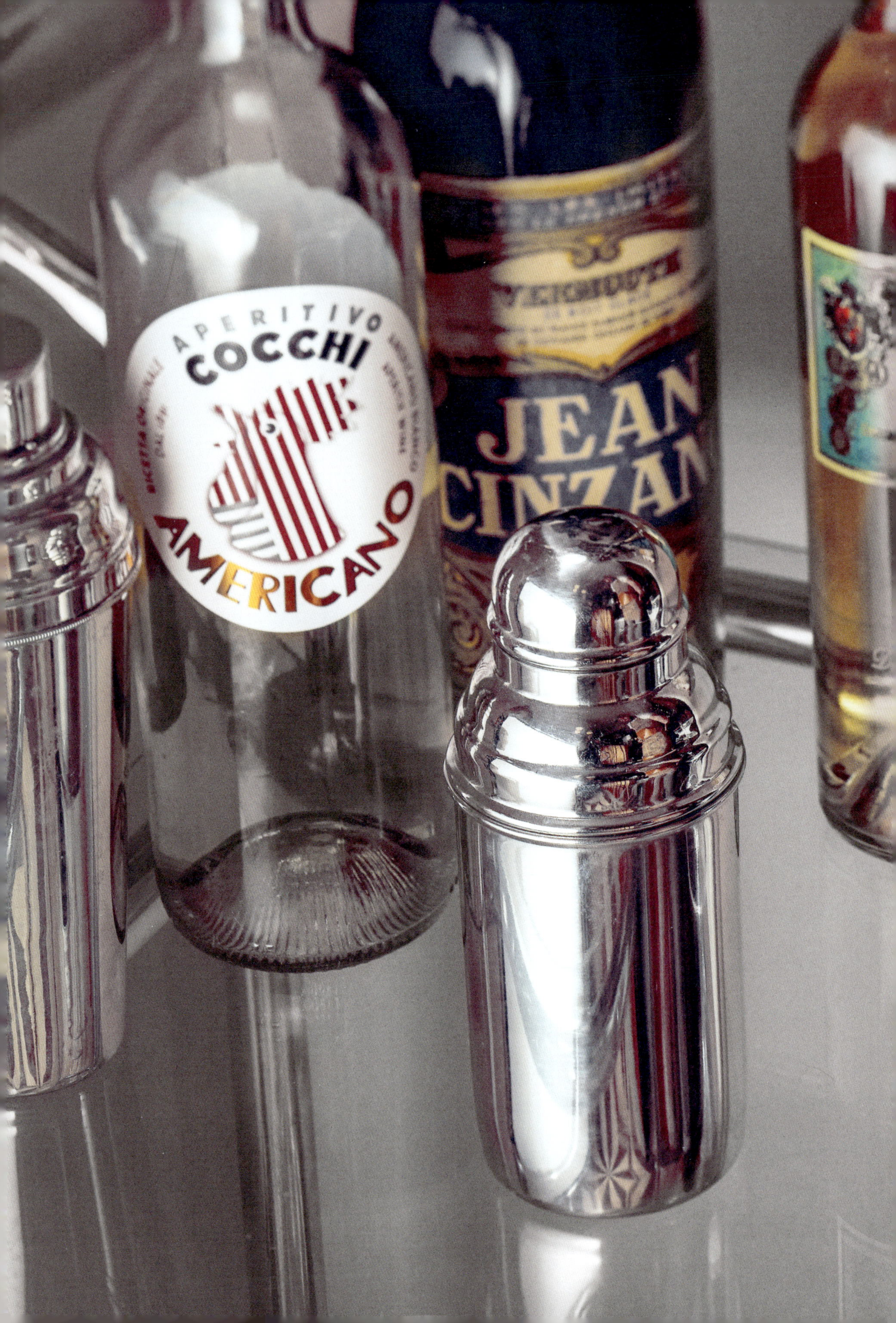
APERITIVO
COCCHI
AMERICANO
JEAN
CINZAN

白兰地、雪利酒、葡萄酒和苦酒

从可能开创先河的鸡尾酒、"白兰地库斯塔"和
禁酒令时期的经典鸡尾酒"边车",
到备受青睐的时令鸡尾酒"桑格利亚"和"蛋奶酒",
以葡萄酿造的各种形式的酒便已出现在各种各样的饮品中。

白兰地库斯塔

1个柠檬
细砂糖 / 超细砂糖，用于涂覆玻璃杯
50毫升 / 1⅓液量盎司轩尼诗精选干邑白兰地
5毫升 / 1茶匙柑曼怡
5毫升 / 1茶匙马拉斯奇诺利口酒
5毫升 / 1茶匙糖浆（见第17页）
2甩亚当·艾尔梅吉拉布博士牌波克苦精

•

首先，将柠檬去皮。用一个锋利的土豆削皮器从一端开始以螺旋的方式削到另一端。
留一半挤柠檬汁（见下文），用另一半柠檬润湿小红酒杯的边缘，然后将其浸入一碟细砂糖中，
使杯口形成糖边，但需尽力避免将糖沾到玻璃内侧。

•

将所有液体配料放入调酒烧杯中，加入5毫升/1茶匙柠檬汁，并用冰块调和40秒。
滤入准备好的玻璃杯中，然后将柠檬皮以螺旋状放入杯中。

很简单，"库斯塔"代表了19世纪调酒的顶峰。1840年的新奥尔良，人们所知的"鸡尾酒"便已存在约40年。当时的鸡尾酒是由烈酒、一些苦精、一块糖和一些水调和而成。这样的配方令人兴奋。一位名叫约瑟夫·桑蒂尼（Joseph Santini）的人受命管理新奥尔良的"City Exchange"酒吧和餐厅。他对鸡尾酒的第一步改良就是用冰代替水。使用冰来稀释和冷却鸡尾酒会降低其酒味，从而减少所需的水量，稀释味道……不过，人们不希望鸡尾酒中含有冰块，因此桑蒂尼用调酒杯和过滤器将成品鸡尾酒转到玻璃杯中。将糖粉碎很费时间，所以桑蒂尼把糖变成了可以倾倒的糖浆。他还在玻璃杯口做了糖边，以增加质地变换和一点惊喜的甜味。那么，用一些欧洲新式高档利口酒来略微改善干邑白兰地的味道怎么样？于是，他添加了马拉斯奇诺酒以增强甜软水果的特性，并添加橙味利口酒以增加干爽的余味。改良之后，口感不错，但有点甜了。于是，他需要用一些东西来平衡糖和利口酒……但用什么呢？任何现代调酒师都会不假思索地用水果调制鸡尾酒，但桑蒂尼用柠檬谱写了调酒领域的全新篇章。几吧勺柠檬汁便可以平衡甜味并丰富鸡尾酒的果味。最后，他决定把整个柠檬的皮放在杯子里，炫耀一下。

于是，这位花哨饮品的教父发明了一款鸡尾酒，其复杂程度令人怀疑是否有人尝试调制过同款。但到了19世纪末，这款酒的影响力仍未受到动摇，并被当时的所有大腕调酒师写入书中，例如杰瑞·托马斯、威廉·施密特和哈里·约翰逊等。

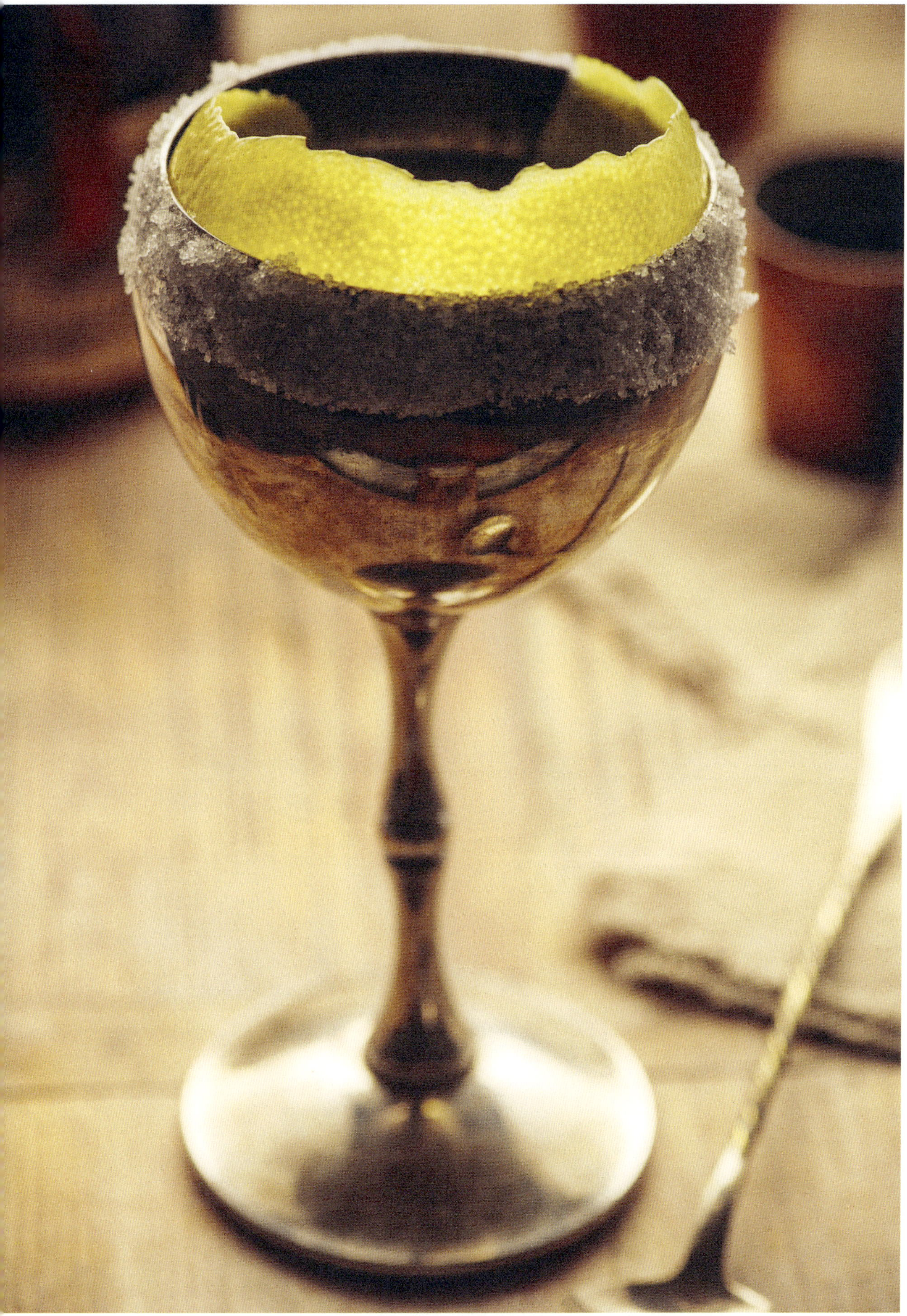

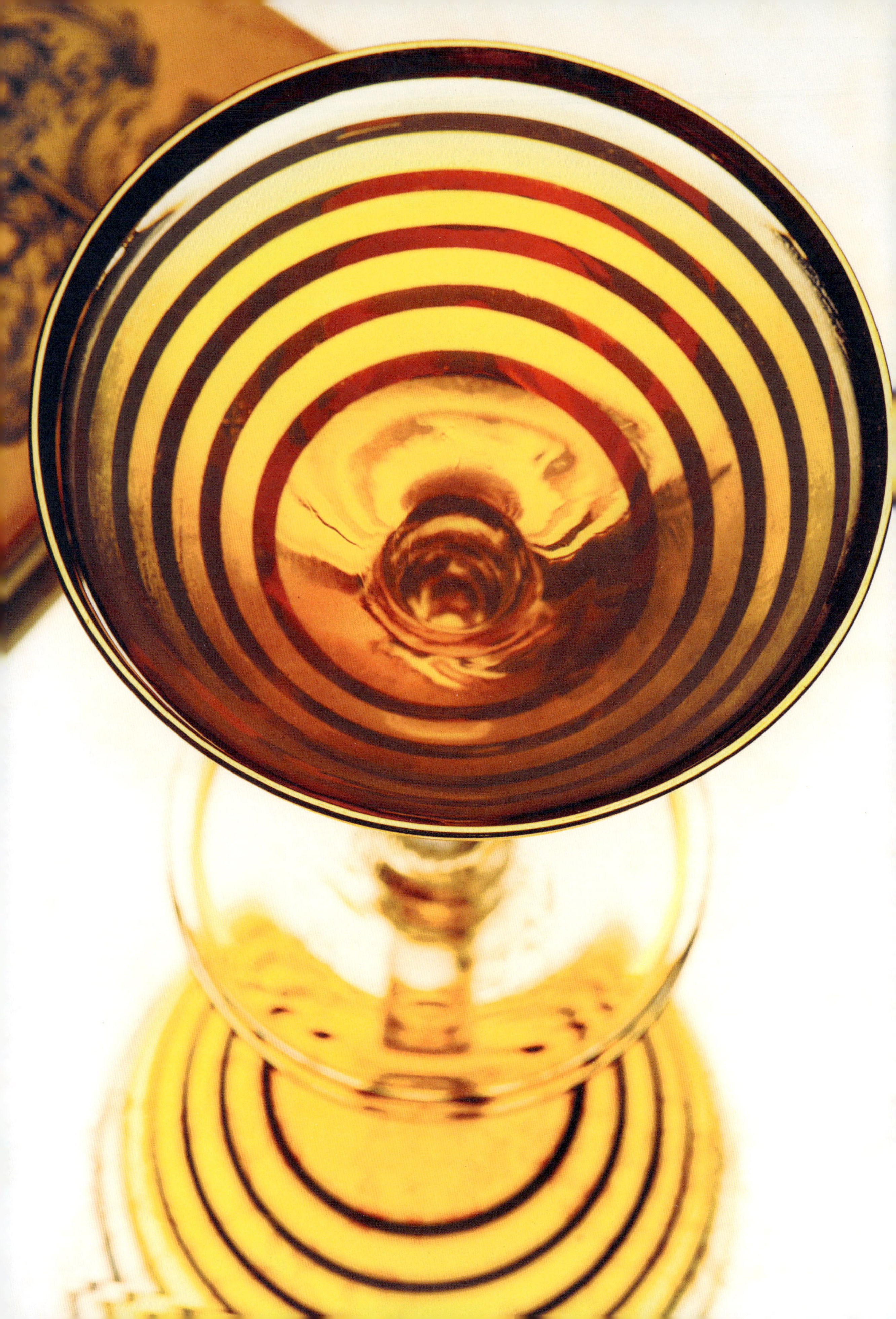

亡者复生

30毫升 / 1液量盎司轩尼诗精选干邑白兰地
30毫升 / 1液量盎司卡尔瓦多斯白兰地
30毫升 / 1液量盎司马提尼罗索味美思
几甩你最喜欢的鸡尾酒苦精（完全可选）

•

将所有配料放入装有冰块的调酒烧杯中，然后滤入经过冰镇的碟形香槟杯中。
如果你想要酷一点，不落俗套，可以加几甩你最喜欢的苦精。

"亡者复生"曾被视为一个自成一体的鸡尾酒系列，其历史可以追溯到19世纪70年代。"亡者复生"鸡尾酒旨在帮助人们在宿醉后满血复活。许多缓解宿醉的鸡尾酒已经随着时间的推移而消失，只有少数仍然存在，其中就包括"亡者复生1号"。这款酒是否真能治疗宿醉还有待观察，但如果调配得当，将是午夜时分的上佳之选。

这款酒依靠深色烈酒散发巨大酒劲，与更受欢迎的"亡者复生2号"（见第39页）形成鲜明对比。简而言之，这款酒就是以干邑白兰地和卡尔瓦多斯白兰地为基酒的"曼哈顿"（见第105页），但苦精的味道却得到了抑制。在许多著作中，这款酒的配料都包括两份干邑白兰地、一份卡尔瓦多斯白兰地和一份甜味美思。加入两种不同的白兰地之后，这款酒的果香浓郁，余味悠长而柔和，酒劲浓烈，味美思又会为其带来更加细腻的香料味和甜味。然而这个配方几乎让酒味无处可藏，因此是我能想到的酒味最浓烈的鸡尾酒之一。

弗兰克·迈耶（Frank Meier）被视为在20世纪20年代的某个时间发明了"亡者复生1号"，彼时他在巴黎丽兹酒店工作。弗兰克在其著作《调制饮料的艺术》（*Artistry of Mixing Drinks*，1934年）中写道，这款"亡者复生1号"需要添加等份干邑白兰地、卡尔瓦多斯白兰地和甜味美思，摇和后过滤。然而，这款鸡尾酒以一种调和饮料出现在哈里·克拉多克的《萨沃伊鸡尾酒手册》（1930年）中，其使用的干邑白兰地分量是弗兰克所述配方的两倍。哈里指出，这款酒"最好是在上午11点之前或需要力量和能量时饮用"。

在本书中，为了诠释这个经典配方，我使用了弗兰克的配比和克拉多克的技术。

蛋酒

2个分开的鸡蛋
75克 / ⅓大杯细砂糖 / 超细砂糖
150毫升 / 5液量盎司轩尼诗精选干邑白兰地
100毫升 / 3⅓液量盎司全脂牛奶
50毫升 / 1⅔液量盎司双奶油 / 重奶油
将新鲜现磨肉豆蔻撒在上面

•

这个配方的份量为4人份。首先,在耐热碗中用电动手持搅拌器或独立式电动搅拌器将蛋清搅打至湿性发泡。

•

将半锅水烧开,然后在上面放一个不锈钢碗(确保碗不接触水,只需通过蒸汽加热)。将蛋黄和糖加入碗中,充分搅拌直至糖溶解。

•

加入干邑白兰地并继续搅拌。请勿让酒液沸腾,否则就成了酒精炒鸡蛋!接下来,加入牛奶和奶油,并将所有配料调和在一起。用温度计或探头检查温度,应在60℃左右。

•

将温热的混合酒液倒入蛋清中,边倒边搅拌。倒入热饮杯中,在上面现磨一些肉豆蔻即可饮用。

如果你追求的是营养价值,那么这款酒恐怕不符合你的要求。蛋酒短期内不会因其健康功效而获奖。从所有实际目的来看,蛋酒其实是酒精蛋奶冻,或者,正如我喜欢看的那样,是冰激凌糊。

蛋酒以各种形式存在了至少500年。蛋酒的前身称为"牛奶甜酒",最高可以追溯到中世纪的英国。牛奶甜酒是用煮沸的牛奶与香料、麦芽酒或蜂蜜酒调配而成。后来,在16世纪,牛奶甜酒的配方中加入了鸡蛋,并且用专门设计的牛奶甜酒壶盛装。事实上,牛奶甜酒的历史如此悠久,以至于它是唯一可以声称出现在莎士比亚戏剧中的调制饮料。《麦克白夫人》曾写道,"给他们的牛奶甜酒下药,让她丈夫的守卫们睡着"。

蛋酒的词源尚不完全清楚。一种解释是,蛋酒是"鸡蛋"和"格罗格酒"的组合。尽管"格罗格酒"通常与海员和朗姆酒配给联系在一起,但它还被广泛用作朗姆酒和酒精的通用术语。"蛋酒"这个名字的另一个可能原因源于一种叫做"noggin"的英国小木杯。然而讽刺的是,虽然这款酒与美国节日联系如此紧密,但其名称和配方可能都要归功于英国人。

只要读一读这款酒的配料表,你就会明白为什么这种充满酒香的奶油冻会成为冬季必不可少的饮品。酒精可以温暖血液,糖能提供能量,鸡蛋可以提供蛋白质,牛奶和奶油中的脂肪能为饮酒者提供过冬所需的"营养"。当然,这款酒一般是趁热饮用。

虽然这款酒对人体没有好处,但很美味,让人忍不住想放纵一下。

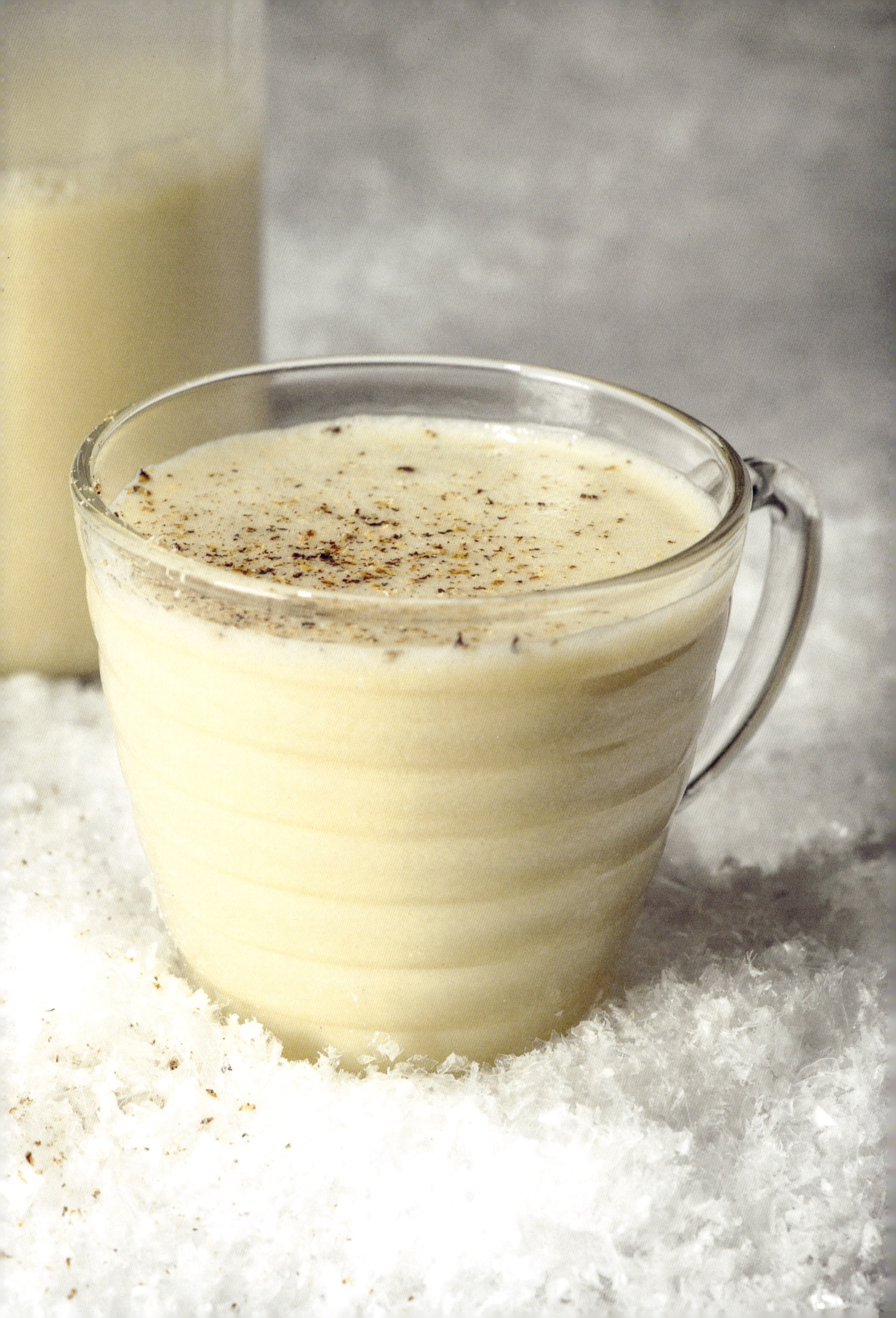

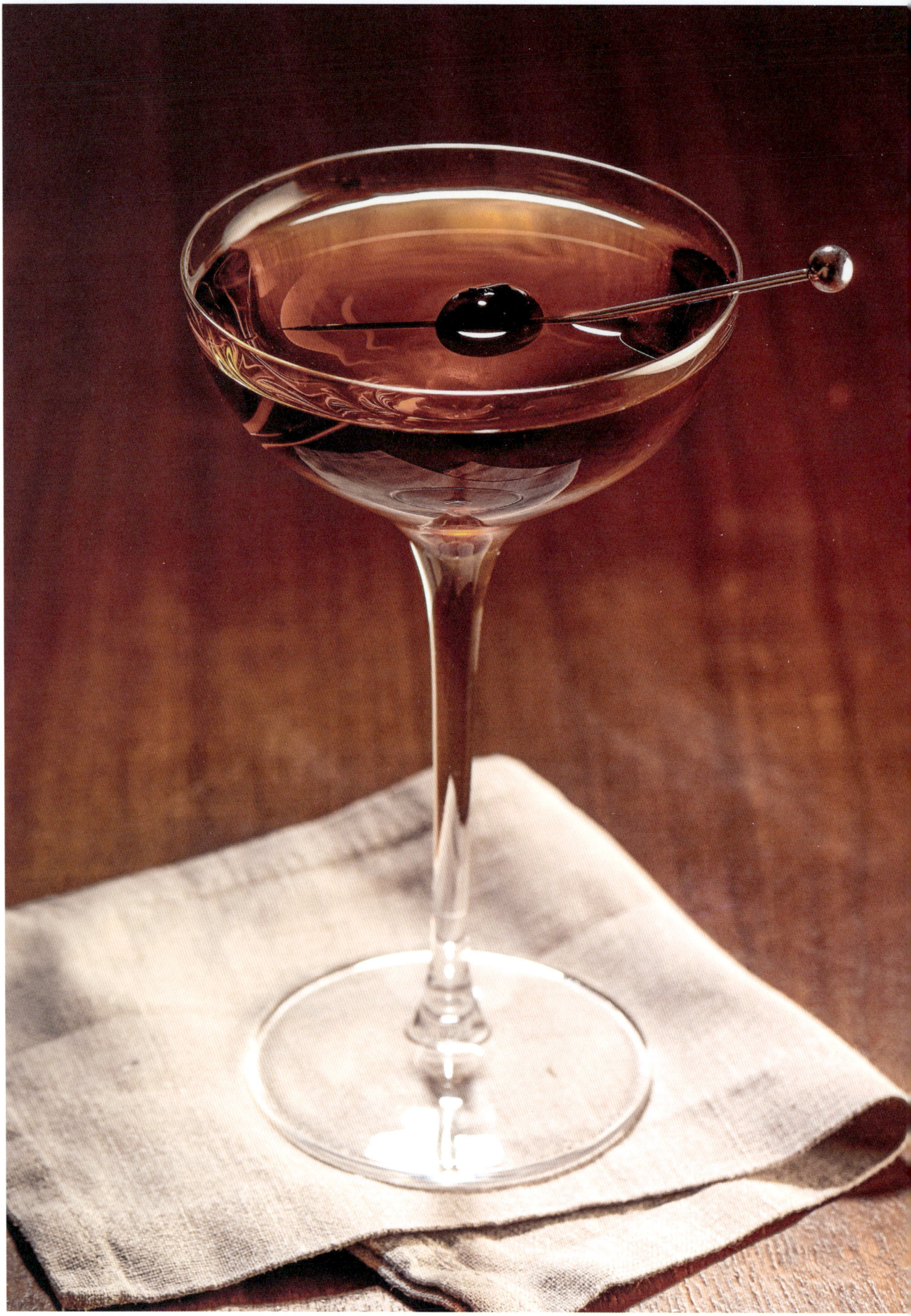

哈佛

50毫升 / 1⅔液量盎司轩尼诗精选干邑白兰地

20毫升 / ⅔液量盎司马提尼罗索味美思

10毫升 / ⅓液量盎司水

2甩安格仕苦精

用橙皮或马拉斯奇诺鸡尾酒樱桃装饰

•

将所有配料倒入调酒烧杯中调和30~40秒，滤入经过冰镇的碟形香槟杯中。用一片橙皮装饰。

毫无疑问，"哈佛"是深色烈酒、味美思和苦精系列鸡尾酒中鲜为人知的一种。在这个系列中，"曼哈顿"（见第105页）和"罗伯洛伊"（见第114页）才是佼佼者。但是，这款酒可能会成为这个鸡尾酒系列中最闪亮的明星，虽然我完全理解这是一个相当大胆的言论。

尽管干邑白兰地和白兰地可以作为鸡尾酒配料，但它们的复兴似乎却遥遥无期。虽然这款酒的品质优良，但干邑白兰地的身份危机不断，让这一品类陷入了一种特别奇怪的矛盾点：干邑白兰地的销售对象并不是邑白兰地的饮用者。干邑白兰地主要由大型酒庄里的老人酿造和管理，由夜总会里的年轻人购买和消费。然而，对于酒吧爱好者来说，没有什么能阻止我们欣赏这种美味的酒液，并且时常用它来调制鸡尾酒。毕竟，它是19世纪中叶美国最早的调制烈酒之一。

"哈佛"的名字首次出现在乔治·J.卡佩勒（George J. Kappeler）1895年出版的《现代美国饮料》（*Modern American Drinks*）一书中。卡佩勒的配方需要糖、安格仕苦精（3甩）、等量的意大利味美思和白兰地，以及起泡水。味美思与白兰地的比例很高，这会导致鸡尾酒有些松弛，所以也许这样做的目的是让这种浓烈的组合变得柔和一些？

当然，我也尝试过这种喝法，但我发现这样的配方会产生轻微的嘶嘶声，有点分散饮用者对玻璃杯中葡萄烈酒和葡萄酒的优雅结合的注意力。额外稀释对这款酒有好处，而且也不是一款需要冰镇的鸡尾酒，所以如果调酒师在调和之前往调酒烧杯里加半杯水，倒也无可厚非。这款鸡尾酒更传统的装饰是橙皮，但是喜欢"曼哈顿"鸡尾酒的人如果愿意的话可以选择用鸡尾酒樱桃来装饰。

杰克玫瑰

60毫升 / 2液量盎司莱尔德苹果杰克
15毫升 / ½液量盎司新鲜柠檬汁
12.5毫升 / 1小茶匙的红石榴糖浆

•

将鸡尾酒调酒壶中的所有配料与冰块一起摇和，然后滤入经过冰镇的马提尼杯中。

这种鸡尾酒的基酒是苹果杰克，也被称为美国殖民地时期的卡尔瓦多斯白兰地。这是一种将发酵苹果酒提炼成烈性酒而制成的饮料。不过，"提炼"与蒸馏不同。含酒精的苹果汁不是加热，而是先冷冻，然后解冻，但只收集第一批解冻的酒液（酒精浓度较高）。重复该过程几次即可将酒精度提高到40%以上。这是一种最基本的酒，也就是一种具有一定相关风险的低度酒，因为没有考虑到在蒸馏过程中通常会去除的危险高浓度酒精和酮。然而，经过上述提炼过程之后，最终成品是一些比较烈的果汁，充斥着生涩、农业、苹果的味道，会让饮用者有些头痛，从而对其印象深刻。

考虑到苹果杰克的生产过程非常原始，你有理由认为它在北美有着悠久的历史。到了19世纪末，苹果杰克很快在美国失势，取而代之的是优质进口白兰地、本土威士忌和其他使用更好技术标准酿造的名声更响亮的烈酒（基本上是其他烈酒）。这就是"杰克玫瑰"鸡尾酒的发明为何如此令人惊讶的原因。这款酒是苹果杰克在调配饮料领域唯一的主要参与者。

1905年4月22日出版的《国家警察公报》（*National Police Gazette*）首次在标题为"运动调酒师"的招聘广告中提到了这款酒。这则广告的发布者是弗兰克·J.梅（Frank J. May），他更广为人知的名字是"杰克玫瑰"，是一款备受追捧的同名鸡尾酒的发明者。此时他正在新泽西州帕沃尼亚大道187号经营吉恩·沙利文咖啡馆（Gene Sullivan's Café）。这则广告的标题中提到了"运动"二字，表明"梅对运动非常感兴趣，作为一名摔跤手，他可以引发许多职业摔跤手的热议"。

不久之后，即1908年，"杰克玫瑰"首次出现在一本鸡尾酒书中：J. A. 格罗胡斯科（J. A. Grohusko）著作的《杰克关于葡萄酒和烈酒的酿造、生产、保养和处理手册》（*Jack's Manual on the Vintage and Production, Care and Handling of Wines and Liquors*）。书中的配方要求加入"10甩覆盆子糖浆、10甩柠檬汁、5甩橙汁、半个青柠汁和75%苹果白兰地"。这本书还提到了调制过程："在玻璃杯中倒入碎冰，摇和并过滤，倒入汽水即可享用"。有趣的是，格罗胡斯科的配方要求使用的是苹果白兰地，而不是更具体的苹果杰克，并且提及的是覆盆子糖浆而不是红石榴糖浆，后者是当时美国调酒界的热门改性剂。也许最有趣的是在这款酒中添加苏打水，使其更倾向于汽水系列，而不是目前所处的酸酒阵营。

在"杰克玫瑰"平淡无奇的历史中，最浓墨重彩的一笔可能是写入大卫·A. 恩伯里（David A. Embury）的开创性著作《调酒艺术》（*The Fine Art of Mixing Drinks*，1948年）中。也正是这本著作奠定了"杰克玫瑰"在鸡尾酒史上的地位。"杰克玫瑰"不仅被纳入了这本书，而且还被列为恩伯里的"六种基本饮料"之一。其他五种更有可能的候选饮料包括："黛绮莉""曼哈顿""马提尼""边车"和"古典"。恩伯里是有史以来最受尊敬的鸡尾酒作家之一，因此入选这本书，便是作者对这款酒的一种高度认可。

恩伯里是完美经典鸡尾酒的大师，他编写的许多配方至今仍是首选配方。又或者，也许只是他的味觉超前了半个世纪？恩伯里的"杰克玫瑰"减少了柑橘和红石榴糖浆的用量，让苹果杰克的光泽更加明亮。

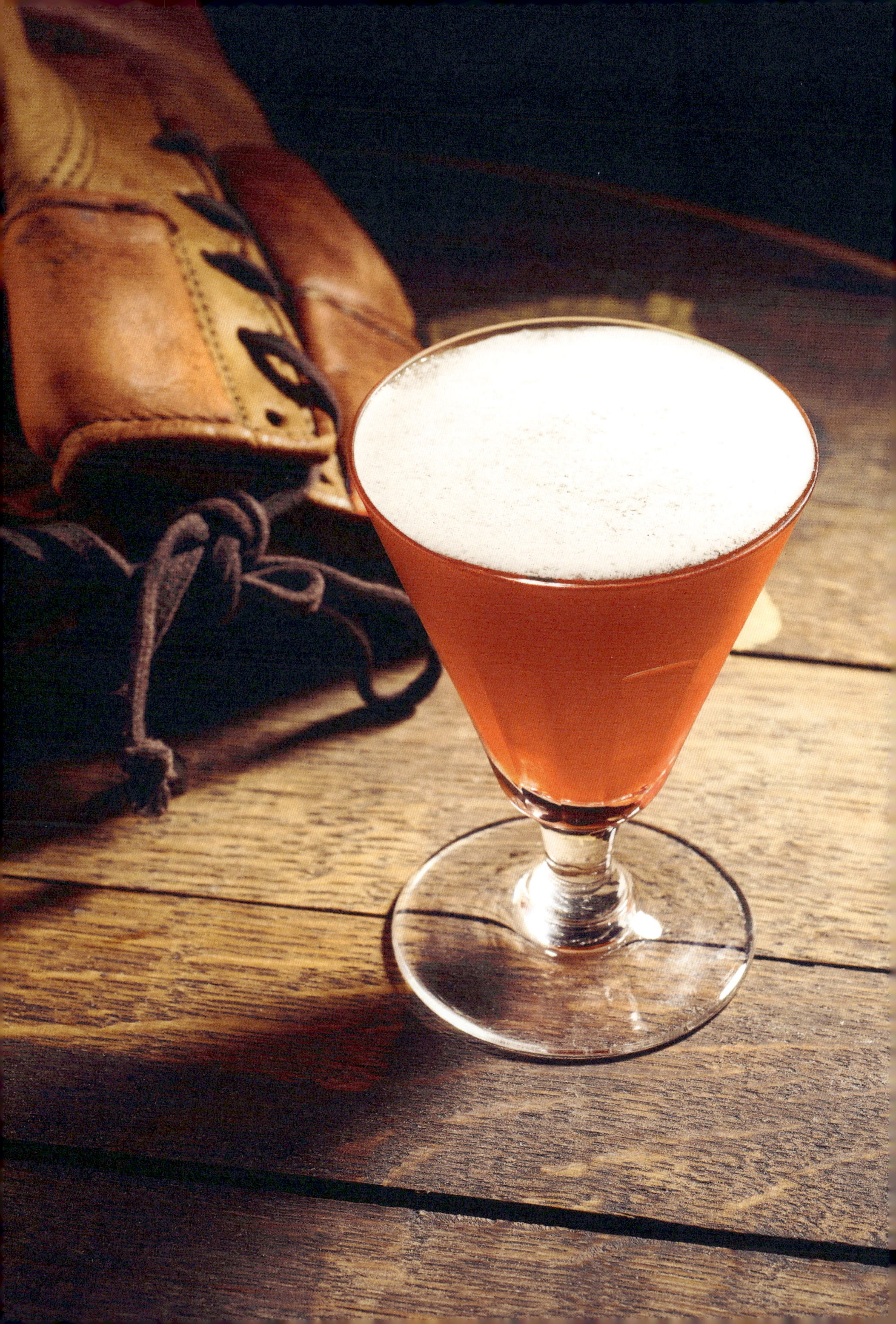

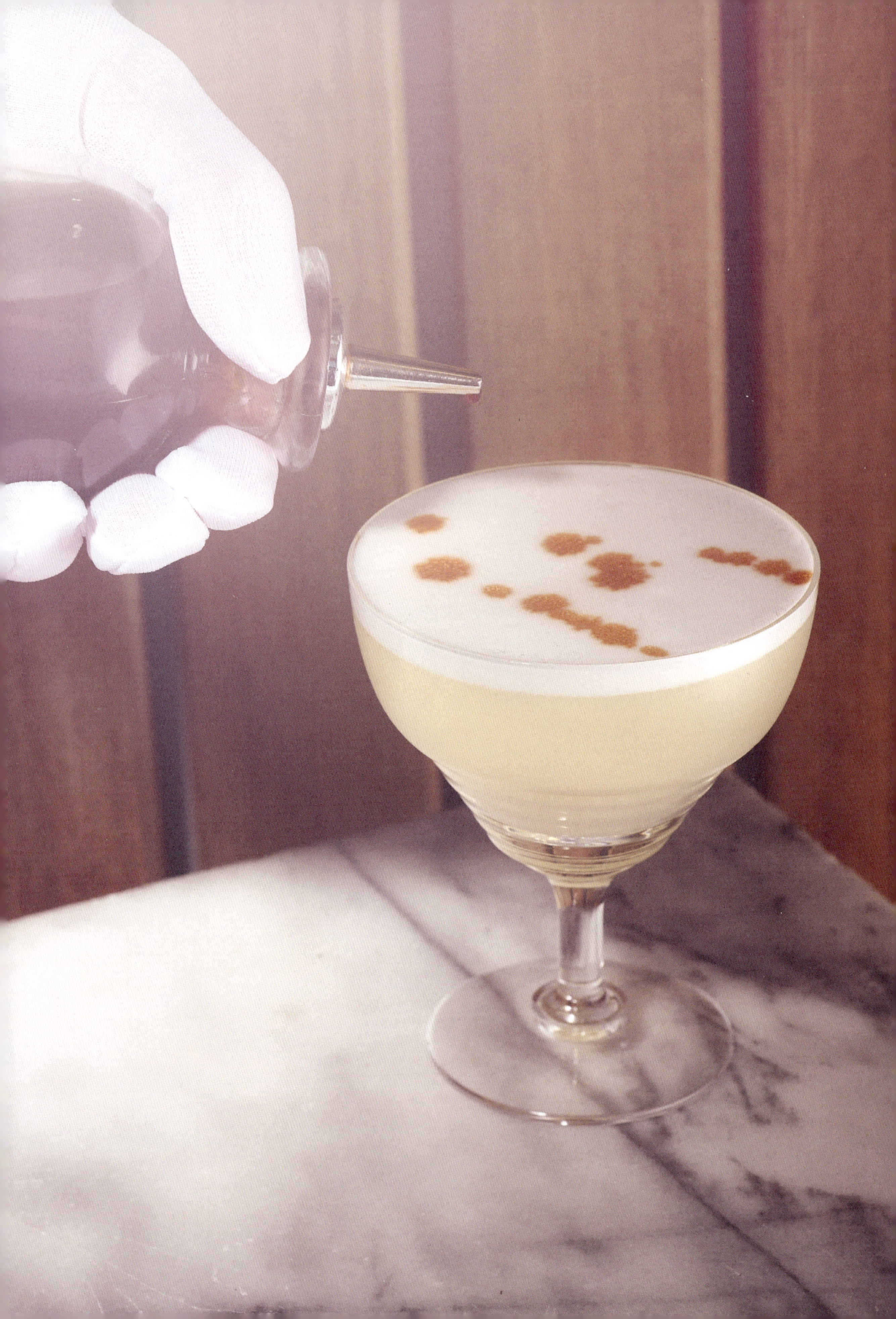

皮斯科酸

50毫升 / 1⅔液量盎司马丘皮斯科
25毫升 / ¾液量盎司新鲜青柠汁
12.5毫升 / ½液量盎司糖浆（见第17页）
半个蛋清
几甩安格仕苦精

•

将鸡尾酒调酒壶中的所有配料（苦精除外）与冰块进行摇和。将冰块从调酒壶中滤出，然后干摇（不加冰），以便将更多空气打入泡沫中。倒入碟形香槟杯或低球杯中，最后加入几甩安格仕苦精。

向新大陆进口葡萄酒和烈酒既费时又费钱，因此北美殖民地开始用当地种植的谷物生产荷兰金酒和威士忌。在盛产甘蔗的加勒比地区，蒸馏器里流出的是朗姆酒。与此同时，南美洲太平洋地区的气候更适应葡萄的生长，因此他们酿造了葡萄酒和皮斯科酒。

对于皮斯科酒的原产地在何处，智利人和秘鲁人可能会各执己见。"皮斯科酸"的原产地也是如此，这款酒是皮斯科烈酒调制出来的招牌饮品。酸酒系列鸡尾酒在杰瑞·托马斯的《调酒师指南》（1862年）一书中首次提及，其起源可以追溯到18世纪的酸甜潘趣酒。

首次提到听起来像"皮斯科酸"的鸡尾酒出自《新版克里奥尔烹饪手册》（*Nuevo Manual de Cocina a la Criolla*），该书于1903年在秘鲁利马出版。这本书是用西班牙语撰写的，其中罗列了一种简单名为"鸡尾酒"的饮料配方：

"一个蛋白，一杯皮斯科，一茶匙细砂糖，根据需要加上几甩青柠，会让你胃口大开。用一个蛋白和一满茶匙细砂糖最多可以制作三杯，并根据需要在每杯中添加其余配料。将所有配料加入鸡尾酒调酒壶中搅打，直到调制出一小杯潘趣酒。"

这款鸡尾酒听起来很像"皮斯科酸"，不过缺少了最重要的安格仕苦精，这种苦精用于撒在鸡尾酒的泡沫表层，非常有仪式感。

这款酒的下一个关键步骤很可能归功于维克多·莫里斯（Victor Morris），他是一名外籍美国商人，在《新版克里奥尔烹饪手册》出版的同一年移居秘鲁。莫里斯在塞罗德帕斯科铁路公司工作到1915年。次年，他改变了工作方向，于1916年在利马开设了莫里斯酒吧。

这家酒吧后来发展成为了秘鲁上层社会（如印加可乐的英国创始人何塞·林德利等人）和讲英语的外籍人士的聚集地。有人说莫里斯是第一个在酒中添加安格仕苦精的人，也有人认为这归功于20世纪20年代为莫里斯工作的秘鲁调酒师马里奥·布吕盖特（Mario Bruiget）。无论如何，"皮斯科酸"都是一种美味的饮品。

事实上，它可能是酸酒家族中最好的迭代产品。皮斯科酒桀骜不驯、酒味浓郁，与青柠可谓天作之合。大多数烈酒都对抗酸度，降低烈性，而皮斯科却似乎能与酸度完美融合，且在柔滑的蛋清搭配下风味更加迷人。

如果还需进一步证明这款酒的魅力，那么让我告诉你：我在酒吧工作的这些年里，"威士忌酸"是酸酒家族中最受欢迎的，但最让知情人兴奋的还是"皮斯科酸"。

这是一款受特定群体欢迎的鸡尾酒。

萨泽拉克

10毫升 / ⅓液量盎司蓝色秘境苦艾酒
1块方糖
5甩装乔氏苦精
50毫升 / 1⅔液量盎司轩尼诗精选干邑白兰地
用柠檬皮装饰

•

拿2个古典杯。在其中一杯中倒入碎冰，加入苦艾酒，加以调和。
在另一个杯中将方糖与苦精一起压碎至溶解，然后加入干邑白兰地和一些冰块，调和30秒。

•

倒掉苦艾酒杯中的酒，确保除去所有冰块碎片（这样的做法可能看起来很浪费，
但苦艾酒的作用会在最后一杯酒中完全显现出来）。最后，将混合酒液滤入经苦艾酒清洗过的
低球杯中。用一点卷曲的柠檬皮装饰。

在我最早接触鸡尾酒的大部分时间里，我被误导以为"萨泽拉克"是第一款鸡尾酒。不知从何时起，我才突然意识到，调制饮料的历史要比"萨泽拉克"还要悠久得多，但直到我快要结束鸡尾酒懵懂期之时，我才发现"鸡尾酒"一词也比"萨泽拉克"早了50年。尽管如此，"萨泽拉克"仍是一款古老的饮品，故事是这样的……

在19世纪50年代的新奥尔良，一位名叫休厄尔·E.泰勒（Sewell E. Taylor）的代理商开始将干邑白兰地进口到路易斯安那州的新奥尔良。品牌名称是Sazerac de Forge et Fils。不管是否巧合，大约在同一时间，萨泽拉克酒吧在新奥尔良开业，开始销售"萨泽拉克"鸡尾酒。这款鸡尾酒含有Sazerac de Forge et Fils干邑白兰地和苦艾酒。当时，在大西洋彼岸，这两种酒在提高法国的艺术创造力和酗酒方面发挥了巨大作用，这也在很大程度上导致了这款酒的没落。

据传，这款鸡尾酒还使用了当地一家药店生产的苦精，该药店的老板是一位名叫安托万·裴乔（Antoine Peychaud）的药剂师。如今，裴乔氏苦精仍然是任何优质"萨泽拉克"的必备配料。事实上，正是由于"萨泽拉克"的存在，这个品牌才可能得以留存至今，因为需要用到这个品牌的其他鸡尾酒为数不多。

有一些历史资料表明，裴乔用一个名为"coquitier"的法式蛋托来盛放他自己版本的饮料。正是这个蛋托让一些人相信"鸡尾酒"这个词最初源自裴乔的"萨泽拉克"。药店出售（烈性）酒精饮料可能看起来很奇怪，但请记住，在那个时代，医学成为一种美容娱乐事项，健康和幸福之间的界限也非常模糊。

尽管"萨泽拉克"是在19世纪中叶才发明出来，但直到威廉·"鸡尾酒"·布思比（William 'Cocktail' Boothby）的《世界饮品大赏及其调配方法》（1908年）出版，这款酒才首次出现在鸡尾酒著作中。该配方显然是由托马斯·汉迪（Thomas Handy）提供给布思比的，他后来成为了新奥尔良萨泽拉克酒吧的所有者。有趣的是，说明书上列出的是"上等威士忌"而不是干邑白兰地。19世纪末，根瘤蚜虫害爆发，导致法国葡萄酒业的彻底崩溃，几乎可以肯定正是因为这个原因才导致干邑白兰地被移除配方。由于葡萄酒和干邑白兰地基本上买不到，因此布思比在他的书中用威士忌取代了干邑白兰地。

讽刺的是，现在市面上有一种黑麦威士忌，你猜对了，就叫"萨泽拉克"。

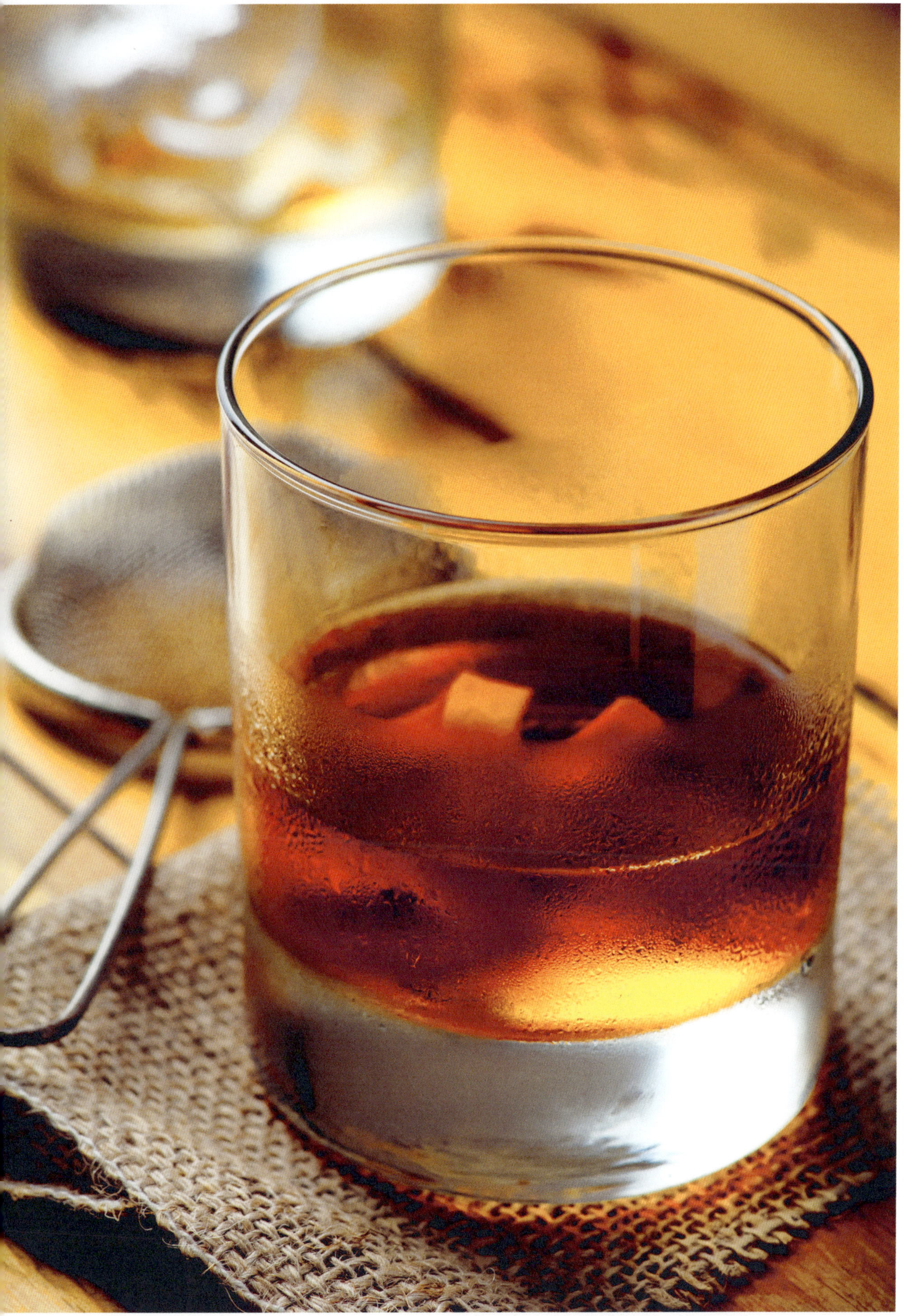

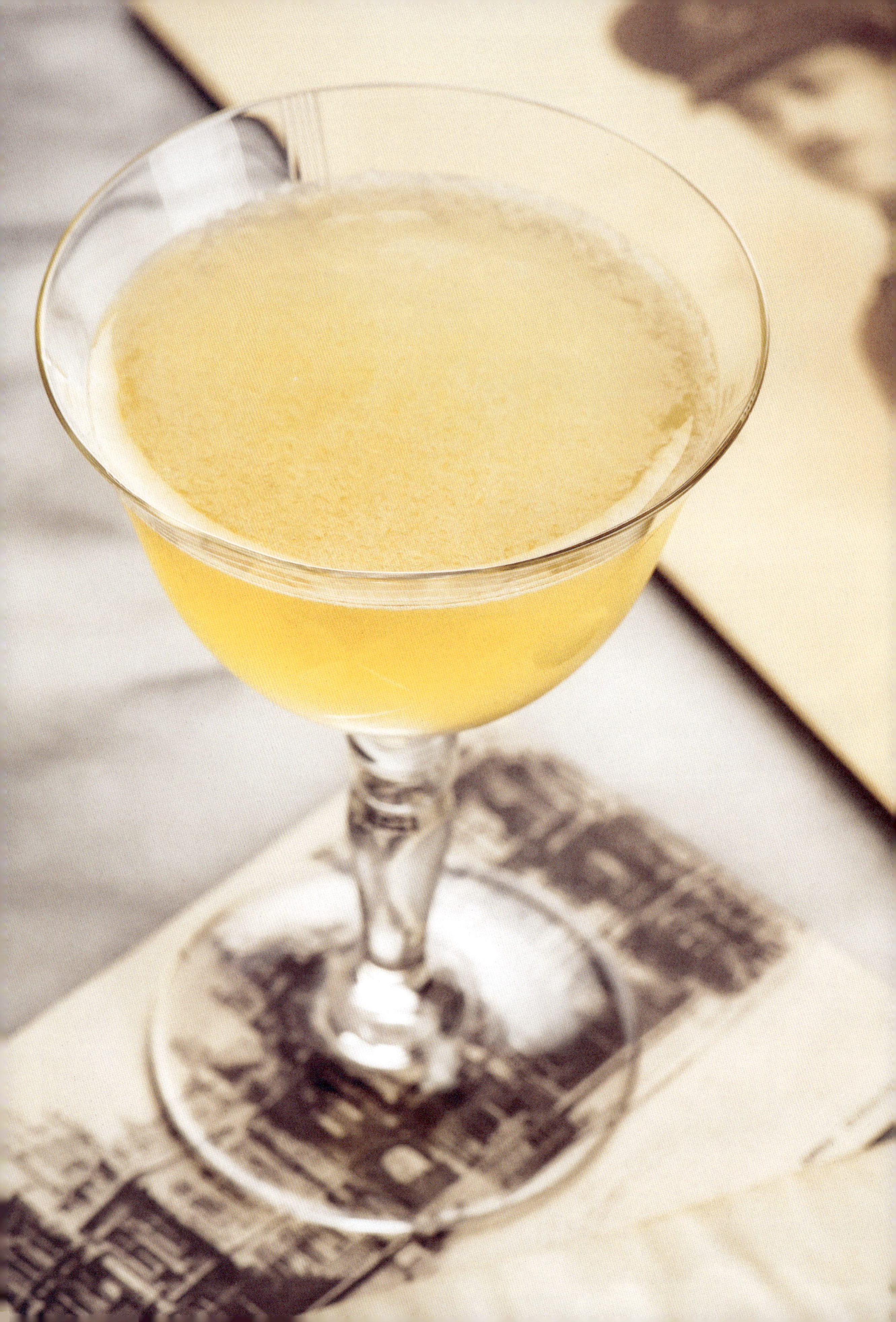

边车

40毫升 / 1⅓液量盎司轩尼诗精选干邑白兰地
20毫升 / ⅔液量盎司君度酒
20毫升 / ⅔液量盎司新鲜柠檬汁

•

将所有配料与冰块一起摇和，然后滤入经过冰镇的碟形香槟杯中。仅此而已！

"边车"无疑是最具代表性的鸡尾酒之一，但却鲜有人问津。20世纪20年代的禁酒令时期，美国调酒师被迫辗转欧洲各地从事调酒工作，"边车"是那个时期唯一一款还算过得去的饮品。这款鸡尾酒堪称欧洲的一个时代缩影，当时的鸡尾酒是用来细细品味的，盛装鸡尾酒的杯子需要小口啜饮，男人和女人都会点专门调制的直奔主题的鸡尾酒。白兰地和橙味利口酒很容易让人误以为这是餐后饮料，但柑橘的清香会使整个酒体更加清新，同时让干邑白兰地和利口酒的风味更加突出。这是男士的开胃酒。

尽管"边车"的确切起源仍然存在疑问，但这款鸡尾酒无疑是因哈里·麦克艾霍恩而闻名于世。调酒界历史上有很多名叫"哈里"的著名调酒师，这位哈里便是其中之一。哈里·麦克艾霍恩在丽兹酒店（The Ritz）工作期间出版了《哈里的鸡尾酒调制入门》（1922年）一书，并将"边车"的配方列为等份的干邑白兰地、橙味利口酒和柠檬汁。不久之后，他在巴黎开设了哈里纽约酒吧。如今，这家酒吧依然屹立不倒，并且熙熙攘攘，让我想起了英国老酒馆里的美国运动酒吧。虽然这家酒吧出售的饮品价格不菲，但无疑充分满足了人们的怀旧之情。

"边车"的词源理论之一来自第一次世界大战期间一位美国陆军上尉的故事。在乘坐摩托车边车往返于他服役的基地和（大概）酒吧之间后，他需要一款既能让他胃口大开又能暖身的饮品，"边车"就是最好的选择。

除了哈里·麦克艾霍恩，罗伯特·韦梅尔也在其1922年出版的《鸡尾酒和如何调制鸡尾酒》一书中提及过"边车"的一个早期配方：等量的干邑白兰地、橙味利口酒和柠檬。我个人认为，用这个配方调制出来的鸡尾酒会非常干涩，果汁味比较"松弛"，实在不适合现代人的口味。相较之下，哈里·克拉多克在《萨沃伊鸡尾酒手册》（1930年）中提供的配方则经受住了时间的考验：两份干邑白兰地、一份柠檬和一份橙味利口酒。用这个配方调制出来的"边车"似乎要平衡得多，因此我在本书中列出的配方也是这个配方。

值得注意的是，这款鸡尾酒通常配有糖边。这种趋势于20世纪30年代兴起，但并不那么美观。时至今日，"边车"是否需要糖边仍然存在争议。对我来说，糖边只是模糊了"边车"和"白兰地库斯塔"之间的界限（见第180页）。

美国佬

25毫升 / ⅞液量盎司金巴利
25毫升 / ⅞液量盎司科奇都灵味美思
75~100毫升 / 2½~3½液量盎司冰镇苏打水
用一块橙子装饰

•

将金巴利酒和味美思添加到装有冰块的冰镇高球杯中，充分调和1分钟，然后根据需要加入冰镇苏打水，然后再次稍加调和。用一块橙子装饰。

•

意大利饮食文化的丰富性和多样性在一定程度上可以归因于这样一个事实：直到19世纪60年代，意大利还是一个多国饮食的大杂烩之地。每个地区都有自己的饮食习俗，产品的生产本质上是极其小规模的手工生产。1861年，意大利王国成立，之后的生产也开始发生变化，产量增加，新型商业化产品遍布全国。

其中一个产品就是味美思。大约100年来，味美思的生产都集中在前萨沃伊王国的首都都灵镇周围。这种带有苦味和草本味的加烈葡萄酒于18世纪中叶从德国传入。在德国，它被称为"苦艾"（以艾草命名，是为这款酒调味的苦草）。随着意大利北部工业化的迅速发展，仅意大利统一后的几年，意大利味美思就登陆了美国海岸。随着Martini Sola & Cia、Carpano和Cora等品牌将意大利文化的浪漫情调带入美国市场，味美思酒也迅速成为新鸡尾酒革命的宠儿。1868年，这种仅与苦精调配在一起的鸡尾酒作为"味美思鸡尾酒"出现在纽约德尔莫尼科餐厅的菜单上。但随着时间的推移，味美思只能作为配角在美国鸡尾酒史上留下不可磨灭的印记。

与此同时，意大利酿酒商听说了这些所谓的鸡尾酒，并认为他们可以尝试一下。味美思的部分不成问题，所以现在只需找一些苦精即可。事实证明，几个世纪以来，药剂师和僧侣一直在制作药用目的的阿玛罗酒（意大利语，意为"苦精"），但直到工业时代，亚维纳、金巴利、费内特—布兰卡和瑞玛提等品牌才逐渐问世并声名远播。美国苦精实际上是一种"调味料"，而意大利苦精则不同，它本身就是一种饮料，且往往苦味较少，甜度较高。将苦味的阿玛罗酒与意大利味美思搭配到一起，即可调制出美式鸡尾酒，并不需要太多的想象力。于是，"美国佬"就此诞生。

最早版本的"美国佬"以瓶装形式售卖，由勤奋的味美思和阿玛罗酒生产商制造，这些商家甚至在瓶子标签上贴了美国国旗。后来，在20世纪初期，人们对于味美思或阿玛罗酒的品种选择，以及添加冰块还是苏打水都有了特定需求，于是"美国佬"这个基本配方开始了定制化。1919年，金酒被加入调制饮料，诞生了"尼格罗尼"（见第63页），使所有这些实验性的调酒术迎来高峰。

最好将"美国佬"视为一个概念，而不是一个呆板的配方。现代版本的"美国佬"配方采用的是等量意大利味美思和阿玛罗酒，配上冰和苏打水，可以长时间饮用。当今的"美国佬"主要用作开胃酒，因此这个配方也就说得通了。餐前饮用的话，味美思和阿玛罗酒太甜了，但是这个问题可以通过冷藏、稀释和碳酸化来解决。值得庆幸的是，阿玛罗酒的苦味足够顽强，能够经受适当冲淡，冲淡之后这款酒非常完美。

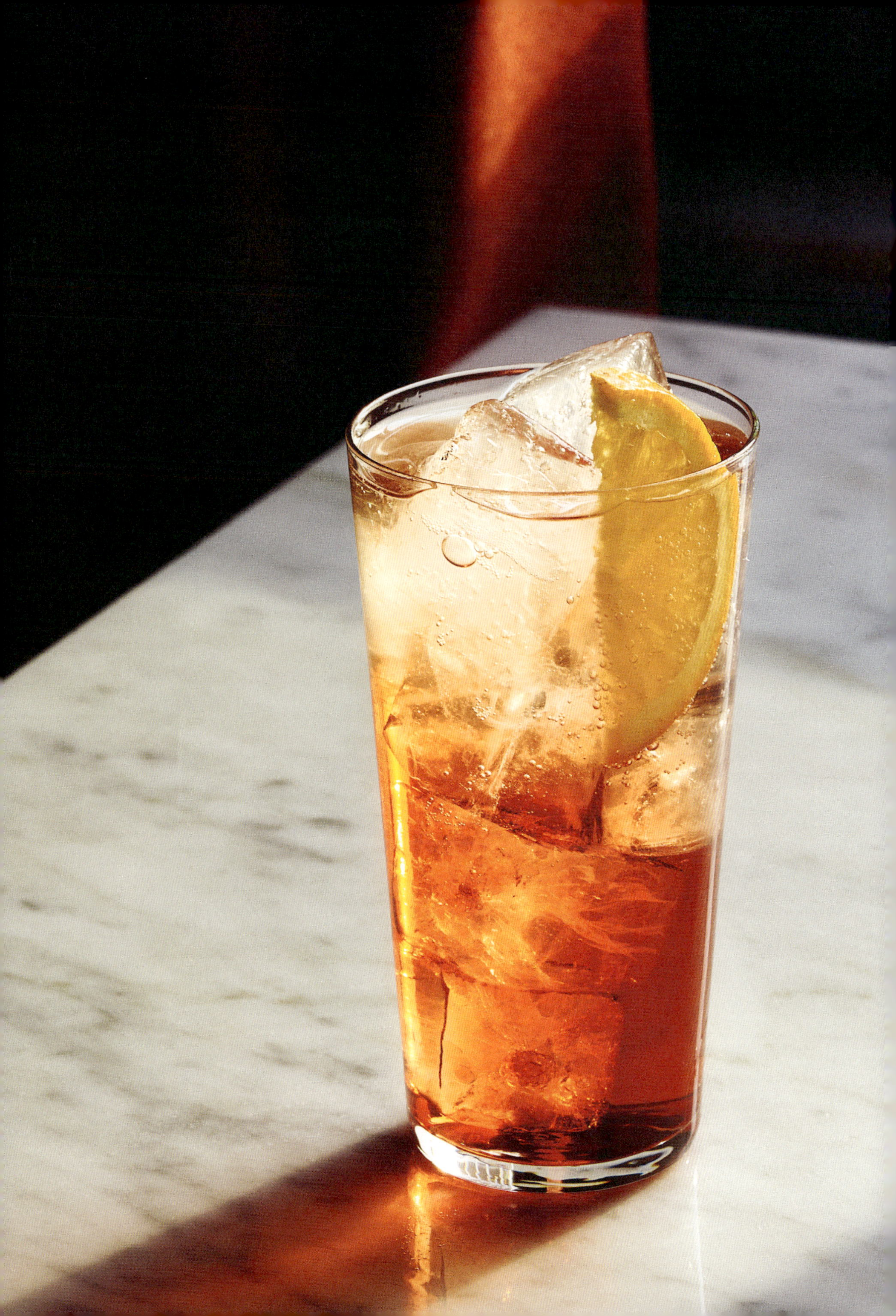

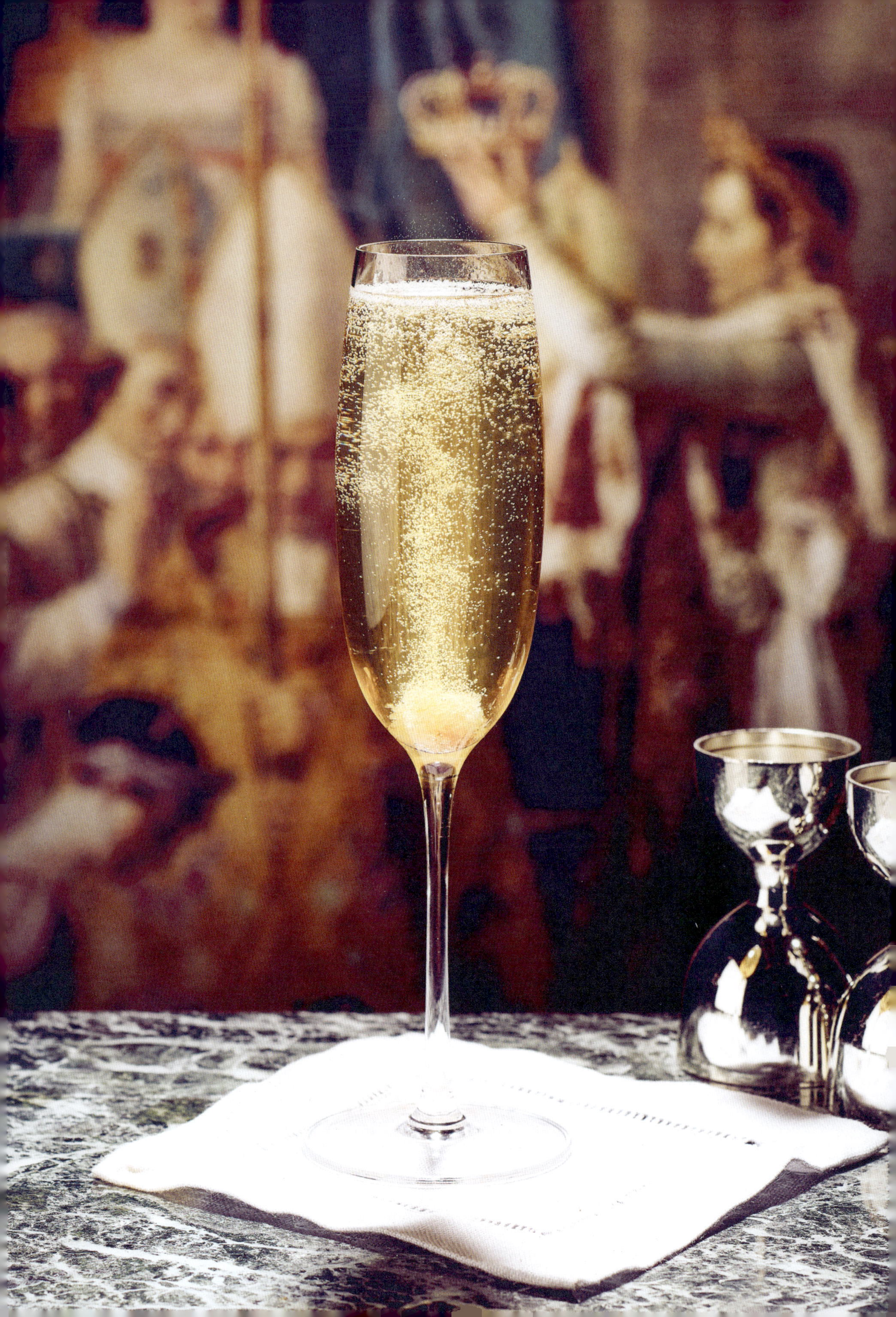

香槟鸡尾酒

2甩裴乔氏苦精

1小块红糖

120毫升 / 4液量盎司冰镇香槟

用柠檬皮装饰

•

将苦精倒在方糖上,然后将方糖放入经过冰镇的笛型香槟杯中。小心地将香槟酒顺着笛型香槟杯的内缘倒下去,注意不要倒得太快,以免起泡。直接倒满整个杯子,然后在杯口扭转一块柠檬皮。这样做只是为了喷洒柠檬皮中的油,用完即可丢弃。

根据《天平和哥伦布知识库》(1806年)这份报纸的定义,鸡尾酒是由"任何种类的烈酒、糖、水和苦精"调制而成的饮品。因此,如果将波旁威士忌与糖、水和苦精调配到一起,就会得到"威士忌鸡尾酒"。如果将白兰地与糖、水和苦精调配到一起……好吧,你明白了。但如果将香槟与糖、水和苦精调配到一起呢?如果这样调配,就会得到一杯微甜、微苦、稀释过度的香槟。但如果我们将香槟视为烈酒和水的混合物(如果细想一下,事实就是如此),那么我们只需添加苦精和糖就可以调制出美味的"香槟鸡尾酒"。关于这款鸡尾酒的首次书面引用来自罗伯特·汤姆斯(Robert Tomes,1855年)关于巴拿马的书。该书详细介绍了巴拿马铁路建设期间中美洲地峡的经济、文化和饮酒场所等事项。

汤姆斯写道:"我坚信,早餐前喝香槟鸡尾酒,每天抽四十支雪茄,是对这世间美好事物的无节制享受。"

我想,大多数医生都会认可这个说法。汤姆斯接着讲述了这款酒的调制方法:"起泡的香槟,一滴苦精,捣碎的水晶冰,啪嗒啪嗒地倒入坦布勒杯,加入糖。"

汤姆斯的指示中有两件事很有趣。第一件是,这款鸡尾酒是盛装在有碎冰的坦布勒杯中饮用。由于水也是鸡尾酒的一种配料,加入冰块之后,汤姆斯的配方更接近于真正的鸡尾酒,这也意味着调制出来的酒可能会比现代版的鸡尾酒更冷,不过,鉴于是在炎热的巴拿马饮用,这也完全可以理解。第二件是,按照当今的惯例,"香槟鸡尾酒"的配方中不需要白兰地或干邑白兰地。事实证明,大多数经典鸡尾酒书籍都认为白兰地在这款酒中无用武之地,无论是杰瑞·托马斯的《调酒师指南》(1862年)还是哈里·克拉多克的《萨沃伊鸡尾酒手册》(1930年)。据我所知,第一本提及在"香槟鸡尾酒"中添加白兰地的书是W. J. 塔林(W. J. Tarling)的《皇家咖啡厅鸡尾酒手册》(*Cafe Royal Cocktail Book*,1937)。这本书中提及"根据需要添加一甩白兰地"来调制这款酒。

现代配方一般需要添加25毫升/1液量盎司的干邑白兰地,再加入香槟。这意味着"香槟鸡尾酒"的平均酒精含量已经翻倍,从19世纪50年代的约8%酒精度(考虑到冰的稀释)到今天的16%。然而,对于愿意花费至少15美元购买一杯鸡尾酒的顾客来说,让他们焦虑的不是"香槟鸡尾酒"的浓度,而是甜味。对于钟爱干爽香槟的行家来说,嘶嘶作响的方糖就犹如一颗定时炸弹。但糖在这款酒中实际上不会产生明显可辨识的甜味,其主要目的是产生气泡。方糖的粗糙表面非常适合气泡的形成,而香槟酒中的二氧化碳会喷涌而出,形成数以千计的气泡,营造出梦幻般的视觉效果。但冰镇香槟很难溶解硬糖,因此往往只有杯中的最后几口酒才含有甜味。

白兰地、雪利酒、葡萄酒和苦酒

桑格利亚

750毫升 / 25液量盎司丹魄酒（1瓶）
100毫升 / 3⅓液量盎司覆盆子金酒
150毫升 / 5液量盎司新鲜柠檬汁
75毫升 / 2½液量盎司糖浆（见第17页）
用柑橘类水果片装饰

•

将所有配料加入大号水罐中，然后加入大量冰块调和。用柑橘类水果片装饰即可饮用。
这个配方大约可以做6份。

•

"桑格利亚"是一种只有在合适的时间和地点才会饮用的饮品。除非你坐在西班牙的海滩上，否则你不会想点这款酒。很多饮品都不会受饮用时间和地点的局限。但其他一些饮品则确实需要身临其境才能品尝其真正的风味，"桑格利亚"就属于这个阵营。这款鸡尾酒适合在慵懒的午后搭配西班牙咸味小吃一起享用，会让人念念不忘，感觉再也不会有这么美味的葡萄酒了。

"桑格利亚"大体属于一种潘趣酒，以红酒和白兰地或朗姆酒为基酒调制而成。虽然在伊比利亚半岛以外的地方也可以找到很多这样的饮品，但如果你认为一直都是这样，那就大错特错了。自17世纪以来，欧洲人就开始享用葡萄酒潘趣，其起源是15世纪欧洲黑暗时代出现的希波克拉底葡萄酒，大约与烈性酒的首次出现属于同一时期。

道理非常简单，在劣质酒中加入草药、香料、水果、糖或更多的酒之后调制出来的酒液会比添加配料之前更加美味，而且可以更快让人喝醉（这是15世纪所有饮料的基本特征）。虽然有些人开始篡改低质量的劣质酒，以模仿法国各大酒庄出品的葡萄酒［见有关该主题的小册子，如1701年出版的《酿造二十三种葡萄酒的简易新方法，与法国葡萄酒相当》（*A New and Easie Way to Make Twenty-Three Sorts of Wine, Equal to That of France*）以及约翰·雅沃斯（John Yarworth）于1690年出版的《人造葡萄酒新论》（*New Treatise on Artificial Wines*）］，其他人则致力于调制以葡萄酒为核心的精致潘趣酒。

所涉及的葡萄酒种类繁多，从波特酒到雷司令，以及介于两者之间的各种葡萄酒，应有尽有。"皇家潘趣"由莱茵河葡萄酒、柠檬汁、生姜、肉桂、肉豆蔻、白兰地、麝香和龙涎香（抹香鲸消化系统中产生的一种芳香浓郁的蜡状物质）调制而成。《牛津睡前酒》（*Oxford Nightcaps*，1827年）中出现的"红宝石潘趣"是用波特酒、柠檬汁、朗姆酒和茶调制而成。

当然，如果你生活在西班牙，那么几乎用不到暖冬的香料，所以会被更多的水果和一些新鲜香草所替代，于是就得到了"桑格利亚"。"桑格利亚"的发明日期尚不清楚（这个名称被认为来自西班牙语单词"sangue"，意思是"血液"），而且它似乎只是从更广泛的欧洲葡萄酒潘趣酒趋势有机演变而来。这款酒的演变是渐进式的和无常的，似乎没有人注意到有什么变化。

而且，由于无法确定"桑格利亚"的发明者是谁，所以这款酒实际上并无配方。红酒是必备配料，然后需要添加柑橘汁，一些糖，一些白兰地（或其他烈酒），然后添加任何其他适合你个人喜好的水果和香草。

在我的配方中，我喜欢用覆盆子金酒来提升西班牙丹魄葡萄酒（用于酿造里奥哈葡萄）的红色水果风味。然后我用的是纯柠檬汁（不含橙子）以及糖和冰。你可以轻松地将新鲜覆盆子注入一瓶金酒中（在温暖的地方放置一周），或者购买现在生产"粉红"覆盆子金酒的众多品牌之一。

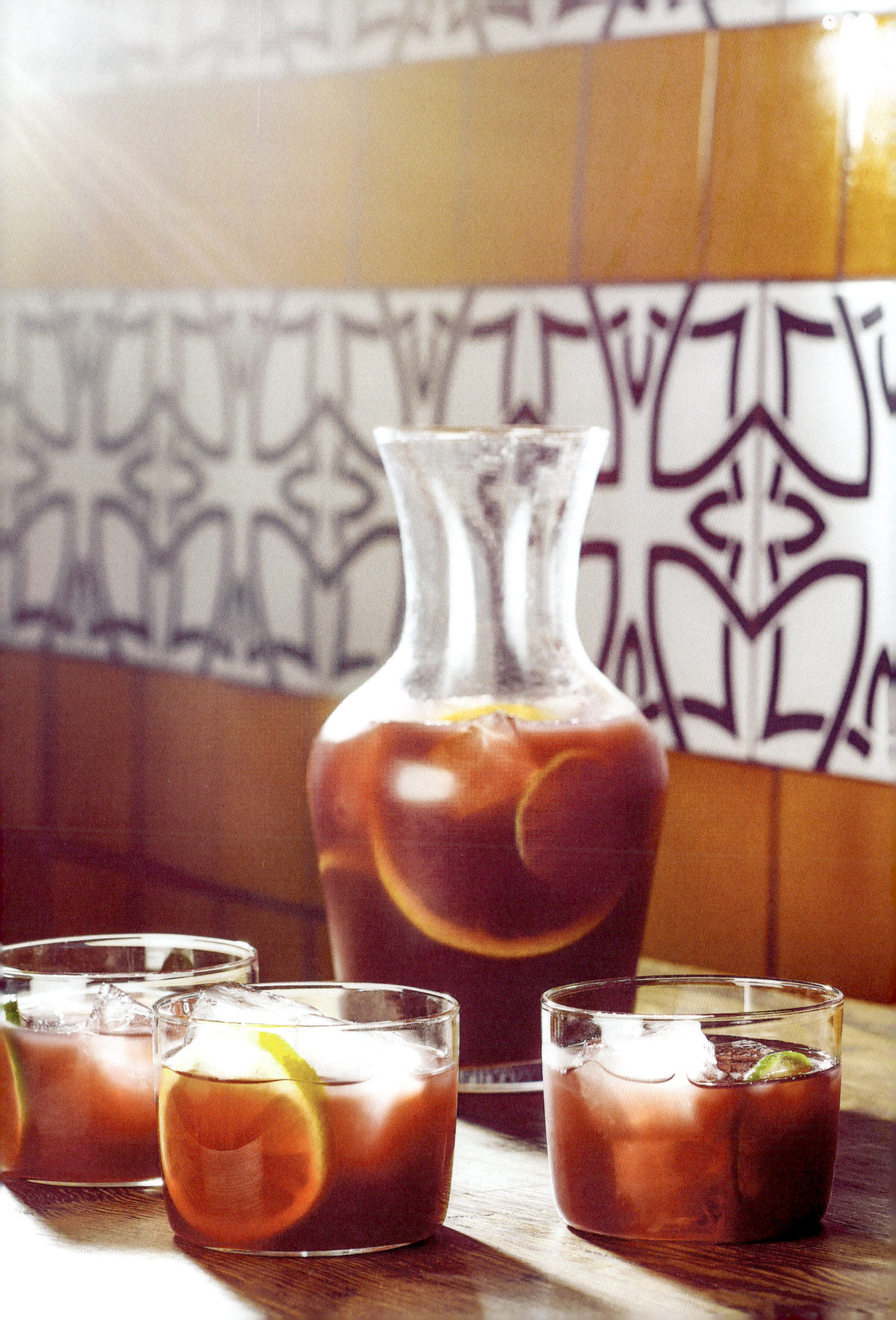

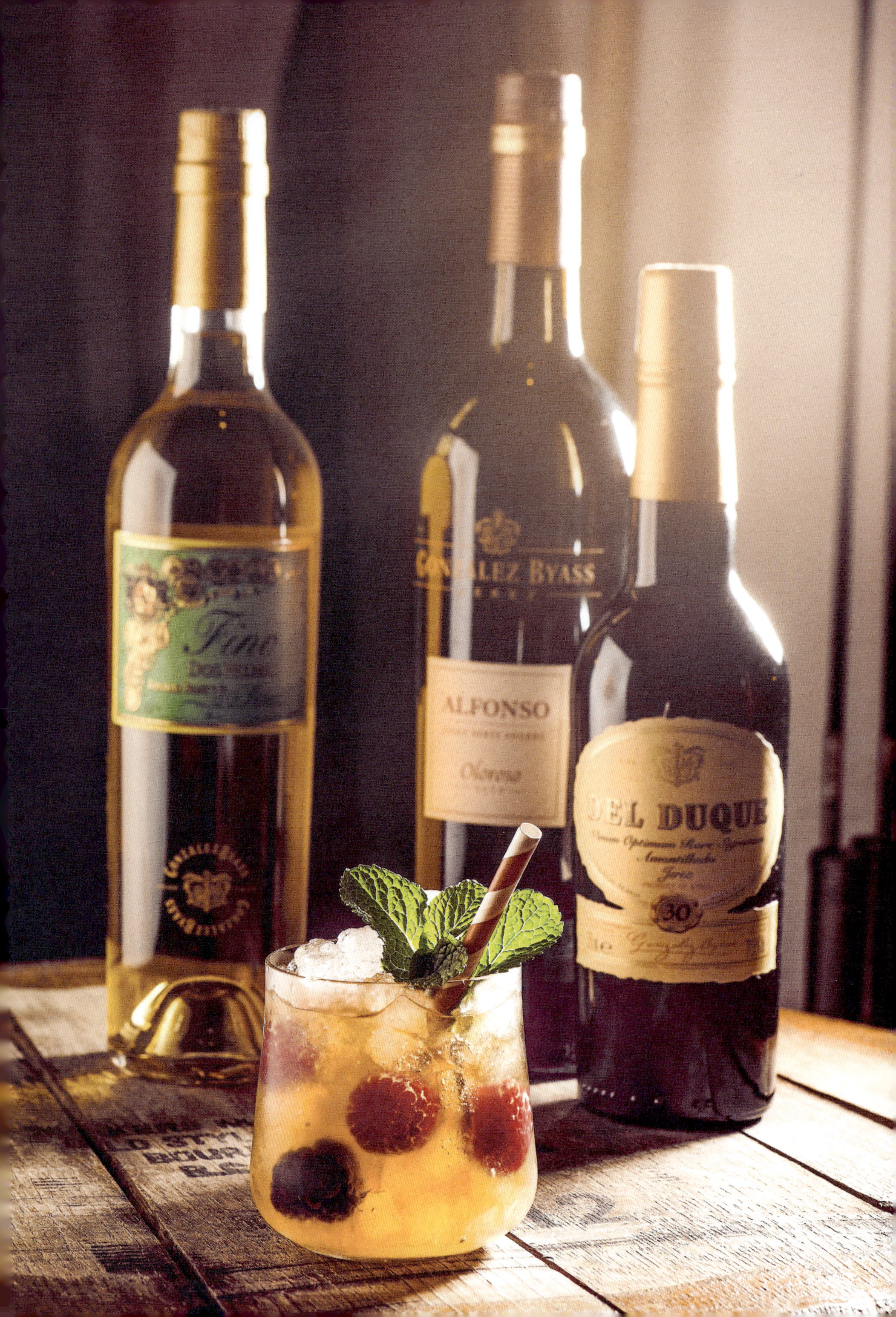
Fino
GONZALEZ BYASS
ALFONSO
Oloroso
DEL DUQUE
30

雪利酷伯乐

60毫升 / 2液量盎司干欧罗索雪利酒
15毫升 / ½液量盎司糖浆（见第17页）
15毫升 / ½液量盎司新鲜葡萄柚汁
（如果你愿意，可以用苹果汁、橙汁或菠萝汁）
6颗新鲜覆盆子或黑莓
用薄荷枝装饰

•

将碎冰装入坦布勒杯或低球杯，然后在杯中加入所有配料，用吧勺充分调和，然后加入更多碎冰。
用一枝新鲜薄荷装饰，并用吸管饮用。

"酷伯乐"是美国调酒铁器时代的一个古老鸡尾酒系列，最初是以葡萄酒为基酒，搭配水果、糖和一些柑橘调制而成。如果你愿意的话，可以将这款酒当作一种单份的潘趣酒。添加任何葡萄酒都可以，但雪利酒最为合适。优质的欧罗索雪利酒与新鲜水果、冰和一点甜味搭配到一起后，会让人乐此不疲。

如今，如果这款酒只是因其美味而脱颖而出，那么我可能会不再多做赘述了。但是"酷伯乐"的历史和影响远比乍看上去要复杂得多。19世纪初，第一批"酷伯乐"出现在美国，即1810—1830年中的某个时间，大致与"薄荷茱莉普"的发明时间相吻合，两者的关系密切。事实上，"酷伯乐"的首次文字记载是在1838年，同年，首个"薄荷茱莉普"在肯塔基德比赛马会上亮相。就像茱莉普一样，"酷伯乐"往往也是用碎冰制成的。这种方法可以让酒液快速冷却，这意味着可以不用摇和，只要你喜欢，还可以将酒液兑入玻璃杯中。

然而，鸡尾酒中的碎冰会带来一两个问题，例如，当你把杯子端起来的时候，冰会像瀑布一样落在你的脸上。如果在酒液中再混入新鲜水果，问题就变得更加复杂，就像你的"酷伯乐"调制那样。"薄荷茱莉普"（见第106页）通过茱莉普过滤器解决了这个问题，现在许多调酒师都用它来过滤已经调和的鸡尾酒，早期的"酷伯乐"也是通过这种方式过滤后饮用。

当然，更简洁的解决方案是吸管。唯一的问题是，吸管当时还没有发明出来。这并不完全正确。第一个已知的饮ါ象形图来自古代苏美尔，图中的狂欢者在用吸管喝一大壶啤酒。19世纪期间，用黑麦草制成的吸管开始流行，但是这种吸管容易溶解成糊状。金属吸管和用管状面食制成的吸管（是的，确实如此）也存在，但商业生产的吸管直到19世纪80年代才出现。马文·斯通（Marvin Stone）的第一个纸质吸管专利是用卷起来的纸涂上蜡制成的。如果你喜欢喝"酷伯乐"（鉴于它是19世纪80年代美国最流行的鸡尾酒之一，你很可能会喜欢），那么在40多年后的切片面包发明之前，吸管将是最伟大的奇迹。

然而，一些调酒师更喜欢采用摇和法调制"酷伯乐"，这是杰瑞·托马斯在《调酒师指南》（1862年）中指导的方法。当时，"酷伯乐"是唯一一种你会费心摇和的鸡尾酒。尤其是因为鸡尾酒调酒壶直到1872年才出现，当时布鲁克林的威廉·哈尼特（William Harnett）为其"调制饮料设备"申请了专利。然而，哈尼特的调酒壶设计得过于繁琐，由安装在柱塞系统上的六个有盖坦布勒杯组成。十二年后，同样来自布鲁克林的爱德华·豪克（Edward Hauck）为我们今天所熟知和喜爱的三件套调酒壶申请了专利。该调酒壶被广泛称为"酷伯乐调酒壶"。

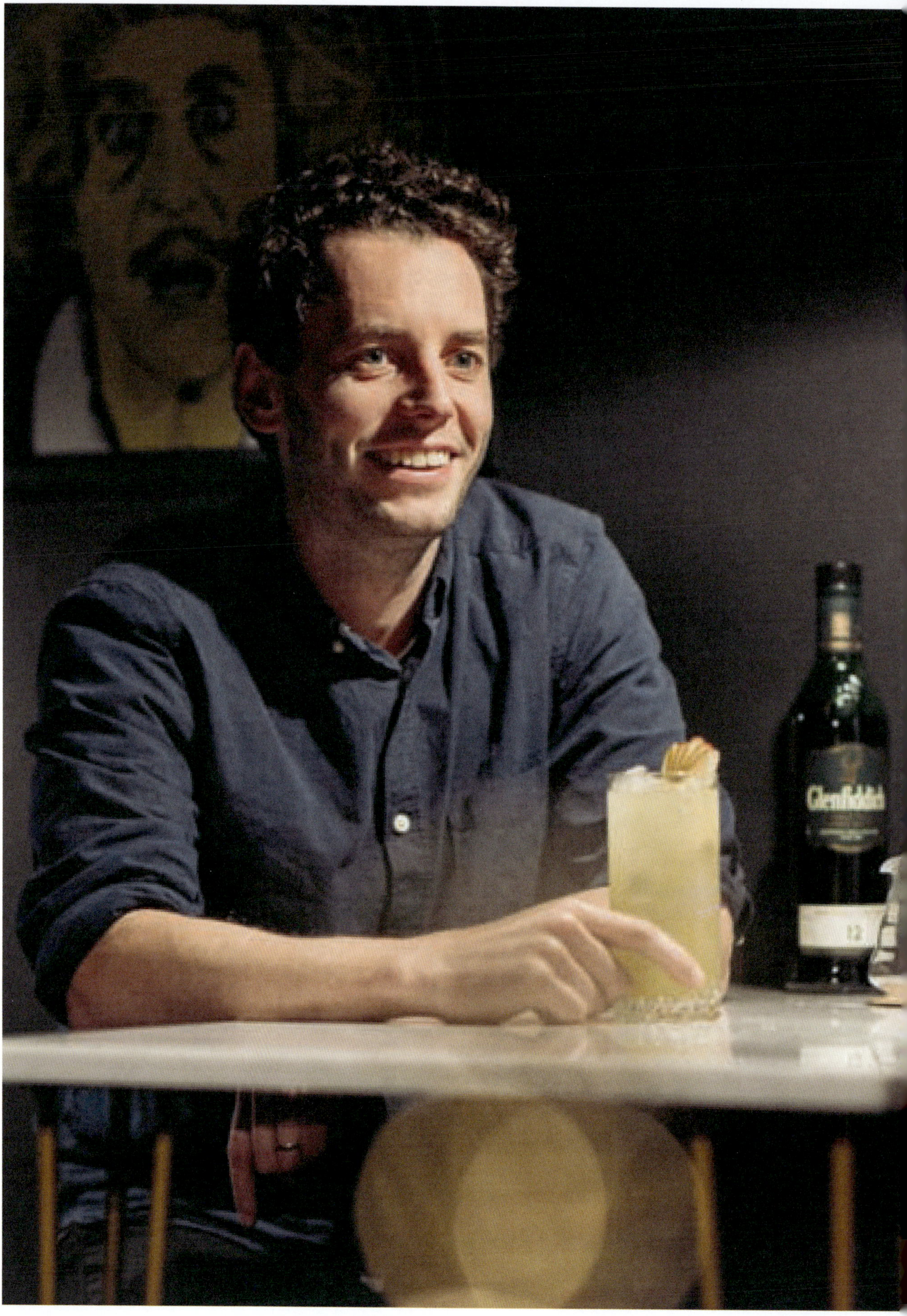
Glenfiddich

作者简介
ABOUT THE AUTHOR

特里斯坦·斯蒂芬森（Tristan Stephenson）是一位成功的酒吧经营者、调酒师、咖啡师、厨师、兼职记者。他还撰写了《好奇的调酒师》系列畅销饮品书籍。他与托马斯·阿斯克共同创立了总部位于伦敦的全球知名饮品咨询公司Fluid Movement，并通过这家公司为一些世界顶级饮酒场所出谋划策。2009年，他在英国咖啡师锦标赛中排名第三。2012年，他荣膺英国年度调酒师，并在同年被《伦敦旗帜晚报》（London Evening Standard）列入"1000名最具影响力的伦敦人"。

特里斯坦的职业生涯始于康沃尔郡多家餐厅的厨房。2007年，他最终受命为杰米·奥利佛（Jamie Oliver）位于康沃尔郡的"Fifteen"餐厅设计鸡尾酒并负责酒吧运营。随后，他在全球最大的高档饮料公司帝亚吉欧（Diageo）工作了两年。在2009年与他人共同创立Fluid Movement公司后，特里斯又在伦敦开设了两家酒吧：2010年开设了他的第一家酒吧"珀尔"，随后于2011年开设了第二家酒吧Worship Street Whisling Shop。第二家酒吧于2011年被Time Out London评为"最佳新酒吧"，并连续三年入选"世界五十佳酒吧"。

2014年，Fluid Movement公司开设了新场馆，这次位于伦敦郊外。Surfside是北康沃尔郡波尔泽斯海滩上的一家牛排龙虾餐厅，在《星期日泰晤士报》（The Sunday Times）评选的"2015年英国最佳露天用餐场所"中斩获第一名。特里斯在这家餐厅担任了第一年的主厨，并继续管理菜单。2016年，Fluid Movement公司在伦敦又新开了三家酒吧（The Devil's Darling、Sack和Black Rock），地点都位于肖迪奇。Black Rock是一家专注于威士忌的酒吧，荣获Time Out评选的2017—2019年"英国最佳专业酒吧"称号。最初的地下室空间现已扩建为一楼的Black Rock酒馆，其风格仿照日本的居酒屋，为顾客提供从世界各地精心挑选的威士忌酒。

特里斯坦的第一本书《好奇的调酒师第一卷：全面掌握调制完美鸡尾酒技艺的精髓》（The Curious Bartender Volume I: The Artistry & Alchemy of Creating the Perfect Cocktail）于2013年秋季出版，并入围著名的安德烈·西蒙奖。他的第二本书《好奇的调酒师：麦芽、波旁威士忌和黑麦威士忌的探索之旅》（The Curious Bartender: An Odyssey of Malt, Bourbon & Rye Whiskies）于2014年10月上架。2015年春季，他出版了《好奇咖啡师的咖啡指南》（The Curious Barista's Guide to Coffee）。在此之前，他曾从康沃尔郡的伊甸园项目中采收、加工、烘焙和冲泡了第一杯英国种植的咖啡，并获得了国际媒体的报道。他的第四本书《好奇调酒师的金酒殿堂》（2018年，The Curious Bartender's Gin Palace）入围了安德烈·西蒙奖。在为这本书做研究的过程中，特里斯坦走访了世界各地20多个国家的150多家酿酒厂，包括苏格兰、墨西哥、古巴、法国、黎巴嫩、意大利、危地马拉、日本、美国和西班牙。随后，他的第五本书《好奇调酒师的朗姆酒革命》（The Curious Bartender's Rum Revolution）于2017年出版。这本书带领读者走出朗姆酒的加勒比中心地带，去发现巴西、委内瑞拉、哥伦比亚和危地马拉的新酿酒厂，以及从澳大利亚到日本等世界各地的新酿酒厂。他备受期待的第六本书《好奇的调酒师第二卷：鸡尾酒新约》（The Curious Bartender Volume Ⅱ: The New Testament of Cocktails）于2018年出版。这本书是原版畅销书的续作。2019年，他又出版了《好奇调酒师的威士忌公路之旅》（The Curious Bartender's Whisky Road Trip），这是一次美国从东海岸到西海岸的酿酒厂之旅。

特里斯坦的其他商业企业包括他的饮料品牌阿斯克-斯蒂芬森（Aske-Stephenson）。该品牌生产和销售各种不同口味的预制瓶装鸡尾酒，包括Peanut Butter、Jam Old-Fashioned和Flat White Russian。他还经营着一家在线威士忌订购服务公司（whisky-me.com），提供各种顶级单一麦芽威士忌，并且送货上门。此外，2017年3月，特里斯加入Lidl UK连锁超市，担任其备受推崇的自有品牌烈酒系列的顾问。

特里斯坦目前居住在康沃尔郡，妻子名为劳拉（Laura），有两个子女。他的爱好广泛，在有限的业余时间里，不仅会跑步、骑凯旋摩托车、拍照、设计网站、烤面包、做饭、尝试各种超出自己能力范围的DIY任务，还会收集各类威士忌和书籍。

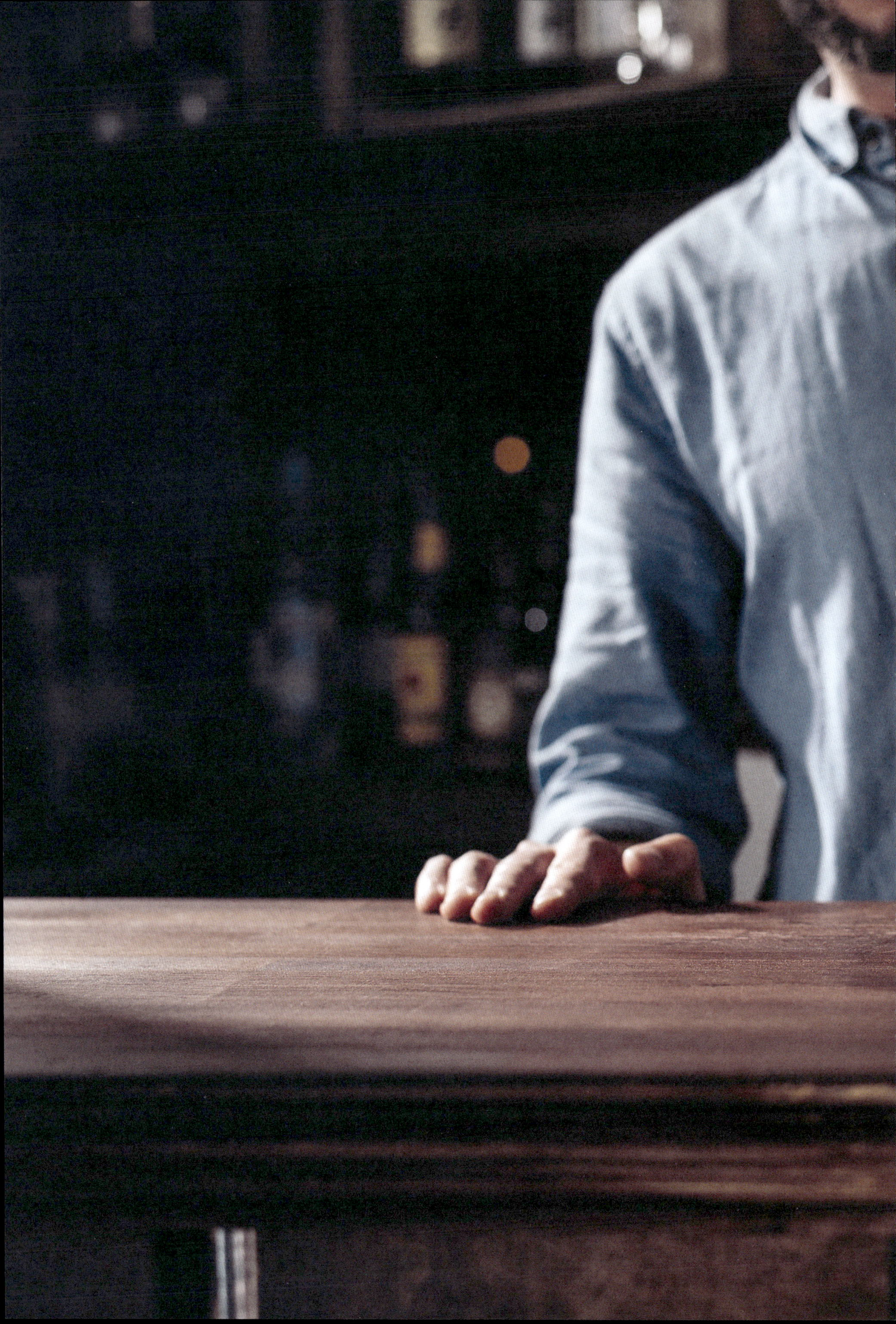